Oskar Heinroth / Konrad Lorenz
Wozu aber hat das Vieh diesen Schnabel?

Band 975

Zu diesem Buch

Im Zentrum dieses Buches steht der Briefwechsel zwischen Oskar Heinroth, dem Ornithologen und langjährigen Direktor des Berliner Zoos, und Konrad Lorenz, dem weltberühmten Verhaltensforscher und Nobelpreisträger. Die 173 Briefe aus den Jahren von 1930 bis 1940 machen deutlich, welche Fragen am Anfang einer Wissenschaft standen, die heute weltweit tierisches und menschliches Verhalten erforscht. Ergänzt wird der Band durch eine ausführliche Einleitung des Herausgebers, des Wiener Verhaltensforschers Otto Koenig sowie durch Texte von Katharina Heinroth, Niko Tinbergen, Amélie Koehler und Wolfgang Wickler. Direkter Anlaß für diese Veröffentlichung ist der 85. Geburtstag von Konrad Lorenz am 7. November 1988.

Oskar Heinroth, geboren 1871 in Kastel/Rhein, gestorben 1945 in Berlin. War seit 1904 Mitarbeiter am Berliner Zoo. Gründer und Direktor des Berliner Aquariums. Mit seiner ersten Frau Magdalena verfaßte er das Standardwerk »Die Vögel Mitteleuropas«. Wegen seiner Untersuchungen zum Verhalten der Vögel gilt Heinroth als Wegbereiter der Verhaltensforschung.

Konrad Lorenz, geboren 1903 in Wien, 1940 Prof. für vergleichende Psychologie in Königsberg, 1950–1973 Direktor am Max-Planck-Institut für Verhaltensphysiologie in Buldern und später Seewiesen. Jetzt Leiter des »Konrad-Lorenz-Instituts der Österreichischen Akademie der Wissenschaften«. 1973 Nobelpreis für Physiologie. Zahlreiche Veröffentlichungen zur Verhaltensforschung und zur Evolutionären Erkenntnislehre.

Otto Koenig, geboren 1914 in Klosterneuburg, 1932–1939 eingehende Studien an der Vogelwelt des Neusiedlersees. Seit 1945 Leiter der von ihm gegründeten »Biologischen Station Wilhelminenberg« in Wien, die 1967 in »Institut für Vergleichende Verhaltensforschung der Österreichischen Akademie der Wissenschaften« umbenannt wurde. Seit 1982 Leiter des »Instituts für angewandte Öko-Ethologie« in Wien und Niederösterreich. Zahlreiche Veröffentlichungen. Begründer der Kultur-Ethologie.

Oskar Heinroth / Konrad Lorenz

Wozu aber hat das Vieh diesen Schnabel?

Briefe aus der frühen Verhaltensforschung
1930–1940

Herausgegeben von Otto Koenig

Mit Beiträgen von Katharina Heinroth, Amélie Koehler,
Niko Tinbergen und Wolfgang Wickler

Mit 42 Zeichnungen von Konrad Lorenz

Piper
München Zürich

Von Konrad Lorenz liegen in der Serie Piper außerdem vor:

Die acht Todsünden der zivilisierten Menschheit (50)
Leben ist Lernen (mit Franz Kreuzer) (223)
Das Wirkungsgefüge der Natur und das Schicksal des Menschen (309)
Die Zukunft ist offen (mit Karl R. Popper) (340)
Über tierisches und menschliches Verhalten I (360)
Über tierisches und menschliches Verhalten II (361)
Der Abbau des Menschlichen (489)

Abdruck der Briefe mit freundlicher Genehmigung
Berlin (West) Staatsbibliothek,
Preußischer Kulturbesitz. Signatur:
(O. Heinroth) Nachlaß 137, Ordner 27.

ISBN 3-492-10975-6
Originalausgabe
November 1988
© R. Piper GmbH & Co. KG, München 1988
Umschlag: Federico Luci,
unter Verwendung einer Zeichnung
von Konrad Lorenz
Satz: IBV Satz- und Datentechnik GmbH, Berlin
Druck und Bindung: Clausen & Bosse, Leck
Printed in Germany

Inhalt

Otto Koenig: Einleitung – Über den Werdegang einer
Wissenschaft 7

Oskar Heinroth/Konrad Lorenz: 27
Briefwechsel 1930–1940 . . . .

Erinnerungen und Ausblicke 297
   Katharina Heinroth: Als die Ethologie begann 299
   Niko Tinbergen: Aus der Kinderstube der Ethologie 309
   Amélie Koehler: Ornithologen und Verhaltensforscher . . 315
   Wolfgang Wickler: Die Entwicklung der Ethologie in
   Seewiesen nach Konrad Lorenz 324

Personenregister 331

Otto Koenig

Einleitung
Über den Werdegang einer Wissenschaft

Der Briefwechsel zwischen Heinroth und Lorenz dokumentiert die Frühgeschichte der Verhaltensforschung. Man muß ihn gelesen haben, um dieses Vortasten in neue Wissensbereiche zu verstehen, um zu begreifen, wieviel Arbeit und Enttäuschung, wieviel Glück und Freude mit Tieren hinter jeder ethologischen Erkenntnis steht, ehe sie als gedruckte Publikation erscheinen kann. Die Briefe spiegeln heute Vergangenheit, sind Geschichte – aber man kann einen Strom nicht verstehen, wenn man seinen Ursprung nicht kennt. Diese Überlegung war der Grund, den Briefwechsel in Buchform herauszubringen, ihn als Quellenmaterial von historischer Bedeutung zu bewahren und allen Interessierten zugänglich zu machen. Im letzten Abschnitt dieses Buches kommen dann noch vier Persönlichkeiten zu Wort, deren jede von einer sehr charakteristischen Plattform aus berichtet: Katharina Heinroth (geb. 1897) als Frau Oskar Heinroths und älteste Augenzeugin der Pionierzeit, Niko Tinbergen (geb. 1907) als enger Freund und langjähriger wissenschaftlicher Partner von Konrad Lorenz, Amélie Koehler (geb. 1929) als Frau Otto Koehlers und zugleich Vertreterin der ersten Nachkriegs-Schülergeneration, und schließlich Wolfgang Wickler (geb. 1931) als einer der Nachfolger von Konrad Lorenz im Seewiesener Institut für Verhaltensphysiologie. So schließt sich der Kreis zwischen weit zurückliegender Vergangenheit und aktueller Gegenwart.

Vom Stellenwert der Ethologie

Heute ist die Ethologie oder Vergleichende Verhaltensforschung eine weltweit anerkannte Wissenschaft, die in Gestalt ihrer prominenten Vertreter Konrad Lorenz, Niko Tinbergen und Karl von

Frisch 1973 mit dem Nobelpreis ausgezeichnet wurde. In Schul- und Lehrbüchern, in Lexika und vielen anderen Nachschlagewerken finden sich ausführliche Darstellungen dieses Forschungszweiges. Durch zahlreiche, aus der Feder namhafter Wissenschaftler stammende allgemein verständliche Sachbücher wurde die Verhaltensforschung zum allbekannten Begriff, der immer wieder, ob falsch oder richtig verwendet, in Zeitungen und Illustrierten aufscheint.

Die Ethologie hat sich durch die vielen netten jungen Tiere, die da aufgezogen werden, und den oftmals nicht ganz ernst, sondern eher amüsiert aufgenommenen »Tier-Mensch-Vergleich« viele Sympathien, aber auch Feinde geschaffen. Und noch heute sorgen diverse Gegner durch Angriffe und Polemiken für weitere Bekanntheit, die aber fast weniger schlimm ist als jene Trivialpublicity, die überall, wo auch immer sich irgend etwas verhält, bereits Verhaltensforschung wittert. Beinahe jeder, der über Tiere spricht, schreibt oder auch nur halbwegs einschlägige Bilder zeigt, wird von manchen Informationsmedien sofort zum Verhaltensforscher gestempelt, selbst wenn er weder Verhalten jemals erforscht noch Ergebnisse niedergeschrieben hat. Aber diese Euphorie, Reaktion auf eine anfänglich breitgefächerte Ablehnung, wird nach den Regeln exponentieller Kurven wieder absinken und sich auf einen Normalstand einpendeln. Der echte Kern jedoch, die ernstzunehmende Forschung mitsamt ihren Erkenntnissen, wird sicher in Zukunft eine noch weit höhere Bedeutung erhalten, als man ihr heute schon zubilligt.

Die Anfangssituation der Verhaltensforschung war unvorstellbar schwierig. Ich erinnere mich gut jener Zeit in den dreißiger Jahren, als man den jungen Dozenten Lorenz aus Altenberg bei Wien noch für einen liebenswert skurrilen Sonderling hielt, wenn er mit jungen Graugänsen langsam durch die heimatliche Landschaft spazierte und in regelmäßigen Abständen gänsische Lockrufe ausstieß. Und ich erinnere mich ebensogut daran, wie 1951 die zuständigen Behörden den Professor Lorenz fast erleichtert von Österreich nach Deutschland ziehen ließen. Erkenntnisse, die von einem in der Politik unbekannten Zoofachmann namens Oskar Heinroth aus Berlin oder von einem Zoologen und Arzt namens Konrad Lorenz aus einer Villa in Altenberg kamen, waren bei Staatslenkern damals nicht gefragt. Was überhaupt sollten sie mit dieser Wissenschaft anfangen, deren Kernaussage feststellt, daß jedes Lebewesen über stammesgeschichtlich ererbte und ökologisch eingepaßte Verhaltenssysteme verfügt, die aus innerem Antrieb heraus in Aktion treten? Das schränkt die Möglichkeiten und ethischen Befugnisse jedes Politikers gewaltig ein, beschneidet seine Programme, zwingt ihn zur Rücksichtnahme auf biologisch vorgegebene Forderungen. Ein derart grundlegender Unterordnungsprozeß kann doch keinem Politiker von links bis rechts zugemutet werden, nur weil ein paar Leute Enten, Gänse, Dohlen, Raben und viel anderes Getier untersucht haben. Da scheint doch jedwede Philosophie von der Sonderstellung des Menschen, jede Rollen- und Lerntheorie brauchbarer. Der Mensch muß beliebig veränderbar sein!

Und genau das bestätigen zwei große Schulen der Psychologie. Die eine, der in den USA entstandene Behaviourismus von Small und Watson besagt, daß alles Wissen, jede Verhaltensweise auf dem Weg über »Versuch und Irrtum« entsteht. Die andere, die aus Rußland stammende Reflexologie von Pawlow ist grundsätzlich gleicher Meinung und postuliert, daß alle sogenannten »Reflexe« nach Wunsch mit beliebigen Auslösern verkoppelt und damit wichtige Lebenseinstellungen des Menschen gesteuert werden können. Kern beider Aussagen ist, daß wir alle ähnlich einem unbeschriebenen weißen Blatt auf die Welt kommen und nun eben von der Umwelt, von unserem Milieu, von den erziehenden Personen, durch Erfahrung und Lernen »beschrieben« werden.

Nun tritt die Verhaltensforschung auf den Plan und stellt fest, daß dieses »weiße Blatt« bereits zum großen Teil beschrieben zur Welt kommt. Wohl können Wörter dieses stammesgeschichtlichen Engramms vertauscht und Sätze verschoben werden, der Grundentwurf aber ist historisch vorgegeben, am Konzept ist nichts zu rütteln. Wie weit die Palette der Plastizität tatsächlich reicht und wie sich dies auswirkt, das gilt es im interdisziplinären Gespräch, im Gedankenaustausch zwischen den Forschungsgebieten zu klären. In dieser Position befindet sich die Verhaltensforschung heute, und das muß ihr Weg in die Zukunft sein.

1911 hatte Oskar Heinroth erstmals die Bezeichnung »Ethologie« gewählt und den schwerwiegenden Satz geschrieben: »Das Studium der Ethologie der höheren Tiere – leider noch ein sehr unbeackertes Feld – wird uns immer mehr zur Erkenntnis bringen, daß es sich bei unserem Benehmen gegen Familie und Freunde, beim Liebeswerben und Ähnlichem um rein angeborene, viel primitivere Vorgänge handelt, als wir gemeinhin glauben.« Es hat ein halbes Jahrhundert gebraucht, bis diese bedeutungsvolle Aussage sozusagen »gesellschaftsfähig« wurde und auch in anderen Wissenschaften breitere Beachtung fand. Der Weg der Verhaltensforschung von 1911 bis heute war mühselig, und er ist es immer noch. Die schicksalhafte Kernzone dieses Zeitablaufes, nämlich die Begegnung der beiden großen Gelehrten Oskar Heinroth und Konrad Lorenz, soll in diesem Buch rückerinnernd skizziert und damit der jungen Ethologengeneration ins Bewußtsein gebracht werden. Nichts ist dazu besser geeignet als der Briefwechsel zwischen Heinroth und Lorenz, der glücklicherweise trotz aller kriegsbedingten Zerstörungen erhalten blieb.

Die großen Männer der Anfangszeit

Die Vergleichende Verhaltensforschung, von früh an auf den Menschen hinzielend, entstand nicht, wie man annehmen sollte, aus dem weiten Potential psychologischer Disziplinen, sondern aus dem zoologischen Spezialgebiet der Ornithologie. Man hat die Vogelkunde »scientia amabilis«, die liebenswerte Wissenschaft genannt. Liebenswert deswegen, weil der Mensch seit alters her die meisten Vögel als nett und hübsch empfunden und gerade zu ihnen ein besonderes Sympathieverhältnis aufgebaut hat. Die Zahl der Liebhaberornithologen beziehungsweise Amateurvogelkundler ist daher besonders groß, und viele Zoologen begannen ihren Weg mit der Vogelhaltung. Der Grund ist verständlich. Vögel zeigen hinsichtlich ihrer Sinnesorgane eine ähnliche Gewichtung wie der Mensch. Sie sind »Augentiere«, die optische Orientierung bestimmt vorrangig ihr gesamtes Verhalten. An zweiter Stelle steht das Gehör, an dritter erst der Geruchssinn. Der Weg der Entwicklung vom Ei zum fertigen Vogel zwingt zur Brutpflege und bewirkt ein Familienleben. All das sind Analogien zum Menschen, die man gefühlsmäßig positiv bewertet, die auch einen Vergleich ermöglichen und dem Forscher deutlich machen, welche biologischen Spielregeln und Gesetze bei derartig organisierten Lebewesen wirksam werden.

Oskar Heinroth und Konrad Lorenz, beide studierte Mediziner und Zoologen, waren begeisterte Ornithologen. Sie hatten aber noch eine weitere wichtige Interessenüberdeckung, nämlich ihre Liebe zum Aquarium. Heinroth war Direktor des großen Aquarienhauses im Berliner Zoo, und Lorenz betreute Aquarien daheim von Jugend an. Auch Fische sind, sieht man von deren Seitenlinienorganen ab, primär Augentiere, die mit Farben und Flossenspreiten prangen, zum Teil Brutpflege betreiben, vielfach soziale Ordnungen bilden und dadurch gewisse menschenanaloge Verhaltensgrundlagen erkennen lassen.

Die freundschaftliche Begegnung von Heinroth und Lorenz schuf die ersten Ansätze zur heutigen Ethologie. Auf Ornithologentagungen wurde über neue Erkenntnisse berichtet, in ornithologischen Zeitschriften erschienen die ersten Publikationen. Der »Papst« der damaligen Ornithologie, Erwin Stresemann, Präsident der Deutschen Ornithologischen Gesellschaft (kurz D. O. G. genannt) und Herausgeber des Journals für Ornithologie, förderte die junge Wissenschaft in jeder nur möglichen Weise. Die Zoologen Otto Koehler, Alfred Seitz, Niko Tinbergen, Gustav Kramer und Erich von Holst sind als weitere Pioniere der frühen Ethologie zu nennen.

Oskar Heinroth starb 1945. Die anderen folgten allmählich nach, verblieben sind uns Niko Tinbergen sowie Konrad Lorenz als der wohl didaktisch Brillanteste und sozial Kontaktfreudigste in dieser Forschergarde. Meine Frau Lilli und ich hatten das Glück, alle diese großen Vertreter der Gründergeneration selbst kennenzulernen, mit ihnen Gespräche zu führen und in freundschaftlichem Mentor-Schüler-Verhältnis von ihnen lernen zu dürfen. Sie waren die eigentlichen Träger der jährlichen D.-O.-G.-Tagungen nach dem Zweiten Weltkrieg, saßen immer vorn in der ersten Reihe, nahezu ehrfurchtsvoll bewundert seitens der Tagungsteilnehmer. Es war eine Ehre, von diesem Kreis beachtet, ins Gespräch gezogen zu werden oder beim Essen mit am Tisch sitzen zu dürfen. Mag sein, daß diese tiefe Verehrung für den hervorragenden Gelehrten, diese freiwillige geistige Demut des Wissenshungrigen gegenüber dem als fachlich hochrangig akzeptierten Forscher heutzutage manchen Menschen nur schwer verständlich ist. Das Lehrer-Schüler-Verhältnis hat sich in vielem gewandelt. Wir empfanden es jedenfalls als große Auszeichnung, daß sie alle, bis auf den leider zu früh verstorbenen Oskar Heinroth, des öfteren Gäste in der Biologischen Station Wilhelminenberg waren und uns Mitarbeitern in manchmal bis in die Nacht dauernden Gesprächen reichlich von ihrem enorm breitgefächerten Wissen spendeten.

Konrad Lorenz, Otto Koehler

Lorenz lernte ich als ersten etwa 1930 kennen, zunächst allerdings nur vom Hörensagen. Ihm ist es zu danken, daß meine zwar vielseitigen, aber noch unzusammenhängenden zoologischen Interessen eine geordnete Richtung einschlugen. Von meinem Heimatort Klosterneuburg bis zur Lorenz-Villa in Altenberg sind es nur wenige Kilometer. Fünf kurze Bahnstationen trennten mich von dem prächtigen Haus, das ich gern umschlich, um heimlich durch den Zaun hindurch auf die zahmen Enten und Gänse zu spähen. Im Winter konnte man, die Strecke verkürzend, von meinem Wohnsitz aus mit den Skiern über ein paar Hügel fahren und landete nach steiler Schußfahrt zum Donautal hinunter direkt vor dem Gartentor. Überhaupt die Donau – sie sollte später zwischen Lorenz und mir ein festes Band gleicher Stimmungen und Erlebnisse bilden.

Die herbeigewünschte persönliche Begegnung mit dem bewunderten Vorbild erfolgte dann 1936 durch meine Teilnahme am ersten von ihm geleiteten tierpsychologischen Abendkurs in der Wiener Urania. Der Wissenschaftler Lorenz war ein Volksbildner par exellence, ein hinreißender »Rattenfänger«, dem ich nur allzugern folgte. Wir kamen bald ins Gespräch, und ich war sehr stolz, als er dann einmal extra zu mir nach Klosterneuburg fuhr, um mein Gehege mit den zahmen Rallen anzusehen. Später geschah es, daß erstmals Kugelfische nach Wien importiert wurden, die ich sofort kaufen wollte. Lorenz riet mir ab davon mit der Begründung, man solle nicht empfindliche, womöglich unzüchtbare Neuheiten erwerben, sondern sich besser an die schon bekannten, leicht zu pflegenden und zu vermehrenden Aquarienfische halten, an denen es noch so viel Interessantes zu beobachten gäbe. Ich blieb also mit Erfolg bei Labyrinthfischen und befaßte mich – ohne zu ahnen, daß ich einmal ein dickes Buch über Augen und Augenamulette schreiben würde – mit ihren runden Augenflecken.

Im Frühsommer 1938 kam Konrad Lorenz mit Otto Koehler und dessen Königsberger Studenten per Faltboot zu mir an den Neusiedlersee in die Wulkasümpfe. Sie alle stapften mit mir durch die dichten überfluteten Rohrwälder zu einer Reiherkolonie. Eine schwarze Wasserspitzmaus huschte blitzschnell über den schmal ausgetretenen Rohrdschungelpfad. Sofort fragte ich die beiden Zoologen, ob sie sagen könnten, was das war. Sie mußten verneinen, denn das plötzliche Auftauchen und Verschwinden der Spitzmaus ließ kaum eine Bestimmung zu. Man mußte Rohrwaldläufer sein, um von vornherein zu wissen, was da kommen konnte. Lorenz zeigte sich begeistert, denn die Wasserspitzmaus war einer seiner langgehegten Jugendträume. »So etwas einmal halten können!« rief er aus. »Kein Problem, Herr Dozent, neben meinem Zelt steht ein ausgedienter Fischkalter, darunter lebt eine Spitzmausmutter mit sechs Kindern.« Wären wir nicht bis fast an die Hüften im Wasser zwischen sparrigem Schilf gesteckt, Lorenz hätte einen Freudensprung getan. Selbstverständlich bekam er die Jungen mit heim. In der englischen Ausgabe seines Buches »Er redete mit dem Vieh, den Vögeln und den Fischen« beschrieb er ausführlich seine Beobachtungen.

Nach der Schilfexkursion verabredete ich mich dann noch mit Otto Koehler in Wien, von wo wir gemeinsam nach Altenberg fuhren, mit Zwischenstation in meinem Klosterneuburger Elternhaus. Mein besorgter Vater hat ihn damals eingehend befragt, ob ich denn mit meinen Neusiedlerseestudien in der Ethologie Chancen hätte. Koehler bejahte dies – und sollte dann ja auch recht behalten. Das nächste Zusammentreffen mit ihm fand zwei Jahre später, schon mitten im Zweiten Weltkrieg, im Münchner Tierpark statt und war recht merkwürdig. 1940 hatte man mich vom Fliegerausbildungsregiment 1 in Stammersdorf, nicht weit von Wien, auf die Fliegerbildschule Neubiberg bei München abkommandiert. So ging ich jeden Sonntag – uniformiert selbstverständlich – in den Zoo. Da trat mir eines Tages ein Luftwaffenbeamter im Leutnantsrang entgegen. Schon während ich noch vorschriftsmäßig salutierte, kam ein Staunen über mich – das war doch…? Ich wagte es: »Flieger Koenig bittet Herrn Leutnant fragen zu dürfen, ob Herr Leutnant Herr Professor Koehler sind?« In Militäruniform hatte man eben anders zu sprechen als in Badehosen an der Wulka. Es war Koehler, und wir unterhielten uns lange über den Zoo und die Verhaltensforschung. 1943 dann, frisch verheiratet, bekam ich zwei Wochen Urlaub und eine Einladung von Otto Koehler nach Königsberg. Mit meiner Frau fuhr ich hin und hielt dort meinen ersten Vortrag an einer Universität, natürlich über die Vogelwelt des Neusiedlersees. Nach dem Krieg kam Koehler oft nach Wien auf den Wilhelminenberg. Er wurde Freund und Lehrer zugleich.

Oskar Heinroth

Mit Heinroth traf ich erstmals 1942 in Berlin zusammen. Ich diente dort als Soldat bei der Hauptbildstelle des Reichsluftfahrtministeriums. Es war Weihnachten, und es gab zwei freie Tage. Die wollte ich nur allzu gern im Aquarienhaus verbringen und wenn möglich auch mitarbeiten. Also ging ich am 24. Dezember nach Dienst in der Dämmerung dorthin, und der gerade zusperrende Wärter schickte mich zu meinem Schreck gleich zu Oskar Heinroth in dessen Wohnung. Mit sehr inferioren Gefühlen erklomm ich die Stiege und läutete zögernd an. Katharina Heinroth öffnete, lud mich in die Wohnung und holte ihren Mann. Mir verschlug es vor Respekt beinahe die Sprache.

Das Ehepaar Heinroth lud mich zum Weihnachtsessen ein. Es war kein Tisch, es war eine Tafel – herrlich gedeckt. Und ich saß Heinroth gegenüber. Da sprach er den legendären und von mir schon oftmals zitierten Satz: »Wir beurteilen die Intelligenz eines Tieres danach, wie schnell es sein Futter findet.« Mit dieser in ihrem gutmütig-kratzbürstigen Sarkasmus für Heinroth so typischen Bemerkung forderte er mich zum Hinlangen auf. Nach der Suppe gab es Karpfen mit Pellkartoffeln. Es war eine neue Welt, in der ich mich befand – ich vergaß den Krieg, den Dienst und auch den Zapfenstreich. Um 23 Uhr, mit einstündiger Verspätung, stand ich ohne Überzeitschein vor dem Torposten. Auf alles, was ich zu meiner Rechtfertigung über Heinroth erzählte, nickte er nur verständnislos mit dem Kopf. Aber es war Weihnachten, und er ließ mich ohne Strafmeldung passieren.

In meiner Manteltasche trug ich einen wunderbaren Schatz: Heinroths Buch »Aus dem Leben der Vögel«, Weihnachtsgeschenk des Autors. Ich besitze es heute noch. Es ist 1938 bei Springer erschienen und hat seine volle Gültigkeit bewahrt. Was ich von meinem eigenen, 1939 erschienenen Neusiedlersee-Vogelbuch »Wunderland der wilden Vögel« allerdings nicht behaupten möchte. Es erhielt damals lauter glänzende Kritiken und trug mir viel Publizität und wichtige neue Bekanntschaften ein. Aber dann kam die einzige schlechte Kritik. Zwar wurden die Bilder gelobt, doch der Text als nichtssagend und bedeutungslos bezeichnet. Der Kritiker war Erwin Stresemann, Präsident der Deutschen Ornithologischen Gesellschaft, Herausgeber des Journals für Ornithologie, einer der bedeutendsten Ornithologen der Welt. Ich war gebrochen. Als 1943, mitten im Krieg, meine nächste Arbeit über Rallen und Bartmeisen erschien, bezeichnete er diese dann allerdings als Meilenstein in der Geschichte der Ornithologie. Mein Selbstwertgefühl kam wieder ins Lot.

Erwin Stresemann, Gustav Kramer

Bei der ersten Nachkriegs-Ornithologentagung 1948 in Freiburg im Breisgau, an der auch Österreicher wieder ungehindert teilnehmen konnten, lernte ich Erwin Stresemann persönlich kennen, diesen Gelehrten von großer Ausstrahlung und persönlicher Autorität. Er hatte mich zu einem Vortrag über die Jugendentwicklung der Reiher eingeladen, den ich dann auch hielt und der viel Beachtung fand. Damals bedankte ich mich bei ihm sehr herzlich und ehrlich für die schlechte Kritik meines ersten Buches. Sie war nämlich die beste, da die einzig richtungsweisende. Stresemann hat mich von der romantisch-banalen Tiergeschichte weg zur exakten Darstellung hingeführt.

Stresemann und seine Frau Vesta besuchten uns mehrmals auf dem Wilhelminenberg, erstmals anläßlich der Wiener D.-O.-G.-Tagung im Jahre 1956. Das Ehepaar sollte im eben erst gebauten Stationsgästeraum wohnen, mit dessen Fertigstellung wir in argen Zeitdruck gekommen waren. Wenige Stunden vor Eintreffen der Erwarteten herrschte dort noch ein wildes Chaos. Lorenz, der bei uns zu Besuch war und in den Raum hineinschaute, meinte etwas besorgt: »Sagt einmal, soll ich die Streseleute nicht lieber doch nach

Altenberg mitnehmen?« Aber wir protestierten heftig. Die Beherbergung des Ehepaares Stresemann war einfach Ehrensache. Und in letzter Minute wurde doch alles fertig.

Bei dieser D.-O.-G.-Tagung begegnete ich erstmals Gustav Kramer. Auch er wurde zum Freund des Wilhelminenberges und hat uns öfters besucht. Er war nicht nur ein blendender Wissenschaftler von größter Genauigkeit, er verstand es auch, die Menschen durch spontane Akrobatikdarbietungen maßlos zu verblüffen. Es konnte geschehen, daß er im ernsthaften wissenschaftlichen Gespräch plötzlich, die Knie bis ans Kinn hochziehend, gummiballartig zu springen begann und, über die Schockiertheit aller Umstehenden sichtlich amüsiert, dabei die Unterhaltung ruhig weiterführte. Einmal mußten meine Frau und ich im Winter auf glatter, abschüssiger Straße gemeinsam mit ihm vom Wilhelminenberg ins Tal hinunter. Kramer ging lebhaft plaudernd zwischen uns, schien plötzlich auszurutschen, machte in der Luft einen Vorwärtssalto, landete perfekt auf den Füßen und redete weiter, als wäre nichts geschehen. Gerade ihm wurde dann sein Hang zur sportlichen Hochleistung zum Verhängnis. 1959 stürzte er in Kalabrien von einer Felswand tödlich ab, als er kletternd nach nestjungen Felsentauben suchte, die er für seine Forschungen benötigte.

Niko Tinbergen, Alfred Seitz

Viele Nacheiferer hatte Oskar Heinroth, viele Weggefährten Konrad Lorenz. Zu den ganz Großen zählen Niko Tinbergen aus den Niederlanden und der Österreicher Alfred Seitz. Tinbergen begegnete ich zum erstenmal im Park der Villa Lorenz in Altenberg. Er machte gerade Versuche mit Raubvogelattrappen und Gänseküken. Sein noch sehr kleiner Sohn stand dabei, schaute mich tiefernst an und sagte etwas, das mein Ohr als »gan se weg« registrierte. Diese holländischen Wörter nahm ich als unmißverständliches »gehn Sie weg«, was ich dann auch sofort tat. Erst durch einen kürzlich erfolgten Briefwechsel mit Tinbergen kam heraus, daß ich die Bemerkung des kleinen Buben offensichtlich mißverstanden hatte und sie in Wahrheit nur »gansje weg«, zu deutsch »Gänschen weg« gelautet haben kann. Seine bittere Miene galt damals also gar nicht mir, sondern den Versuchen seines Vaters mit den Flugbildmodellen, vor denen die kleinen Grauganzküken geflüchtet waren.

Nach dem Krieg lernten wir Niko Tinbergen persönlich näher kennen und aufrichtig verehren. Er kam auch noch aus Oxford, wo er ab 1949 Professor für Verhaltensforschung war, mit seiner Frau zu Besuch auf den Wilhelminenberg.

Besonders gut in Erinnerung ist mir eine eiskalte Neujahrsnacht, die Alfred Seitz und ich in einer aus Schilf gebauten burgenländischen Weingartenhütte an der Langen Lacke bei Apetlon verbrachten. Wir hatten eine Kerze brennen und froren sehr. Alfred Seitz büffelte für eine Botanikprüfung, und ich horchte interessiert dem Peitschenknallen der Hirten zu, die in den Dörfern das neue Jahr einschnalzten und das Böse mit ihrem Lärm vertreiben sollten. Seitz wurde später, als Lorenz die Berufung nach Königsberg erhielt, sein erster Assistent an der Universität. Nach dem Krieg übernahm er den Nürnberger Tiergarten als Direktor. In Zeitungen konnte man lesen, daß nun ein bekannter »Verhältnisforscher« den Zoo leiten würde. »Verhaltungsforschung« statt »Verhaltensforschung«, das wurde damals (und wird heute noch) oftmals gesagt und geschrieben. »Verhältnisforschung« aber war absolut neu und von reizvoller Originalität. Das erinnert mich an eine fast ebenso hübsch klingende Anschrift auf einem an mich adressierten Brief: »Institut für Vergleichende Verwaltungsforschung«. Dabei liegt all den Ethologen, die ich kenne und mit denen ich befreundet bin, nichts ferner als Verwaltung. Trotz Einsicht in die unabdingbare Notwendigkeit sind sie jeglichem Papierkram zutiefst abhold. Sie wollen sich mit lebenden Tieren befassen, wollen beobachten, experimentieren, Erkenntnisse sammeln und die große »Wissenschaft vom Leben« weiter vorwärts treiben. Und gerade dieses gemeinsame Ziel erzeugte zum nicht geringen Teil auch jene feste, lebenslange Bindung zwischen den großen Männern aus der Frühzeit der Verhaltensforschung.

Erich von Holst

Meine Frau und ich haben sie alle noch gekannt und als Freunde bezeichnen dürfen. Nur mit Erich von Holst gab es keine näheren Kontakte. Irgendwie standen wir einander reserviert gegenüber. Vielleicht schien er mir eine Nuance zu sehr »baltischer Baron«, während ich ihm zu desinteressiert gegenüber komplizierter Technik war. So kam es zwischen uns zu keinem fruchtbaren Gespräch. Rund eine Stunde bevor ich diese Zeilen zu schreiben begann, blätterte ich im 4. Jahresheft 1964 des Verbandes deutscher Biologen, dem Gedächtnisheft für Erich von Holst. Da stieß ich auf eine Abhandlung von ihm über Bratschen- und Geigenbau und las mich daran fest. Er hatte oft zusammen mit Otto Koehler musiziert, dabei die Bratsche gespielt; er liebte dieses Instrument und erfand sogar eine geniale Neukonstruktion. Der Verhaltensphysiologe Erich von Holst war nämlich ein begnadeter Geigenbauer aus Passion, der manchmal für Wochen in Italien verschwand, um bei berühmten Meistern zu werken.

Ein Satz in der erwähnten Abhandlung, der sich mit dem »Geheimnis der guten Geige« befaßt, ließ mich aufhorchen. Es lag, so heißt es darin, nach althergebrachter Meinung »etwa im besonderen Lack... oder im Holz, das von einer inzwischen ausgestorbenen Fichte stammen soll...« Da konnte nur die Haselfichte gemeint sein, die keine eigene Fichtenart, sondern eine sehr seltene, in alpinen Gebirgswäldern vorkommende extreme Standortvariante ist! Das hatte ich vom Schnitzer Oberbichler aus Zedlach im Virgental erfahren, als er mir seinerzeit vom »alten Zipper« erzählte, der angeblich die ersten Klaubaufmasken geschnitzt und ganz besondere Hackbretter gebaut haben soll. Er war ein eigenwillig skurriler Bergwaldmensch im Ausgedinge, von dem niemand wußte, woher er eigentlich kam. Eine Haselfichte erschlug ihn im Niederfallen, als er Geigenbauholz für die Italiener gewinnen wollte. Die Menschen dort sagen noch heute, der Teufel habe ihn geholt.

So fand ich über meine Maskenforschung und die Bekanntschaft mit den Osttiroler Schnitzern, diesen feinsinnigen Holzkennern, eine Brücke zum Geigenbau des Erich von Holst, der nicht nur ein hervorragender Wissenschaftler, sondern auch ein großer Künstler war. Vielleicht hätten er und ich anhand dieses Themas doch noch zu einem guten Gespräch gefunden. Ohne Erich von Holst jedenfalls wäre die Verhaltensforschung um vieles ärmer und in diesem Buch der Kreis der alten Forschergarde nicht geschlossen.

Die Forscher und ihre Institute

Es muß nicht nur über die großen Forscher gesprochen werden, sondern auch über ihre Institute, von denen aus sie operieren können. Heinroth hatte als Hintergrund den Berliner Zoo. Sein unmittelbarer Arbeitsbereich war das von ihm geschaffene Aquarienhaus. Koehler forschte und lehrte zuerst an der Universität Königsberg. Nach dem Krieg wurde er Ordinarius in Freiburg im Breisgau. Stresemann stand als Professor und Kustos das Zoologische Museum der Berliner Humboldt-Universität zur Verfügung, Kramer arbeitete am Max-Planck-Institut für Meeresbiologie in Wilhelmshaven, das von Holst leitete, bevor beide an das neu erbaute Institut für Verhaltensphysiologie nach Seewiesen übersiedelten. Tinbergen leitete seit 1949 an der Universität Oxford eine eigene Abteilung für Verhaltensforschung. Sicherlich ist Ausgangspunkt jeder Forschung die Begeisterung für die Sache, aber ohne Institut, ohne Unterkunft, Arbeitsräume und Gerät und vor allem ohne Mitarbeiter kann nur wenig erreicht werden. Das galt von Anfang an auch für die Verhaltensforschung.

Studiert man den Briefwechsel zwischen Heinroth und Lorenz, so trifft man immer wieder auf ein Problem: das Institut für Vergleichende Verhaltensforschung. Lorenz wollte es von Anfang an in den Auen der Donau bei Greifenstein gründen.

Was ich lange nach Heinroths Tod in den Briefen las, kannte ich großteils aus den Gesprächen mit Lorenz selbst, die wir nach den Kursstunden auf der gemeinsamen Heimfahrt mit der Franz-Josefs-Bahn – sein Ziel war Altenberg-Greifenstein, meines Klosterneuburg-Weidling – überaus angeregt führten. Lorenz wußte am besten von allen um die Wichtigkeit einer ethologischen Forschungsstelle. Doch wie sollte sie geschaffen werden? Wer sollte sie bezahlen? Die Altenberger Lorenz-Villa mit dem großen Park genügte zwar für den Anfang, aber sie lag für die freifliegenden Gänse nicht sonderlich günstig, und Assistenten und Studenten konnte man dort nicht auf Dauer unterbringen. Gehege, Teiche, alles war ein wenig zu klein, und jede Maßnahme beeinträchtigte eigentlich immer die Wohnatmosphäre der Familie. Ein eigenes Institut war vonnöten, und die damalige Deutsche Ornithologische Gesellschaft wollte sogar mitfinanzieren. Aber die Verhandlungen, Besprechungen, Planungen rund um verschiedene Anrainergrundstücke zogen sich hin. Nach 1938 beschloß die deutsche Kaiser-Wilhelm-Gesellschaft, in Altenberg ein »Kaiser-Wilhelm-Institut für Verhaltensforschung« zu gründen. Als das Ziel zum Greifen nahe schien, warf der Beginn des Krieges die gesamte Planung über den Haufen. 1940 berief man Lorenz von Altenberg weg an die Königsberger Universität. Seine Vorstellungen hinsichtlich des ethologischen Institutes waren natürlich immer sehr konkret gewesen. Nun war alles ungewiß geworden.

Von Lorenz' Ideen begeistert, beschloß ich, sein Schüler, eines Tages für mich, im Dienste meines Lehrers ein solches Institut zu schaffen. Allerdings hatte ich noch keine Ahnung über das »Wie« und »Was«. Mein Plan war nur, daß es am Neusiedlersee an der Wulka stehen sollte, wo der Schilfgürtel am breitesten ist. Daß es dort weder elektrischen Strom noch Trinkwasser, geschweige denn ein Telefon geben konnte, störte mich gar nicht. Ich ging vom mir vertrauten Zeltleben in der Wildnis aus und sah als vergleichsweise komfortable Basis ein Blockhaus vor mir, in dessen Nähe viele handzahme Rallen und Reiher lebten, die man in ihrem ureigensten Lebensraum ohne Schwierigkeiten beobachten konnte. Fotoapparat, Filmkamera, Feldstecher und ein paar Gleichgesinnte brauchte ich, sonst eigentlich nichts.

Lorenz dachte hinsichtlich der Beobachtungsmöglichkeiten zwar ähnlich, doch lag sein erträumtes Institutsideal im Auwald an der Donau und verfügte über jene technischen Möglichkeiten, die er von der Universität her gewohnt war. Geworden ist aus keiner der Ideen etwas, der Krieg hat alles verhindert. Aber Lorenz – 1941 bis 1944 Arzt im Kriegsdienst, 1944 bis 1948 in russischer Gefangenschaft – plante weiter an seinem Institut, und auch ich gab nicht auf. An allen Fronten des Krieges sammelte ich Waldläuferausrüstung, vom Regenmantel über den Feldstecher bis zur Landkarte, alles, was mir für ein Institut brauchbar erschien. Auf den Kriegsschauplätzen lag viel herrenloses Gut herum, das man für sinnvolle Ziele retten konnte. Als der Zweite Weltkrieg vorbei und ich glücklich heimgekommen war, konnten meine Frau und ich an die Verwirklichung der Institutsidee gehen. Es wurde kein Blockhaus im Schilf des Neusiedlersees, sondern eine Art Waldläuferdorf mit wissenschaftlicher Zielsetzung inmitten des Wienerwaldes. Wir hatten dort nämlich ein ausgedientes Militärbarackenlager gefunden und gründeten an dieser Stelle die »Biologische Station Wilhelminenberg«.

Das Leben in jenem »akademischen Holzfällerdorf« war ebenso schön wie hart und finanziell manchmal beinahe hoffnungslos, doch wir haben nicht aufgegeben und uns gemeinsam mit den jungen Mitarbeitern letztendlich durchgesetzt. Unter dem seit 1967 geltenden Namen »Institut für Vergleichende Verhaltensforschung der Österreichischen Akademie der Wissenschaften« besteht diese erste und älteste ethologische Forschungsstelle, nach meiner Pensionierung Ende 1984 unter der neuen Leitung von Wolfgang Schleidt und Hans Winkler weiter.

Als Konrad Lorenz 1948 aus der Kriegsgefangenschaft heimgekehrt war, konnten wir ihm in Form der noch kleinen Biologischen Station Wilhelminenberg eine zwar sehr eigenwillige, aber doch funktionstüchtige Forschungsstelle präsentieren, die er begeistert aufnahm und in der er als Mentor fungierte. 1949 gründete er in der Altenberger Lorenz-Villa für kurze Zeit ein eigenes Institut und übernahm die ersten Wilhelminenberger Mitarbeiter als seine Assistenten. Mit ihnen hat er 1951, als sich in Österreich alle Institutshoffnungen zerschlugen, in Buldern (Westfalen) die »Forschungsstelle für Verhaltensphysiologie des Max-Planck-Institutes für Meeresbiologie in Wilhelmshaven« aufgebaut. 1955 konnte er endlich in das große »Max-Planck-Institut für Verhaltensphysiologie« in Seewiesen (Oberbayern) übersiedeln, dessen Direktor er von 1961 bis 1973 war.

Die Ethologie begann sich zu konsolidieren und hatte nun ihre festen Einrichtungen. In Österreich baute das Wihelminenberger Forschungsinstiut emsig weiter. Es entstand eine eigene Abteilung für Ökosystemforschung in Donnerskirchen und Rust am Neusiedlersee sowie eine in Oberweiden (Marchfeld) für ethologische Wildtierforschung. Und als Lorenz 1973 in Deutschland emeritiert wurde und nach Österreich heimkehrte, konnten wir ihm unseren

Forschungsstützpunkt im Wildpark Grünau (Almtal) für seine Graugansuntersuchungen überlassen. Die dort vorher von uns betriebene Auerwildstation übersiedelte auf die Hohe Wand im Voralpengebiet. Aus Mitteln des Nobelpreises baute Lorenz auch Altenberg durch Errichtung eines Aquarienhauses forschungstechnisch aus. Beides war als »Abteilung 4, Tiersoziologie, des Institutes für Vergleichende Verhaltensforschung der Österreichischen Akademie der Wissenschaften« etabliert. So entstand ein lockeres Netz von Institutionen in Österreich, das allein schon durch die geographische Differenziertheit der Standorte viele ökologische Fragestellungen ermöglichte.

1980 begann ich dann, im Zusammenhang mit der immer akuter werdenden Umweltproblematik, das »Institut für angewandte Öko-Ethologie« aufzubauen, gewissermaßen als praktische Nutzanwendung meiner auf dem Wilhelminenberg gewonnenen Erkenntnisse. Seit 1985 konnte ich mich intensiv dieser Neugründung widmen. Heute besitzt das Institut je eine Abteilung in Staning an der Enns, in Rosenburg am Kamp, in Leopoldsdorf im Marchfeld sowie einen Arbeitsplatz auf der Hohen Wand nicht weit von Wiener Neustadt. Das Institut zählt zwölf Mitarbeiter und setzt in seinem Arbeitsstil die alten Wilhelminenberger Traditionen fort.

Es haben im Auf- und Ausbau dieser Forschungsstätten viele mitgewirkt, die ihrer Jugend wegen die frühen Zeiten der Ethologie nicht miterleben konnten. Dennoch stehen alle Leistungen und Aktivitäten in direktem Zusammenhang mit den Altenberger Lorenz-Plänen aus der Vorkriegszeit. Wir Schüler suchten auf unsere Weise und mit eigenen Ideen zu verwirklichen, was der Lehrer für wichtig gehalten hatte, nämlich die Gründung von Arbeitsplätzen für die Ethologie.

Das ist uns, wie ich glaube, auf brauchbare Weise gelungen. Schließlich wurzeln die Kulturethologie, die Öko-Ethologie und auch die Humanethologie von Irenäus Eibl-Eibesfeldt im Gedankengut der Wilhelminenberger Forschungsstelle. Hier entstand, als einer der frühesten Gehversuche im Neuland, die Tierkinderpsychologie unter dem entscheidenden Einfluß der Wiener Kinderpsychologin Sylvia Bayr-Klimpfinger. Wir waren immer bestrebt, die Wege unserer Lehrer weiter zu verfolgen und in neue Gebiete abzuzweigen. Wir wollten – ganz dem Rat des bedeutenden österreichischen Ökologen Wilhelm Kühnelt folgend – immer dort forschen, wo die Probleme am besten angepackt werden konnten. Eigens erwähnt sei hier auch die erfolgreiche Haustierbiologische Station Wolfswinkel (Westerwald) von Eberhard Trumler. Er ist ein Wilhelminenberger der ersten Tage, hat von 1945 bis 1948 bei der Erarbeitung des spezifischen Ideengutes mitgewirkt und es auf oft verschlungenen Pfaden weitergetragen.

Die oben genannten, in Österreich netzartig verteilten ethologischen Forschungsstellen werden heute unter drei Institutsnamen geführt: »Konrad-Lorenz-Institut der Österreichischen Akademie der Wissenschaften«, »Institut für Vergleichende Verhaltensforschung der Österreichischen Akademie der Wissenschaften« und »Institut für angewandte Öko-Ethologie«, welch letzteres vom »Verein für Ökologie und Umweltforschung« finanziert und von der alten »Forschungsgemeinschaft Wilhelminenberg« betrieben wird. Den Namen »Konrad-Lorenz-Institut« trägt die Gruppierung Grünau-Altenberg unter der Leitung unseres Lehrers. Sein »Urplan Altenberg« ist Realität geworden, wenngleich auch nicht so umfassend, wie in der Jugend von ihm erträumt. Für seine bevorzugten Interessengebiete, nämlich die freifliegenden Graugänse und die Fische in den Aquarien, hat Lorenz zwar neue Heimstätten gefunden. Doch die für den alten Aubestand der Donau einstmals so überaus charakteristischen Reiher und Kormorane, an denen ihm so viel lag und die er, wie einem Vorkriegsbrief an Heinroth zu entnehmen, in Gedanken schon draußen an der Donau in Scharen über Kolonien kreisen sah, konnten in sein Altenberger Gegenwartsprogramm nicht aufgenommen werden. Es hätte einer Erweiterung des Konrad-Lorenz-Institutes bedurft, um diese alte Zielsetzung zu realisieren.

Erst 1985 sollte sich eine völlig neue Möglichkeit zur Erfüllung des Projektes eröffnen. Nach Abschluß des Kraftwerksbaues in Greifenstein war in der Au das Wasser beträchtlich angestiegen und damit die von Lorenz immer bedauerte Austrocknung der Altarme unterbunden, ja eine Neubewässerung von Trockengebieten erreicht worden. Auf Anregung unseres Institutes für angewandte Öko-Ethologie baggerten die Donaukraftwerke einen großen Teich aus, der heute an den Ufern bereits dicht verwildert ist. Fische wurden herangebracht, das Gelände abgezäunt und eine Unterkunfts-

und Arbeitshütte errichtet. Wir setzten Kormorane ein, die hier brüteten und deren Junge heute bereits frei fliegen.

Unsere Methoden entsprachen genau den alten erprobten ethologischen Rezepten, wie sie schon Heinroth und Lorenz handhabten, wie wir sie auf dem Wilhelminenberg erfolgreich praktiziert hatten und wie sie in allen Tiergärten angewendet werden. Das Projekt gelang. Die ersten Jungkormorane sind 1987 ausgeflogen, wilde Kormorane besuchen bereits die zahme Kolonie. Wir nannten diese zwar noch kleine, doch schon in weiterem Ausbau begriffene Greifensteiner Arbeitsbasis »Ethologische Forschungsstelle Oskar Heinroth«. Sie ist eine sinnvolle Korrespondenzposition am linken Ufer der Donau zum Altenberger Konrad-Lorenz-Institut am rechten. So sind die Namen der beiden Männer, die hier vor fünfzig Jahren ein erstes ethologisches Institut planten, auf jenem historischen Boden wissenschaftsgerecht dokumentiert, wo die Ethologie zur akademischen Disziplin herangereift ist.

Der Weg dahin war lang und mühsam, doch ohne Zweifel überaus reich an Erkenntnissen und Erfahrungen. Die junge Wissenschaft hat viele ihrer Schöpfer bereits überlebt. Es mag darum an der Zeit sein, von der Position des Erreichten her über die Anfänge nachzudenken. Nichts eignet sich für solches Beginnen mehr als die Schilderungen derer, die dabei waren – und wir müssen deshalb dankbar dafür sein, daß uns der bedeutsame, so vieles überhaupt erst verständlich machende Briefwechsel zwischen Heinroth und Lorenz aus den Jahren 1930 bis 1940 erhalten geblieben ist.

1988 begeht die Deutsche Ornithologengesellschaft (vor dem Zweiten Weltkrieg »Deutsche Ornithologische Gesellschaft« genannt), deren Generalsekretär, Erster Vorsitzender, Präsident und zuletzt Ehrenpräsident zwischen 1922 und 1972 Erwin Stresemann hieß, das Jubiläum ihrer 100. Jahresversammlung. 1988 feiert das Aquarium des Berliner Zoos, dessen Planer, Erbauer und Direktor zwischen 1911 und 1945 Oskar Heinroth war, seinen 75jährigen Bestand. Die beiden Männer sind lange nicht mehr unter uns. Doch am 7. November 1988 wird Konrad Lorenz in voller Schaffensfreude 85 Jahre alt. Hier hat eine bemerkenswerte Fügung die drei verschiedenen Ausgangs-Institutionen – auch Lorenz selbst mit seinem berühmten, beinahe 100 Jahre alten Wohnsitz ist ja bereits Institution – in einem einzigen Jubiläumsjahr zusammengeführt. So sei dieses Buch, als Festgabe für alle, dem großen Wegbereiter der Ethologie in Dankbarkeit und Verehrung auf den Geburtstagstisch gelegt. Sein Briefwechsel mit Oskar Heinroth möge ihn in der Gegenwart daran erinnern, wie er sein grandioses Lebenswerk in der Jugend begann.

Klosterneuburg, im Mai 1988

Anmerkung:
In den nun folgenden Briefen wurden allzu private Stellen, die in keinem Zusammenhang mit der Wissenschaft stehen, gekürzt oder ganz weggelassen. Gesamtinhalt, typische Schreibweisen (wie auch Orthographie und Interpunktion) und Formulierungen der Autoren blieben jedoch unverändert. Leider ist die Briefsammlung nicht vollständig erhalten, so daß aus einigen Jahren nur wenige Briefe vorliegen.

Einige Abkürzungen:
D.G.f.P. = Deutsche Gesellschaft für Psychologie
D.G.f.T. = Deutsche Gesellschaft für Tierpsychologie
D.O.G. = Deutsche Ornithologengesellschaft
D.Ps.G. = Deutsche Psychologische Gesellschaft
D.T.G. = Deutsche Tierpsychologische Gesellschaft
Gef.W. = Zeitschrift »Gefiederte Welt«
J.f.O. = Zeitschrift »Journal für Ornithologie«
K.W.G. = Kaiser Wilhelm-Gesellschaft
K.W.I. = Kaiser Wilhelm-Institut
Nr. = Nachtreiher
R.f.N. = Reichsstelle für Naturschutz
R.W.U. = Reichsstelle für Bilder und Film in Wissenschaft und Unterricht
V.M. = Buch »Die Vögel Mitteleuropas«
Z.f.T. = Zeitschrift für Tierpsychologie

Oskar Heinroth/Konrad Lorenz

Briefwechsel 1930–1940

Altenberg-Greifenstein a. d. Franz Josefs Bahn.
Österr. (September 1930?)

Sehr verehrter Herr Doktor!

Da Sie meinem ersten Dohlenaufsatz ein so freundliches Interesse entgegen gebracht haben, wage ich es, Sie in Bezug auf die beiliegende Arbeit um Rat zu fragen. Ebenso wie der erste, so besteht auch dieser Aufsatz im wesentlichen aus einem ins Imperfectum übersetzten Auszug aus meinem Tagebuch. Ich habe es absichtlich vermieden, eine schön gegliederte Biologie von Coloeus zu schreiben, sondern habe meine Beobachtungen in der Reihenfolge wiedergegeben, wie ich sie gemacht hatte. Da ich dabei zur Erklärung mancher Reaktionen vorgreifend Beobachtungen mitteilen mußte, deren Platz in der chronologischen Reihenfolge erst viel später gewesen wäre, so fürchte ich nun, daß die ganze Arbeit recht unübersichtlich geworden ist. Da man selbst über sein eigenes Geschreibe gar kein Urteil hat, so bitte ich Sie nun, die Geschichte einmal durchzulesen und mir zu sagen, was Sie speciell von der Übersichtlichkeit der Arbeit halten. Ich wage diese Bitte insbesondere deshalb, weil ich hoffe, daß manche meiner Beobachtungen auch Ihnen nicht uninteressant sein werden. Ihr Urteil wird mir ungeheuer wichtig sein. Ich möchte die Sache nur ungern auf eine biologische Gliederung, etwa a) sociale Triebe, b) sociale Hemmungen, c) Balz u.s.w. umarbeiten, weil die einzelnen Beobachtungen, so aus ihrem Zusammenhang gerissen, nicht so unbedingt überzeugend wirken. Wenn aber Ihnen – dem Mann, der auf der ganzen Welt mit der behandelten Materie am allervertrautesten ist – die Arbeit allzu unübersichtlich vorkommt, so muß sie für jeden anderen *so* unübersichtlich sein, daß ich sie doch umarbeiten werde. Falls Sie das aber nicht für notwendig erachten sollten, so wage ich die weitere Bitte, das Manuskript nicht an mich zurück, sondern gleich an die Herausgeber des Journals für Ornithologie weiterzusenden. Dr. Stresemann hat sich für die Arbeit nämlich schon im Vorjahr interessiert. Damals begannen aber die Dohlen eben mit der Brut, die ich abwarten wollte, bevor ich alles übrige veröffentlichte.

Als gewesener Rabenvater wird es Sie interessieren, daß ich jetzt 4 freifliegende Kolkraben besitze. Die Raben sind und bleiben doch die Krone von allem, was man überhaupt halten kann! Ich habe voriges Frühjahr 4 Raben, die 2 verschiedenen Bruten entstammten, aufgezogen, einen einzelnen und 3 Geschwister. Von diesen hat sich einer schon im Alter von 3 Monaten verflogen, und einer verschwand vor 14 Tagen, wohl von irgendeinem Schießer erlegt. Der Restliche von den dreien, offenbar ein ♀, hat sich jetzt, nach der Großgefiedermauser, mit dem einzeln aufgezogenen verlobt. Die Vögel haben sich sogar schon getreten. Die beiden sind etwas weniger zahm als Ihr Jasper und Ralf gewesen zu sein scheinen, jedenfalls aber weniger auf den Menschen umgestellt. Zumindestens macht keiner mir gegenüber Balz- oder Nestbaubewegungen. Untereinander sind beide meist sehr zärtlich, aber nicht so unbedingt verträglich wie Dohlenpaare. Den Zärtlichkeitston, den Sie in den »Vögeln Mitteleuropas« als Au oder Rau bezeichnen, stoßen sie meist auf dem Boden nebeneinander hergehend zugleich aus, wobei sie sich verbeugen und das Kopfgefieder sträuben und den Schwanz etwas breiten. Auf dem Höhepunkt der Handlung spreizt vor allem der Mann aber noch die Flügelbuge ab. Stimmt es auch mit Ihren Beobachtungen, daß bei dem »sonderbar näselnden Getön«, mit dem der ♂ auf das ♀ zugeht, der Kopf lang vorgestreckt wird und sich die maximal aufgerichteten, lanzettförmigen Kehlfedern unter dem Einfluß der Stimmäußerung sehr stark bewegen? Ich glaube nämlich, daß diese beim ♂ besonders langen und glänzenden Federn in der von Ihnen hervorgehobenen Wechselbeziehung zu der beschriebenen Balzhandlung stehen. Wenn das ♂ sehr erregt ist, stellt es auch zu diesem Getön die Flügelbuge ab. Ebenso wie ihr Jasper bringt mein Rabenmann dieselben Bewegungen und Töne, wenn er auf die beiden jungen Raben losgeht, die ich heuer aufgezogen habe. Seit das Paar richtig verlobt ist, ist es so böse auf die heurigen Vögel, daß ich die 4 nicht mehr zusammen einsperren kann. Im Freien vertragen sich die 4 noch ganz gut, wenn sie sich nicht zu nahe kommen. Auf dem einen beiliegenden Bild geht gerade das Paar (links) geschlossen gegen die 2 Jungen vor, von denen einer flieht, der andere sich zur Wehr setzt. Leider sieht man von dem ♂ nur den Schwanz, so daß man nicht sieht, um was er größer ist als alle anderen Raben. Dieses Männchen hat die eigentümliche Gewohnheit, sich mit dem Kopf nach unten an dürren Zweigen aufzuhängen. Da er das besonders oft tut, wenn er vorher gesungen hat, und weil er dabei einen dicken Kopf macht, sieht das Ganze nach einer Art Balzhandlung aus. (Auf dem einen [dem unterbelichteten] der beiden Bilder sieht man gut das aufgerichtete Kehlgefieder, auf dem anderen ist die Stellung nicht typisch, da der Rabe schon am Abfliegen ist.) Es kann aber gerade so gut ein individueller Ausfluß des Übermutes sein. Beim Raben weiß ich überhaupt oft nicht, was Triebhandlung ist und was er grad »erfindet«. Beim Kakadu allerdings noch weniger.

Ich habe alle Hoffnung, daß mein Rabenpaar nächstes Frühjahr brüten wird. Wenn nur nicht irgend etwas dazwischenkommt! Wie Sie in dem Dohlenaufsatz (wenn Sie so freundlich sind!) lesen werden, ist meine ganze schöne Dohlenkolonie durch einen unaufgeklärten Unglücksfall flöten gegangen. Ihnen kann ich hier ja sagen, daß der Mann, der die Dohlen während des Winters fütterte, behauptet, sie seien eines schönen Morgens bis auf zwei Stück »weg gewesen«. Das ist ganz ausgeschlossen, da der Käfig keinen Defekt aufwies. Ich glaube, daß die Vögel verhungert oder verdurstet sind, denn ich fand die Leiche des einen alten ♀, das vorher kerngesund gewesen war, unter einem Dachbalken. Außerdem waren die 2 restlichen Vögel bei meiner Rückkunft noch ganz krank, und einer von ihnen starb bald darauf. Ich konnte das alles in meiner Arbeit nicht schreiben, da ich ohne Beweise, und solche habe ich ja schließlich nicht, meinen Futtermeister nicht verdächtigen will. Auf solche Schicksalsschläge muß man ja bei jeder Tierhaltung gefaßt sein, aber ich gestehe, daß ich nahe dran war, damals die ganze Dohlenhaltung aufzugeben. Eigentlich schaffte ich hauptsächlich aus Mitleid mit dem übriggebliebenen alten Dohlenweibchen wieder Jungvögel an – und bin heute sehr froh, daß ich das getan habe!

Ich glaube, Herr Doktor, ich brauche Ihrer Frau Gemahlin und Ihnen nicht zu erzählen, wie gut Ihr Buch ist und mit welcher Begeisterung ich Ihr Buch von Lieferung zu Lieferung gelesen habe. Ich kann es fast auswendig, und zwar nicht durch häufiges Lesen, sondern weil die Darstellung Ihrer Vogelhaltung mir einen fast ebenso lebhaften Eindruck hinterlassen hat, als ob ich selbst die betreffenden Vögel gehalten hätte. Ich will Ihnen gar kein Kompliment machen, aber an Ihrem Buch sehe ich immer erst, wie unglaublich viel glattweg *Unwahres* in allen, aber schon allen anderen Vogelbüchern steht. Ich glaube, es gibt wirklich keines mit einem derartigen Mangel an nicht aufrechtzuerhaltenden Behauptungen! Ich habe aus den »Vögeln Mitteleuropas« unglaublich viel Anregung geschöpft, vor allem die Kolkraben habe ich ausgesprochen auf Ihre Schilderung hin angeschafft. Noch mehr aber hat mich Ihr Buch mit Plänen für die Zukunft erfüllt. Nachdem es mir gelungen ist, einen Bussard und eine Flußseeschwalbe an den Freiflug zu gewöhnen, also ganz unwahrscheinliche Vögel, (hätten Sie sich vorgestellt, daß eine Sterna hirundo ihrem Pfleger im Freien nachfliegt und zwischen ziemlich dicht stehenden Bäumen zu ihm herunterkommt? Ich hätte das nie für möglich gehalten!) habe ich die Absicht, es jetzt einmal mit Reihern zu versuchen, die mich als Siedlungsbrüter besonders interessieren. Ich möchte es zunächst mit Nachtreihern probieren, wegen ihrer Kleinheit und Anspruchslosigkeit. Wie alt dürfen Nachtreiher höchstens sein, um noch zahm zu werden? Sämtliche 5 Reiher, alles Fischreiher, die ich bis jetzt aufzog, waren sichtlich schon zu alt. Kann man einen Nachtreiher *vor* diesem Alter versenden, und würde der Berliner Zoo eventuell solche aus seiner Zucht abgeben? Bitte verzeihen Sie diese vielen Fragen, mit denen ich Ihre Zeit in Anspruch nehme! Aber Sie sind zu nicht geringem Grad schuld daran, daß mir diese Fragen kommen!

In wirklich aufrichtiger Hochachtung Ihr ergebener

Dr. Konrad Lorenz

(Berlin) 3. Oktober 1930

Sehr verehrter Herr Kollege!

Soeben von Rossitten zurückgekehrt, habe ich mich an Ihre Dohlen-Arbeit gemacht und sie mit wahrer Begeisterung durchgelesen. Das ist doch endlich einmal eine Sache, die Hand und Fuß hat und nicht, wie so oft sogenannte wissenschaftliche Arbeiten, längst bekannte Dinge mit unverständlichen griechischen Namen belegt. Die an sich schönen Beobachtungen von Frl. Dr. Hertz kranken ja daran, daß sie die Trieb- und Verstandeshandlungen ihrer Tiere nicht in Beziehung zu den Lebensgewohnheiten der Art im Freien zu bringen weiß, denn sie kennt die Vögel im Freien überhaupt nicht. Sie müssen unbedingt all Ihre vortrefflichen Beobachtungen auch einmal weiteren Kreisen zugänglich machen, da findet sich sicher ein Verleger, und wir möchten auch über Ihren Kadadu, die Seeschwalbe und was Sie sonst noch haben und gehabt haben, etwas wissen.

Die Gliederung in Ihrer Arbeit finde ich richtig. Gerade durch die zeitliche Anordnung wird der Leser in Spannung gehalten. Nur fehlt mir eins: Eine übersichtliche Zusammenfassung der wichtigsten Ergebnisse am Schlusse, wie dies ja jetzt bei wissenschaftlichen Arbeiten allgemein üblich ist. Der Fernerstehende weiß dann gleich, worauf es ankommt und hat weniger Mühe, wenn er in irgendeiner Zeitschrift einen Bericht über Ihre Arbeit schreiben will. Nun nehmen Sie mir als dem wohl Aelteren eine kleine Bemerkung, die mit der Sache selbst nichts zu tun hat, nicht übel. Sie haben vielleicht gefunden, daß wir in unseren »Vögeln Mitteleuropas« kein einziges entbehrliches Fremdwort gebraucht haben, so daß, wie unser Verleger einmal sagte, jeder Holzhauer ohne weiteres alles versteht. Es tut der Wissenschaftlichkeit keinen Abbruch, wenn man für »spontan« »von selbst« sagt, und Sie schreiben ja einen so lebhaften und anschaulichen Stil, daß z. B. »Blau-Blau startete in meiner Direktion« wie ein Stacheldraht quer über die prächtigste Landstraße wirkt.

Ich hoffe, Sie nehmen mir eine solche Bemerkung nicht übel, aber ich halte nun einmal etwas auf Sprache.

Nun noch zu Ihrem Brief. Viel Glück zu Ihren Kolkraben. Hoffentlich richten sie nicht zuviel Unheil an. Die von Ihnen geschilderten Balzbewegungen decken sich ganz mit meinen Beobachtungen. Das Absträuben des Kehlgefieders und das Absperren der Flügelbuge habe auch ich gesehen. Das Sichverkehrtaufhängen aber nie in der Weise, wie Sie es schildern, nur bei einem Stücke gelegentlich spielerisch, wenn ihm durchs Gitter ein Stock waagrecht hingehalten wurde. Die Neigung dazu ist also vorhanden, und Paradisornis rudolfi balzt ja regelmäßig in der Hängstellung, wobei er sein blaues Brustschild ausbreitet.

Sie können sich denken, wie ich mich über den Verlust Ihrer prächtigen Dohlensiedlung gebost habe.

Meiner Frau und mir ist es eine Freude, daß Sie aus unserem Buch soviel Anregungen bekommen haben, und wir glauben, unsre Beeinflussung in Ihren schönen Aufsätzen wieder zu erkennen. Es ist so schön, daß Sie Gelegenheit haben, Ihre Vögel in abgelegener Gegend halten zu können, wo Tier und Mensch nicht fortwährend gestört und beeinflußt werden. Unser einer jetzt siebenjähriger Kranich hat sich in diesem Frühjahr einige Kilometer von hier über einem Vorort in einer Antenne totgeflogen, und der andre kehrte allein zurück, so daß wir jetzt nur noch diesen Freiflieger haben.

Der Freiflug mit dem Fischreiher ist früher schon mit Erfolg versucht worden. Ein solches Tier verteidigt dann seinen Herrn wütend gegen Fremde. Wie sich ein jungaufgezogener Nachtreiher benimmt, finden Sie ja in unserem Buch. Ich weiß aber nicht, ob und wann man ihm Freiflug gewähren kann. Durch die Beringung hat sich ja herausgestellt, daß junge Reiher bald nach Verlassen des Nestes sehr weit auf eigne Faust umherstreifen, und das erschwert die Sache vielleicht. Hier im Zoo züchten die Nachtreiher im großen Flugkäfig regelmäßig, und ich möchte wohl glauben, daß Sie einen oder einige Junge bekommen könnten. Die ersten gibt es gewöhnlich schon, wenn der Winter kaum vorbei ist. Ich selbst habe aber mit der Vogelwelt des Zoos nichts zu tun, und Sie müßten sich da schon an die Verwaltung wenden unter Bezug auf mich. Ich glaube, man tut gut, die kleinen Reiher sehr früh zu nehmen, ehe sie gegen den Menschen in Abwehrstellung gehen. Der Versand nach Wien über Nacht als Expreßgut oder durch Flugpost hat, wenn es nicht zu kalt ist, wohl keine Schwierigkeiten.

Professor Dr. Stresemann ist natürlich gern bereit, Ihren Aufsatz in das Journal zu nehmen.

Mit herzlicher Begrüßung Ihr ergebenster

Heinroth

Altenberg (Oktober 1930?)

Hochverehrter Herr Doctor!

Vielen Dank für Ihr freundliches Schreiben und für die Mühe und

Zeit, die Sie auf meine Arbeit verwendet haben. Es freut mich sehr, daß Sie die Gliederung für richtig halten, denn eine Umarbeitung wäre wohl gar nicht so ganz einfach. Eine kurze Zusammenfassung der Ergebnisse wollte ich sowieso schon hinzufügen, habe sie sogar schon kurz konzipiert, aber dann weggelassen aus Furcht, mich zu sehr zu wiederholen. Ich werde sie jetzt sofort ausarbeiten und schicken!

Was den Gebrauch der Fremdwörter anbetrifft, gebe ich Ihnen, Herr Doctor, völlig recht. Nur bitte ich Sie nicht zu glauben, daß es sich dabei um eine Hascherei nach falscher Wissenschaftlichkeit handelt, wir Österreicher *reden* nämlich so. Ich pflichte Ihnen aber völlig bei, daß man eigentlich nicht so schreiben darf und möchte gern noch die ärgsten Stacheldrähte entfernen. Der Satz, den Sie im besonderen so bezeichnen, ist übrigens außerdem noch eine herrliche Stilblüte: Ich sehe Blaublau in meiner »Direction« (in der ich als Herr Director am Schreibtisch sitze) starten und herumflattern!

Sie meinen, ich solle meine Beobachtungen in Buchform erscheinen lassen und es fände sich dafür wohl ein Verleger. Das möchte ich natürlich sehr, sehr gern, aber Professor Dr. Stresemann hat sich schon früher in so freundschaftlicher und für mich schmeichelhafter Weise für den Aufsatz interessiert, daß ich glaube, ich kann ihn jetzt nicht gut woanders als im Journal erscheinen lassen. Oder steht das eine dem anderen gar nicht im Wege? Sehr gerne möchte ich nämlich die Beobachtungen an Dohlen mit guten Photographien der wichtigsten Ausdruckshaltungen belegen, was ich leider bisher unterlassen habe. Erst dieses Frühjahr habe ich ernstlich zu photographieren begonnen, und es ärgert mich sehr, daß ich von den Dohlen nicht so wie von den Raben verwendbare Bilder habe. Das Versäumte ließe sich aber nachholen, da ich ja noch eine alte (Rotgelb) und vier junge Dohlen besitze, zumal da sich Rotgelb mit einem jungen ♂ zu »verloben« beginnt. Wenn die Sache ernst wird, lassen sich vielleicht Beobachtungen über die Zeugungsfähigkeit der einjährigen ♂ machen.

Über meine Raben möchte ich noch bemerken, daß Ihre Befürchtung, daß sie ebensoviel Unsinn anrichten möchten wie die Ihren, deshalb unbegründet sind, weil meine Vögel gegen alle Menschen mit Ausnahme meiner selbst geradezu rasend scheu sind. Wenn ein Fremder auch nur den Kopf zu dem Fenster hinaussteckt, neben dem ihr Käfig (ähnlich dem der Dohlen, nur an der anderen Seite des

Hauses) angebracht ist, gehen sie, wie irgend ein Kleinvogel, ganz wütend gegen das Gitter. Sie kommen nie zu einem anderen Fenster des Hauses als zu dem meines Zimmers. Sie vermeiden sogar die dem Dorfe (Altenberg) zu gelegenen Teile unseres Gartens und bevorzugen die höher dem Walde zu gelegenen. Dort sind sie gewohnt, noch andere Menschen als mich zu sehen und sind dort etwas vertrauter gegen solche, das heißt, sie lassen sie auf ungefähr 15 m herankommen. Im freien Land benehmen sie sich nicht anders als irgend eine Krähe, setzen sich nie auf fremde Häuser und überfliegen das Dorf nie unter einer gewissen Höhe, eher höher, als Nebelkrähen über die Häuser zu fliegen pflegen. Vor herannahenden Menschen fliegen sie auf größere Entfernung hin ab als wilde Krähen, vor allem vor gewehrtragenden Männern oder auch nur solchen, die jägerähnlich angezogen sind. Solche Personen begrüßen sie auch mit dem Warnlaut, mit dem sie Raubtiere, zum Beispiel Hunde, verfolgen oder Katzen die Jagd verderben. Es spricht doch sehr für ihre Lernfähigkeit, oder besser für die Kontrolle, die ihr Intellekt über ihre Triebhandlungen hat, daß sie es lernten, die arteigenen Laute für Raubtier auf diese und *nur* diese Menschen zu übertragen! Aus alledem geht wohl hervor, daß man die Zudringlichkeit der Raben nicht zu fürchten braucht, wenn man sie an einem Orte aufzieht, an dem sie nicht allzuhäufig Fremde sehen.

Als ich meinen Rabenmann (der nach dem Sperrton der Art »Roa« getauft wurde) zum erstenmal sich mitten im Balzen plötzlich verkehrt aufhängen sah (was ich rein spielerisch schon oft und von wohl allen meinen Raben gesehen hatte), fiel mir sofort der Paradisornis ein, den ich in New York balzen gesehen habe. Wenn ich mich noch recht erinnere, so legte dabei dieser Vogel den Kopf ebenfalls weit auf den Rücken, ähnlich wie der Rabe auf dem einen Bild. Beim Raben kann dies noch *sehr viel* ausgesprochener sein, als auf der Photographie.

Mein Beileid zum Verluste Ihres Kranichs! War es Tankraz oder Trana? Ich kenne leider sehr gut die Gefühle, die man hat, wenn dann so ein Überlebender allein zurückkommt! Ich habe jetzt vor 1½ Monaten auch einen Verlust gehabt, an dem ich allerdings selbst schuld war: Mein sehr zahmer freifliegender heuriger Storch wanderte ab, da ich versäumte, ihn rechtzeitig einzusperren. Störche sind unglaublich leicht an den Freiflug zu gewöhnen. Man braucht sie nämlich nur in einem im Freien an einem erhöhten Ort stehenden Nest aufzuziehen und von diesem aus ihre ersten Flugversuche machen zu lassen. Sie kehren dann ohne irgendwelche Anleitung zum Nest zurück und bleiben ihm bis Mitte August treu, dann muß man sie einsperren, weil sie sonst abwandern. Letzteres hat mein vor zwei Jahren aufgezogener Jungstorch getan, und zwar ganz plötzlich, ohne daß er mich vorher durch erhöhte Fluglust und Größerwerden seiner Ausflüge gewarnt hätte! Und trotzdem bin ich bei meinem heurigen, viel zahmeren, weil jünger in meinen Besitz gelangten Storch wieder dieser trügerischen Stille hineingefallen. Daher werde ich auch im nächsten Frühjahr nicht erfahren, ob der einjährige Storch in der Gegend bleibt, wenn man ihn fliegen läßt, oder ob man damit bis zu seiner Geschlechtsreife warten muß. Ein einjähriges Storchenpaar baute, offenbar abnormer Weise, schon so jung ein Nest im Garten, und zwar auf einer alten Tischplatte, die ich in einem Birnbaum befestigte und durch einen leiterähnlichen Steg zugänglich machte. Ich hatte die Vögel durch Anlegen von Flügelklammern aus Aluminium flugunfähig gemacht, und als ich erst dem Mann, dann der Frau diese abnahm, blieben sie ohne weiteres da. Leider wurde dann das Weibchen von einem Zug überfahren, wohl, weil einige Schwungfedern durch die Klammern geknickt worden waren und der Vogel dadurch beim Abfliegen langsamer war.

Noch vielen Dank für Ihre Auskunft über die Reiher, und dafür, daß ich mich auf Sie, Herr Doctor, berufen darf.

Mit besten Empfehlungen an Ihre Frau Gemahlin und Sie verbleibe ich Ihr ganz ergebener

Dr. Konrad Lorenz

Berlin, den 14. Oktober 1930.
Lieber Herr Kollege!

Es freut mich, daß Sie mir meine Bemerkungen nicht verargt haben. Wenn Sie mir erlauben, Ihren Aufsatz ein klein bißchen nachzudeutschen, dann will ich mich in einer stillen Stunde, die bei mir aber selten sind, daran machen. Bei der »Direktion« von Blau-Blau dachte ich natürlich auch an meinen »Laden«, in dem der Brief getippt wurde.

Ihre Dohlen-Arbeit soll natürlich im »Journal« erscheinen, und wenn ich meinte, daß Ihre schönen Beobachtungen, nicht nur an Dohlen, sondern auch an anderen mehr oder weniger frei gehaltenen Tieren, in Buchform unter die Menge kommen sollten, so dachte ich dabei an eine andre Abfassungsweise. Es steht ja nichts im Wege, daß man eine Sache wissenschaftlich in einer Fachzeitschrift veröffentlicht und sie außerdem nachher in volkstümlicher Art kund gibt. Natürlich wäre es schön, wenn Sie Photos hätten, aber es ist schwer, für den Druck geeignete zu bekommen, wo sich das Tier groß und scharf abhebt. Der gewöhnlich recht unruhig wirkende, zufällige Hintergrund stört oft sehr, und der Leser ist durch die guten Bilder, z. B. von Bengt Berg, recht verwöhnt. Können Sie nicht im Freien oder in Ihren Flugräumen eine gleichmäßig weiße Wand herrichten, die Tiere an den Aufenthalt davor gewöhnen und sie dort aufnehmen? Es handelt sich ja bei Ihnen fast immer um dunkle Vögel.

Kasarkas werden im allgemeinen erst mit zwei Jahren fortpflanzungsfähig. Als ich aber einmal ein einjähriges Männchen einer Witwe zugesellte, verführte sie ihn nicht nur mit Erfolg, sondern zeugte auch kräftige Nachkommen mit ihm. Vielleicht hat also Ihre alte Rotgelb mit dem jungen Freund auch Glück.

Besten Dank für Ihre Mitteilung über die Kolkraben und die Störche. Hoffentlich war der Weggeflogene beringt.

Meine Frau läßt für Ihre Grüße bestens danken und erwidert sie ebenso wie ich es tue.

Stets Ihr ergebner

Oskar Heinroth

Altenberg (Oktober 1930?)

Hochverehrter Herr Doctor!

Vielen Dank für die Mühe und Zeit, die Sie auf meine Arbeit aufwenden! Ich weiß eigentlich gar nicht, ob ich das von einem so vielbeschäftigten Manne, wie Sie es sind, annehmen darf!

Der Gedanke, ein volkstümlich gehaltenes Buch über meine verschiedenen Tierbeobachtungen zu schreiben, ist mir schon vor ungefähr einem Jahr gekommen und merkwürdigerweise ganz kurze Zeit, bevor Sie, Herr Doctor, den Vorschlag machten, zum Entschluß geworden. Seitdem habe ich mich ja erst ernstlich um das Photographieren gekümmert, was nach unglaublich vielen Mißerfolgen jetzt in letzter Zeit doch einige ganz mögliche Bilder gezeitigt hat. Es sind immerhin einige darunter, die man in einem Bengt-Berg-Buche auf gleichgroße Abbildungen legen kann, ohne dabei weinen zu müssen. Ich werde mir erlauben, Ihnen nächster Tage einige zu schicken. (Vielen Dank für die Rücksendung der Photos, die aber doch gar nicht nötig gewesen wäre!) Ich habe bis jetzt getrachtet, meine Aufnahmen in möglichst natürlicher Umgebung zu machen, weil ich nämlich glaube, daß für ein solches volkstümliches Buch solche möglichst ungezwungene Bilder besser passen als solche mit weißem Hintergrund, die natürlich für wissenschaftliche Zwecke, wo es auf die Deutlichkeit jedes einzelnen Details ankommt, unbedingt vorzuziehen sind. Bengt Berg hat ja schließlich auch überall unscharfe Natur-Hintergründe! Das Aufnehmen irgendwelcher beliebiger Stellungen der Vögel geht ja noch an, aber schwierig wird die Sache, wenn man will, daß die Raben, z. B., auf einem bestimmten malerischen toten Baum balzen sollen! Besondere Schwierigkeiten hat mir die Stellung des Männchens gemacht, in der es näselnd auf das Weibchen losmarschiert. Ich meine dies ungefähr:

Worauf sich dann das Weibchen hinduckt und mit den Flügeln zittert. Ist Ihnen, Herr Doctor, je aufgefallen, daß der Rabenmann in dieser Stellung die Nickhaut über die Augen gezogen hält? Mir ist das erst klar geworden, als ich es auf der Platte sah, und jetzt wußte ich auf einmal, daß ich das schon Hunderte von Malen gesehen hatte, und daß auch das Weibchen auf dem Höhepunkt des Flügelzitterns die Nickhaut vorzieht. Ebenso hatten es ja auch meine Dohle Tschock und eine früher gehaltene Rabenkrähe gemacht, aber wenn ich die Sache nicht photographiert hätte, hätte ich sie nie in Worten beschrieben. Es ist doch unglaublich, an was allem man vorüber-beobachtet!

An die auch in Ihrem Buche erwähnte Kasarka habe ich gedacht, als ich der Hoffnung auf das Brüten meiner Dohle im nächsten Jahr Ausdruck gab! Noch gespannter bin ich aber auf die Raben. Die Sache sieht immer hoffnungsvoller aus.

Mit nochmals vielem, vielem Dank und Empfehlungen an Ihre verehrte Frau Gemahlin verbleibe ich Ihr ergebenster

Dr. Konrad Lorenz

Berlin, den 23. Oktober 1930.

Verehrter Herr Kollege!

Die von Ihnen so nett bebilderte Sache mit dem Kolkraben kenne ich auch, insbesondere das Vorziehen der Nickhaut. Es wirkt deshalb so verblüffend, weil das Tier sich ja gerade dann, wenn es viel vorhat, gewissermaßen blind macht.

Über die Einsendung Ihrer »Zusammenfassung« setzen Sie sich wohl mit Professor Stresemann selbst ins Einvernehmen, Ich habe ihm den Durchschlag meines Briefes an Sie vom 21. 10. gegeben, er ist also im Bilde.

Etwa vom 4. 11. ab bin ich für ungefähr 14 Tage von Berlin abwesend (Hamburg, Helgoland usw.).

Mit den besten Grüßen, auch von meiner Frau, Ihr ergebner

Oskar Heinroth

Altenberg (Dezember 1930?)

Hochverehrter Herr Doctor!

Ich erlaube mir, Ihnen beiliegend zwei leider nicht ganz scharfe Bilder von der Balz der Raben zu schicken. Es ist deshalb so schwer, wirklich scharfe zu machen, weil der Rabenmann bei dem ganzen Vorgang ständig im Vorrücken und das Weibchen im Zurückweichen ist, so daß sie nie eine ganze Sekunde an einem Fleck sind. Die Bilder sind auf dem Damm des Donauüberschwemmungsgebietes, einige Km von unserem Haus, gemacht. Sie brauchen mir die Bilder bitte wirklich nicht zurückzusenden, ich habe sie doppelt kopiert!

Leider ist jetzt das Männchen eines Tages weggeblieben und einige Tage später flügellahm von einem bekannten Förster gefunden worden, der es mit Mühe fing und mir zurückbrachte. Ich sehe an dem Vogel keine Verletzung, glaube aber doch, daß ihn irgend ein Esel angeschossen hat. Hoffentlich erlangt er seine Flugfähigkeit wieder, sonst ist es mit der Hoffnung auf's Brüten vorbei! Er kann den Flügel ausbreiten und anziehen, aber nicht damit schlagen. Das sieht doch eigentlich nach einer Schädigung des großen Brustmuskels aus! Wenn der Rabe nicht verunglückt wäre, hätte das Paar sicher gebrütet. Ich glaube, Sie kennen die Gefühle, die man in so einem Fall gegen seine Mitmenschen hat! Aber wer sich durch solche Enttäuschungen entmutigen läßt, kann die Tierhaltung gleich an den Nagel hängen.

Ich habe die Absicht, heuer Gänse aufzuziehen. Wenn sie bei Bengt Berg an der weiten Meeresküste an einem Ort blieben, werden sie es vielleicht an der Donau auch tun! Allerdings ist der Teich in unserem Garten nur 10 × 13 m groß. Halten Sie, Herr Doctor, da den Versuch für so aussichtsreich, daß man ihn machen soll? Ich könnte ja die Jungvögel öfters an den nächsten Donauarm weiden und baden führen, denn er ist kaum 400 m von unserem Haus.

Mit besten Empfehlungen an Ihre Frau Gemahlin verbleibe ich Ihr sehr dankbarer

Dr. Konrad Lorenz

Berlin, den 9. Januar 1931

Lieber Herr Kollege!

Zunächst besten Dank für die in Ihrer Art sehr gelungenen Rabenbilder. Natürlich habe ich mich mit Ihnen über das Unglück des Rabenmannes auch recht geärgert, man wird in der Tierhaltung aber schließlich »Kummer« gewöhnt. Meine Frau meint eben, daß vielleicht ein Bruch des Gabelbeins vorliegt, wie man dies bei angeflogenen Mauerseglern gewöhnlich findet. Da ist natürlich vor allen Dingen Ruhe die Hauptsache.

Daß Sie Ihr Glück mit Graugänsen versuchen wollen, hat mich

sehr begeistert. Wenn Sie Erfolg haben, werden Sie Ihre Freude an den Tieren erleben. Ich bin der Ansicht, daß unter den geschilderten örtlichen Verhältnissen Aussicht auf Erfolg besteht. Sie ersehen ja aus unseren »Vögeln Mitteleuropas« das Nähere und haben so viel Geschick mit Rabenvögeln, daß Sie auf die Eigenart der Gänse schnell eingehen werden. Wenn Sie nicht selbst Gänsepaar spielen wollen, könnten Sie dies ja einem Hausganspaar überlassen, das die herumfliegenden Stiefkinder immer schön zusammenrufen kann. Die Hauptsache ist natürlich, daß niemand die Gänse schießt, denn sie reizen zum Geschossenwerden.

Mit den besten Wünschen für 1931, auch von meiner Frau, bin ich Ihr stets ergebener

Oskar Heinroth

Berlin, den 20. Februar 1931

Sehr verehrter Herr Kollege!

Zu Ihrer schönen Dohlenarbeit im Journal muß ich Sie doch noch beglückwünschen. Sie ist so vorbildlich, daß ich gern auf sie hinweise, und ein hübsches Gegenstück zu der Fischreiher-Biographie von Verwey. Wir werden bei so guten Beobachtern den Vögeln doch noch hinter ihre Schliche kommen.

Wie geht es Ihrem Kolkraben-Mann?

Mit besten Grüßen Ihr

Oskar Heinroth

Altenberg, den 22. II. 31

Sehr verehrter Herr Doctor!

Vielen Dank für Ihre anerkennenden Worte. Ich wüßte tatsächlich nicht, von *wem* sie mich mehr freuen und vor allem zu weiteren Bemühungen anspornen könnten! Ich weiß gar nicht recht, wie viel oder wie wenig ich von Ihrer Betrachtungsweise beeinflußt bin, zum Beispiel, ob ich ohne die »Vögel Mitteleuropas« die Dohlensache angegangen hätte oder nicht. Eine sehr große Ähnlichkeit der Ansichten hat sicher *immer* bestanden. Die erste Kunde von Ihrem großartigen Buch wurde mir dadurch, daß mir ein zoologischer Freund die erste Lieferung schickte, mit der für mich sehr schmeichelhaften Bemerkung, er hätte geschworen, das Buch sei von mir, wenn nicht was anderes draufgestanden hätte! Dagegen sagte Docent Doctor Marinelli zu meiner Dohlenarbeit: »Der Lorenz schreibt einen ausgezeichneten Stil, nämlich *den von Heinroth*.« Diese Äußerung wird wohl den Tatsachen näher kommen und wenn Sie, Herr Doctor, die Arbeit vorbildlich finden, so halten Sie sich vor Augen, wo das Vorbild *davon war!* Ich habe Ihren Brief ungefähr zwei Dutzend Male gelesen und werde ihn als Ermutigungsmittel für alle Zukunft aufbewahren!

Was meine Pläne anlangt, so stehen auf dem Programm zunächst einmal die Nachtreiher. Eigentlich sollte ich ja erst Krähen, vor allem Saatkrähen, anschaffen, aber die einzeln brütenden Nebelkrähen sind wegen der Anwesenheit der Raben und die Saatkrähen wegen der großen Empfindlichkeit so wenig erfolgversprechend, daß ich meine Sucht nach was ganz *Neuem* nicht unterdrücken kann. Sie haben mir die freundliche Erlaubnis erteilt, mich bei meiner an die Direktion des Berliner Zoo gerichteten Bitte um junge Nachtreiher auf Sie zu berufen. Darf ich Sie nun mit der Frage belästigen, an wen ich mich damit wenden soll? Falls mir mein Anliegen nicht abgeschlagen wird, würde ich zur richtigen Zeit nach Berlin kommen, um die Tiere selber abzuholen, in Wirklichkeit aber, um mich Ihnen persönlich vorstellen zu können. Ich habe nämlich furchtbar viele Fragen, vor allem Beobachtungsvergleichungen (schönes Wort!) auf dem Herzen, die brieflich Ihre kostbare Zeit viel zu sehr beanspruchen würden. Viele dieser Fragen beziehen sich auf Wassertiere. Ich bin nämlich im achten Nebenberuf Aquarienhalter, und mich schmerzt die großartige Falschheit eines Großteiles der in der Aquarienliteratur festgelegten Beobachtungen, vor allem der Übersehungsfehler. Es existiert z. B. keine *richtige* Beschreibung des Laichaktes vom Stichling. Es steht nämlich nirgends, daß das ♀ eine eigene Bereitschaftsstellung hat, in der es dem Mann zum Nest hin *nach*schwimmt. Das ♀ krümmt sich nach hinten durch, als wollte es den laicherfüllten Bauch zeigen, wenn das ♂ es anschwimmt, worauf letzteres sofort abdreht und, immer mit maximal gespreizten Flossen, zum Nest schwimmt. Und ganz genau derselbe Vorgang spielte sich bei einer kleinen adriatischen Gobiusart ab, die sich in meinen Aquarien fortpflanzte! Wahrscheinlich haben das jetzt doch sehr viele Nestbauer unter den Stachelflossern! Das alles nur als Beispiel. Solche zu vergleichenden Beobachtungen habe ich natürlich dutzendweis, und die Literatur trägt meist den Charakter des Brehm. (Ausgenommen wenn öfters einige wirkliche Wissenschaftler das Wort ergreifen.) Mit einem Wort, es sollten nicht die »Vögel Mitteleuropas«, sondern die »Tiere der Erde« sein, wenn es auf mich ankäme.

Sind Sie sich im klaren, Herr Doctor, daß Sie eigentlich der Begründer einer Wissenschaft sind, nämlich der Tierpsychologie als einem Zweig der Biologie? Daß *das* der tiefste Wert der »V. M.ˢ« ist? Daß es sich um eine Beobachtungs-, eine Untersuchungsweise handelt, die *tatsächlich* auf »Die Tiere der Erde« ausgedehnt werden muß? Wer weiß, wo die heutige Menschenpsychologie bleiben wird, wenn man einmal vom Menschen wissen wird, was Triebhandlung und was Verstandeshandlung ist! Wer weiß, wie die Menschenmoral mit ihren Trieben und Hemmungen aussehen würde, wenn man sie so analysieren könnte, wie die socialen Triebe und Hemmungen einer Dohle. Es braucht doch nur in meiner Gegenwart ein großer Mann einem kleinen Mädchen eine Ohrfeige zu geben und ich kriege genauso reflektorisch einen Zorn wie eine Dohle bei der Jüpreaktion. Das ist bestimmt angeborener Trieb, nicht Erziehungssache!

Diese meine Ansichten über Ihr Werk schreibe ich *nicht,* um Ihnen zu schmeicheln, sondern um die Frechheit zu entschuldigen, mit der ich Ihre Mentorschaft ausnütze, Ihre Zeit beanspruche und mich Ihnen aufdränge.

Darf ich noch fragen, Herr Doctor, wann und wo die Reiherbiographie von Verwey erschienen ist? Ich muß sie mir nämlich verschaffen und habe nicht von ihr gewußt.

Der Rabe kann wieder fliegen und das Paar scheint recht gut einig zu sein.

Mit Empfehlungen an Ihre Frau Gemahlin Ihr dankbarer
            Konrad Lorenz

Berlin, den 26. Februar 1931

Lieber Herr Kollege!

Zunächst zu Ihren Fragen. »Die Paarungsbiologie des Fischreihers« von Dr. Jan Verwey ist in den Zoologischen Jahrbüchern, Verlag von Gustav Fischer in Jena, 1930, Band 48, erschienen. Verwey ist zur Zeit im Laboratorium voor het Onderzoek der Zee, Batavia, Niederländisch Ostindien, kommt aber, glaube ich, in diesem Jahre wieder nach Holland. Sie müssen diese Arbeit unbedingt lesen.

Wegen der jungen Nachtreiher schreiben sie am besten, unter Bezugnahme auf mich, an den Zoologischen Garten, Berlin W 62, Sie brauchen da gar keinen Namen zu nennen. Herr Geheimrat Professor Dr. Heck oder sein Stellvertreter und Sohn, Herr Dr. L. Heck, wird Ihren Wünschen sicher entgegenkommen, wenn Sie sie auf Ihre Dohlenarbeit im Journal aufmerksam machen. Als Assistent wirkt hier Herr Dr. Graf Zedtwitz und als freiwillige Hilfskraft Herr Dr. Steinmetz. Die Nachtreiher fangen hier sehr früh zu brüten an.

Sie haben mich ja in Ihrem Brief mit Anerkennungen überschüttet, und ich weiß wohl, daß ich durch meine Beobachtungs- und Forschungsweise etwas Schule gemacht habe. Es kommt einem als älterem Menschen dann oft eigenartig vor, daß in vielen Veröffentlichungen und auch in Vorträgen, denen man selbst beiwohnt, das, was man selbst mit vieler Mühe herausbekommen hat, als selbstverständlich und ganz bekannt hingestellt wird. Im Augenblick kann man sich dadurch zurückgesetzt fühlen, andererseits aber ist es eine Genugtuung, daß die Erfolge eigener Forschung so Allgemeingut geworden sind, daß der jüngere Fachgenosse gar nicht mehr weiß, von wem er sein Wissen hat.

Es freut mich, daß für Sie die Vogel- und überhaupt die ganze Tierseelenforschung denselben Zweck hat wie bei mir. Das ganze ist eine philosophische – und Lebensanschauungsfrage. Die beiden Schlußsätze meiner im Jahre 1910 erschienenen Anatiden-Biologie sagen das ja auch deutlich, denn da heißt es zu allerletzt: »Das Studium der Ethologie der höheren Tiere – leider ein noch sehr unbeackertes Feld – wird uns immer mehr zu der Erkenntnis bringen, daß es sich bei unserem Benehmen gegen Familie und Freunde, beim Liebeswerben und ähnlichem um rein angeborene, viel primitivere Vorgänge handelt, als wir gemeinhin glauben.«

Man soll überhaupt den Menschen aus dem Tier heraus kennen

und auffassen lernen. Mir gibt es immer einen Stich, wenn ich mitanhören muß, wie »rührend« ein Vogelpaar seine Jungen füttert und dergleichen. Ja, um Gottes willen, wenn das nicht der Fall wäre, gäbe es diese Vögel schon lange nicht mehr, und besser könnte man vielleicht fragen, warum betreut denn der Mensch seine Kinder, der sich doch der ganzen Sache bewußt ist und seine eigenen Triebe durchschaut.

Es wäre mir natürlich eine große Freude, Sie einige Tage hier zu haben, um mit Ihnen über all diese Fragen zu sprechen und Sie auch in die Geheimnisse des Aquariums einzuweihen. Was Sie aber im Aquarium zu sehen hoffen, werden Sie nicht finden, denn genau so wenig, wie der Zoologische Garten brütende Ziegenmelker und freifliegende Kolkraben hat, hat das Aquarium Dinge, die aus dem Rahmen der Schau herausfallen, und von Züchten ist hier im allgemeinen nicht die Rede, aber sicher kann ich Sie auf manches aufmerksam machen, das Sie woanders so leicht nicht vorfinden, denn wir haben hier wohl so ziemlich die umfassendste Sammlung von Kaltblütern.

Es wäre schön, wenn Sie ihren Berliner Besuch so einrichten könnten, daß er auf den ersten oder zweiten Montag im Monat fällt, denn das sind die Sitzungstage der Deutschen Ornithologischen Gesellschaft.

Ich freue mich mit Ihnen über den wieder flugfähigen Rabenmann, der hoffentlich bald Rabenvater wird.

Nun auf baldiges »Anbeschauen«, wie Sie in Wien sagen, und mit ergebenstem Gruß Ihr

Oskar Heinroth

Altenberg, 9. III. 31

Verehrter Herr Doctor!

Vielen Dank für Ihr Schreiben und für die Beantwortung meiner vielen Fragen! Ich glaube nicht, daß ich von dem Aquarium enttäuscht sein werde, denn oft ist das, was »von selbst« an den Wänden der Seebecken wächst, des Besuches wert, und außerdem interessiert mich doch alles mögliche, was für Sie nur der Schau halber da und ganz uninteressant ist.

Um die Nachtreiher habe ich, so wie Sie mir geraten haben, an den Zoo geschrieben und danke Ihnen hiermit nochmals für die Erlaubnis, mich auf Sie zu berufen.

Was für einen Zweck die Tierseelenforschung allerletzten Endes für Sie hat, habe ich schon früher gewußt. Es steht deutlich genug zwischen den Zeilen der »Vögel Mitteleuropas«, für den, der dieselben Zwecke verfolgt. Das doch eigentlich so ungemein selbstverständliche »den Menschen als Tier auffassen«, das doch wirklich jeder psychologischen Betrachtung zu Grunde liegen muß, fehlt aber unglaublich vielen Wissenschaftlern, was sehr oft dazu führt, daß ungerechterweise der Vorwurf erhoben wird, man vermenschliche das Tier. Ich habe das sowohl gegen meine Dohlen-, als auch gegen Ihre Anatidenbeobachtungen zu hören bekommen. Wenn man dem Betreffenden dann seine Ansicht über den Menschen auseinandersetzt, so stößt man auf einen unüberwindlichen, rein gefühlsmäßigen Widerstand gegen diese Anschauungsweise. Solche Leute neigen dann oft zu einer weit über das Ziel hinausschießenden *Ent*anthropomorphisierung des Tieres, und zwar tatsächlich aus einer ihnen, wie den Gänsen, als Erbtrieb eigenen Selbstverherrlichung heraus.

Das Brüten meiner Raben ist schon wieder ins Wasser gefallen. Am 26. II. sah ich das Paar gemeinschaftlich an einem verlassenen Storchnest Nestbauhandlungen vornehmen. Daraufhin baute ich ihnen in ihren Käfig oben in eine Ecke eine Nestunterlage, die sofort als solche angenommen wurde. Den ganzen 1. III. bauten beide Vögel regelrecht. Interessanterweise trugen sie auch *Eis*platten zu Neste. Der Mann verteidigte gegen Abend des Tages das Nest bereits wütend gegen mich. Ich freute mich bereits wie ein König, aber am nächsten Tage verprügelte der Rabe seine Frau dermaßen, daß ich sie ganz zerstrobelt und krank am Boden in einer Ecke sitzen fand. Da beging ich einen Fehler; statt das kranke Weibchen im Käfig und den Mann herauszulassen, tat ich das Umgekehrte, und als ich nachmittags auch den Mann herausließ, hatte »sie« panische Angst vor »ihm«, und als er ihr ein paarmal nachflog, kreiste sie hoch und verschwand. Das war Montag, heute vor einer Woche. Seitdem ist das Weibchen nicht wiedergekommen.

Der Grund des Ehezwistes ist sicher irgendwie in mangelhafter Entwicklung des Weibchens zu suchen. Als ich die Raben vor zwei

Jahren kaufte, hatte der Händler 4 bereits flügge, nicht sperrende und 3 jüngere Nestvögel, die aber vom Transport geschädigt waren (die Tiere waren über 3 Tage unterwegs). Ich kaufte einen von den älteren (den Mann), der dann doch noch sperrte und vollkommen zahm wurde, und die 3 kleinen, die dann sich zwar erholten, aber nicht ganz so groß wurden, wie Raben sein sollen. Dieser Brut entstammte das Weibchen. Seine beiden Nestgeschwister habe ich auch nicht mehr, eines verflog sich sehr bald, das andere, das netteste und zahmste der dreie wurde August 29 angeschossen, unbekannt von wem, behielt ein steifes Fersengelenk und verschwand August 30. Ich habe heuer zwei Raben aufgezogen, die ich zwar sehr klein, aber ohne Transportschwierigkeiten bekommen habe und die schön und groß geworden sind. Diese Zwei balzen auch schon zusammen, aber gerade der, der dabei die Rolle des Männchens spielt, verfolgt den alten Mann mit weiblichen Werbebewegungen und noch, als das alte Weibchen noch da war, sah ich einmal den alten Mann diesen zwiespältigen Vogel aus dem Kehlsack füttern, was er mit dem alten Weibchen nie tat. (Wer weiß übrigens, *ob* das wirklich ein Weibchen war!) Also so ganz richtig gestimmt hat die Sache nie und ich war immer stark skeptisch in bezug auf den Erfolg. Jedenfalls habe ich alles Vertrauen, daß die zwei Jungen vollwertigere Vögel sind als der verschwundene. Auf alle Fälle habe ich aber für dieses Jahr noch einige junge Raben aus Bosnien bestellt.

Auf meinen Besuch in Berlin freue ich mich schon sehr (die Zeit desselben ist noch unbestimmt und hängt von der Antwort des Zoologischen Gartens ab). Mit besten Empfehlungen an Ihre Frau Gemahlin verbleibe ich Ihr sehr ergebener

Dr. Konrad Lorenz

Berlin, den 25. März 1931.
Verehrter Herr Kollege!

Besten Dank für Ihren ausführlichen Brief vom 9. 3.

Die Sache mit dem Raben ist ja ärgerlich. Wenn man nur wenigstens das Geschlecht des fortgeflogenen noch je feststellen könnte.

Nach Eintreffen Ihres Briefes hatte ich gleich die Nachtreiher-Nester nachsehen lassen. Es waren meist Eier darin, und ich rechne, daß es Ende dieses Monats oder noch besser so um den 10. April herum geeignete Junge gibt, versprechen kann ich's aber nicht.

Vom 2. bis 8. 4. ist hier in Berlin Naturschutztagung und Ausstellung, vom 10. bis 13. April hat die Deutsche Gesellschaft für Säugetierkunde hier ihre Jahresversammlung; an beiden bin ich beteiligt. Wie lange gedenken Sie in Berlin zu bleiben? – Die drei Uralkauzeier, die eifrig bebrütet wurden, waren unbefruchtet, und ich habe sie vor drei Tagen weggenommen.

Mit den besten Grüßen Ihr

Oskar Heinroth

Altenberg, 30. III. 31

Verehrter Herr Doctor!

Ich weiß gar nicht, wie wir uns für alles Liebe und Nette, daß Sie beide uns in Berlin erwiesen haben, bei Ihrer Frau Gemahlin und Ihnen bedanken sollen. Sie müssen's uns schon glauben!

Die lebenden Nachtreiherkinder sind gut angekommen, der kleinere hat schon in der Bahn gut gefressen und heute keckert er mich schon an, wenn ich herantrete und geht nicht mehr in Drohstellung. Der Ältere ist auch schon zahmer, d. h. er bedroht mich wenigstens, statt sich zu drücken. Leider bleibt er aber nicht im Nest, was sehr unangenehm ist, weil im Freien der Fluchtreflex viel schwerer »abzuschleifen« ist. Ich glaube nicht, daß der Vogel noch richtig zahm wird, was ich vom kleineren sicher annehmen kann. Eine Kleinigkeit, die ich noch erwähnen möchte, ist folgendes: Wenn man Jungvögel, die schon so alt sind, daß sie den Menschen fürchten, eine Weile betut, wie Sie in Berlin sagen, so gelingt es oft, die Flucht- und Drückreflexe für den Augenblick so weit »abzuschleifen«, daß die Tiere fressen resp. sperren. Sowie man sie aber dann verläßt, vergessen sie das wieder und drücken sich, wenn man zur nächsten Fütterung herantritt, nur weniger lang und intensiv, als beim erstenmal. Sie lernen sozusagen zunächst nicht das Zahm*sein*, sondern das Zahm*werden*. Das kennen Sie ja ganz sicher, und mir fiel es erst dadurch auf, daß die Nachtreiher das *nicht* haben, sondern man findet sie angenehmerweise des Morgens auf der Zahmheitsstufe wieder, auf der man sie am Abend vorher verließ. Darin verhalten sie sich also wie die klügsten Vögel und wie Säuger, was ich ihnen nicht zugetraut hätte.

Mein Raben»paar« balzt sehr lebhaft und verteidigt wütend die Niststelle. Ich lasse sie aber nur im Freien zusammen. Obwohl »Josepha« den Mann heftig anwedelt, hat sie doch immer viel zu viel Angst vor ihm und ist leicht mit dem Verteidigungs-»err, errr« bei der Hand. Man könnte meinen, das gehöre sich so, aber der Mann (»Roa«) ist mit den beiden Vorjährigen ganz gemütlich, und diese drei krauen sich gegenseitig. Josepha würde nie wagen, Roa so nah zu kommen. Ich glaube, die Sache würde sofort klappen, wenn einer der zwei jungen Raben geschlechtsreif wäre.

Ich war heute bei Prof. Versluys, um mit ihm über die Vogelstation an der Donau zu sprechen, und er war über die Idee der von Prof. Stresemann vorgeschlagenen Zusammenarbeit mit deutschen Ornithologen *sehr* begeistert. Wenn nur etwas aus der Sache würde!

Was machen die Uralkäuze? Haben sie ein ♂ herausgefangen? Am Ende stört *doch* immer einer das Treten des anderen, und wenn sie sich sonst noch so gut vertragen.

Eben bekomme ich die Sonderdrucke Ihrer Arbeiten. *Vielen* Dank dafür. Ich mache mich gleich ans Studium.

Bitte empfehlen Sie mich noch Ihrer Frau Gemahlin. Mit nochmals vielem Dank für die unvergeßlichen Tage in Berlin Ihr sehr ergebener

Konrad Lorenz

(Altenberg) April 1931

Sehr geehrter Herr Doctor!

Gestern habe ich Ihnen die »Beiträge« zurückgesandt und bedanke mich hiermit für Ihre Freundlichkeit, mir den Sonderdruck zu leihen.

Ich kann wirklich sagen, daß ich viel daraus gelernt habe. *So* bekommt man ein wirkliches Bild von einer Gruppe. Jetzt möchte ich die Corviden als Gruppe so kennen, wie Sie die Anatiden! Sehr interessiert hat mich, wie der Cairina-ähnliche Vergewaltigungsvorgang bei ehigen Formen sozusagen in schauspielerischer Weise doch noch gebracht wird. Erinnern Sie sich unseres Gespräches über Katzenpaarungen, wo ich meinte, daß die Paarung unter Rauferei, wie sie bei Kleinkatzen üblich ist, bei den großen Katzen nur mehr »zum Schein« so vor sich geht? Das wäre doch ganz was Ähnliches! Ist übrigens Cairina nicht *überhaupt* in vielen Verkehrsformen besonders primitiv? Mich mutet es immer so sonderbar an, wenn sie wie irgendein Nicht-Anatide vorm Auffliegen mit dem Kopfe zielt oder gar beim Gehen mit dem Schwanz wippt. Letzteres tun ja allerdings Brautenten noch mehr. Auch die Kampfesweise mit In-die-Höhe-Springen ist doch der C. mit fast *allen* anderen Vögeln gemeinsam, nur nicht mit der Mehrzahl der Anatiden. Allerdings ist ihr Gefieder doch wohl sicher ein Dauerprachtkleid, also gar nicht primitiv.

Wie Sie sehen, Herr Doctor, kenne ich mich mit der Cairina nach Erwerbung besserer Anatiden-Kenntnisse schon gar nicht mehr aus. Da ich diese Art zuerst als ganz kleines Kücken näher kennenlernte, so empfand ich sie begreiflicherweise erst als Schwimmente wie jede andere und muß mich erst mühsam umstellen. Besonders aufgeregt hat mich das Nachahmen des »Zungenschluckens« (bei mir Luftschnattern genannt) durch die an einen Cairinus verheiratete Nilgans. Das hätte ich nie für möglich gehalten und würde meinen Augen nicht trauen, wenn ich das sähe. Tut nicht doch am Ende die Nilgans-Casarca-Tadorna-Gruppe heimlich ein bißchen andeutungsweise Zungenschlucken? Ich bin ja überzeugt, daß sie es nicht tut, weil Sie es sonst sicher gesehen hätten, aber irgendwie latent könnte es doch vererbt werden. Das einzige Nachahmen eines nicht-stimmlichen Geschehens kenne ich vom Kakadu, der ohne weiteres lernte, eine Verbeugung zu machen, wenn er »Guten Tag« sagte. Aber das ist doch ganz etwas anderes!

Mit den Nachtreihern geht die Sache über Erwarten gut. Sie gehen und fliegen (der jüngere geht und der ältere fliegt) mir im ganzen Garten nach und betrachten den Teich als Heimstätte. Je weiter man sie davon weglockt, desto widerwilliger gehen sie mit, werden schließlich ängstlich und fliegen zum Teich zurück, als ob sie mit einem Gummiband dort festgebunden wären, das sich um so mehr spannt, je weiter sie weggehen. Also ganz ähnlich wie eine Elster! Das sieht doch für Freiflugversuche sehr günstig aus! Überrascht war ich über den leichten, weichen Flug. Das sind wohl so ziemlich die am niedersten flächenbelasteten Vögel, die es überhaupt gibt. Dementsprechend können sie (oder vielmehr erst der ältere von ihnen) ganz unglaublich langsam fliegen. Wenn ich einen langsamen Trab laufe, kommt der ältere Nachtreiher mit eingezogenem Hals und gestreckten Füßen gemächlich *ohne zu rütteln* hinter mir hergerudert, ohne mich einzuholen. (Das geht vorläufig nur zum Teich, also Richtung »nach Hause«.) Ich kann mir gar nicht vorstellen, wie so ein papierleichter Vogel in einem stärkeren Winde fliegt!

Der jüngere ist noch bedingungslos zahm geworden, der ältere läßt sich zwar nicht anfassen, kommt aber keckernd angesaust, wenn er mich sieht und begrüßt mich, bei mir angekommen, ganz regelrecht mit go-óhk, go-óhk. Mehr kann man von einem Vogel, den man erst fast flügge aus dem Nest genommen hat, doch wirklich nicht verlangen! Natürlich möchte ich jetzt noch ein halbes Dutzend oder mehr weitere Nachtreiher haben, weiß aber nicht recht, ob ich dem Zoo-Direktorium diese Mühe machen darf.

Im Laufe der nächsten Wochen bekomme ich aus Jugoslawien *10 St. Graugansküken!* Hoffentlich sind sie jung genug gefangen. Der Förster, der sie liefert, hat zwar versprochen, sie am ersten Tag zu nehmen und dann bis zur Versandfähigkeit aufzuziehen, aber ich traue ihm nicht so ganz. Wenn er es wirklich tut, ist ja alles gut und mir gleichgültig, ob ich die Gänse einige Tage früher oder später kriege. Auf diese Vögel bin ich wirklich gespannt.

Mein ungleichaltriges Dohlenpaar hat ein fast fertiges Nest und das ♀ wird wohl legen. Ich werde also vielleicht nachweisen können, ob ein einjähriger Dohlerich zeugungsfähig ist. Meine Raben-»frau« ist seit 14 Tagen wieder weggeflogen.

Die »Ornithologische Beobachtungsstation« an der Donau ist auf dem Wege sich zu materialisieren. Leider kann ich immer noch keine präzisen Angaben machen, was die Sache kosten wird, weil die Verhandlungen mit den Gemeinden, denen der Grund gehört, sich so lange hinziehen. Sie können sich aber gar nicht vorstellen, Herr Doctor, wie ich mich gefreut habe, als ich von Dr. Sassi erfuhr, daß sich die Deutsche Ornithologische Gesellschaft an der Station beteiligen will. *Jetzt* glaube ich nämlich erst, daß wirklich etwas aus den Plänen werden wird, obwohl es für mich eigentlich »zu schön um wahr zu sein« wäre! Wenn ich diese Arbeitsstätte mitten in meiner engsten Heimat bekomme, weiß ich doch tatsächlich nicht, was ich mir noch wünschen soll, und mir »schweben« schon lauter freifliegende Kormoran- und Reiherkolonien vor!

Mit nochmals vielem Dank und Empfehlungen an Ihre Frau Gemahlin Ihr sehr ergebener
Dr. Konrad Lorenz

Wien, den 11. 5. 31.
Hochverehrter Herr Doktor!
Soeben höre ich zu meiner Freude von Herrn Professor Stresemann, daß Sie beabsichtigen, im heurigen Sommer hierher zu kommen und sich die Gründe, auf denen wir unsere Ornithologische Beobachtungsstation bauen wollen, selbst ansehen werden. Ihr Rat wird mir in allen möglichen Fragen aufs höchste willkommen sein.

Zu meiner Freude wird die Zoologisch-Botanische Gesellschaft auf alle die Bedingungen, unter denen die D. O. G. ihre Mitarbeit zusagt, ohne weiteres eingehen, was ja bei der Selbstverständlichkeit dieser Bedingungen zu erwarten war. Das einzige, was zu befürchten stand, war, daß sie darauf bestanden hätte, die Arbeiten der Station in ihren »Mitteilungen« zu veröffentlichen.

Ich bin sehr neugierig, was Sie zu dem gewählten Stationsgebiet sagen werden. Es wäre natürlich unendlich viel besser, wenn wir 3mal soviel Platz hätten, aber an der Donau sind alle von Wien aus halbwegs leicht erreichbaren Plätze so von Bädern besetzt, daß es ein Glück ist, überhaupt auch nur soviel Land zu haben. Am gegenüberliegenden Donauufer, etwa 1 km weiter stromauf, liegt eine große, hohe und mit Hochwald bestandene Insel, die dem Grafen Colloredo gehört. Auf ihr brüten regelmäßig Stockenten, im Vorjahre ein Paar Baumfalken. Sie wäre der für unsere Zwecke geeignetste Ort, wenn die Station soweit wäre, daß ich dauernd dort leben könnte. So aber kommt sie nicht in Frage, weil sie zu schwer zu erreichen ist, als daß ich eine dort befindliche Anlage von meiner gegenwärtigen Wohnstätte aus bewirtschaften könnte. Wenn im Winter stärkeres Eistreiben einsetzt, ist sie überhaupt nur von Stockerau aus zu erreichen. Das bedeutet bei einer Entfernung von 2 km Luftlinie eine 2stündige Bahnfahrt und dann einen gut zweistündigen Fußmarsch durch die Auen. Also das geht natürlich nicht. Wohl aber könnte man sie zu Einbürgerungsversuchen mit störungsempfindlichen Vögeln verwenden, wozu der Graf Colloredo sicher ohne weiteres seine Einwilligung geben würde. Da die Insel von dem Colloredo-schen Jagdpersonal gut bewacht wird, brauchte sich die Station nicht zu sorgen, daß ihre Tiere dort beunruhigt oder gestohlen würden. Man könnte sicher auch mit den Jägern ein Abkommen treffen, daß sie die Vögel an den wenigen Tagen des Eistreibens füttern. Wenn kein Eistreiben herrscht, bin ich im Kajak, von meiner Wohnung aus gerechnet, in einer halben Stunde dort. Mein Plan wäre, auf der Colloredoinsel zunächst einmal wildfärbige Hochbrutenten probeweise einzugewöhnen und es dann mit Höckerschwänen zu versuchen, die man jung von der Gemeinde Wien ziemlich billig kaufen kann. Glauben Sie, Herr Doktor, geht das? Und wie groß muß die Insel sein, daß mehr als ein Schwanenpaar drauf leben bleibt? Auf dem so kleinen eigentlichen Stationsland dürften sich Schwäne wohl unbeliebt machen, aber verzichten möchte ich doch nicht auf den Versuch, sie einzubürgern. Auch auf diesen drei kleinen Landstücken möchte ich zuerst einmal mit Hochbrutenten und Cairinen beginnen, das heißt, welche eingewöhnen, sowie wir erst einen Zaun haben.

Meine beiden älteren Nachtreiher sind immer noch da. Sie sind ganz prächtig ortsgebunden. Wenn man sie weiter von ihrem Teich weglockt, werden sie immer dünner und länger und fliegen dann plötzlich nach Hause, als ob sie mit einer Gummischnur dort angebunden wären, die um so stärker zieht, je weiter sie weggehen. Sie gehen sofort in den Käfig, wenn ich die Türe öffne und ihnen den Fisch zeige, den sie bekommen, wenn sie drin sind. Sie gehen dann an mir vorüber in den Käfig, ohne dabei zu betteln und ganz eilig. Erst wenn sie durch die Tür sind, fangen sie richtig zu keckern an. Der ganze Vorgang ist also wohl schon als eine Dressur aufzufassen. Ich kann die Vögel dabei so schnell und sicher einsperren, daß ich es mir erlauben kann, sie jeden Tag, bevor ich nach Wien ins Anatomische fahre, fliegen zu lassen. Jetzt möchte ich nur noch wissen, ob, wann und wie der Zugtrieb bei ihnen erwachen wird. Ich fürchte, mit derselben tückischen Plötzlichkeit wie beim Storch, bei dem man nie an die Gefahr des Wegfliegens glaubt, bis es zu spät ist. Ich habe aus Berlin noch 6 junge Nachtreiher bekommen, von denen die beiden jüngsten verunglückt sind. Zuerst wollte ich sie der Wärme halber bei den älteren lassen, und den ersten Tag hindurch ging das gut, sooft ich nachsah, waren die kleinsten obenauf. Aber in der ersten Nacht wurden sie untergetrampelt, woran einer starb, der zweite erholte sich mühsam, als ich ihm ein Körbchen auf dem gleichmäßig warmen Steinboden unserer Küche einrichtete. Als er schon sehr nett gewachsen war, stellte ihn die Köchin zu nah an den Herd heran und er starb an Überhitzung. Herrgott, ich kann mich was über solche vermeidbare Unglücksfälle ärgern, so philosophisch ich den unvermeidbaren Gefahren, die die Freiflieger bedrohen, gegenüberstehe.

Vor wenigen Tagen habe ich 10 Stück junge Kolkraben aus Bosnien bekommen. Also von denen wird doch jetzt endlich ein richtiges Paar bis zur Geschlechtsreife kommen! Den Lärm, der entsteht, wenn 10 solche Tiere zugleich sperren, können Sie sich ja vorstellen. Dabei sind die Viecher in meinem Schlafzimmer und fangen mit Tagesgrauen damit an. In allernächster Zeit kommt wieder eine größere Zahl junger Dohlen auf den danebenliegenden Bodenraum, dann wird der Lärm noch besser!

Es wird mir eine wirklich sehr große Freude sein, Sie mit Ihrer Frau Gemahlin als Gäste begrüßen zu dürfen! Freifliegende Vögel werden bis dorthin ja noch einige vorhanden sein, die man so halbwegs sehen lassen kann. Vor allem aber möchte ich Ihnen die Donau und das Land der geplanten Station zeigen und Ihren Rat über die dort bestehenden Möglichkeiten der Vogelhaltung einholen. Es ist für mich ganz unschätzbar, einen Ratgeber zu haben, der so viel Erfahrung im Freifliegend-Halten von Wasservögeln hat. Am meisten freut es mich aber, daß ich Gelegenheit haben werde, über alle möglichen mich bewegenden Fragen mit Ihnen reden zu können, ohne dabei das mich bei meinem Berliner Besuch immer bedrückende Gefühl zu haben, Ihre wertvolle Zeit zu verbrauchen. Diese Schwierigkeit ergibt sich ja immer, wenn man einen arbeitenden Menschen, der weit weg wohnt, besucht.

Ich wollte dann noch berichten, daß mein aus einem alten und einem einjährigen Vogel bestehendes Dohlenpaar sich als Weibchenpaar erwiesen hat. Die Vögel haben ein gemeinsames Nest mit *zwei* achterförmig aneinandergeschlossenen Mulden gebaut und beide mit Eiern belegt. Es hat also auch der Einjährige gelegt. Als in der einen Mulde 2 und in der anderen 3 Eier lagen, tat ich alle 5 in die links liegende. Am nächsten Morgen waren in der linken Mulde 5 und in der rechten 2 Eier. Die beiden Damen scheinen also immer zusammen gelegt zu haben! Das ist doch ziemlich toll!

Leider scheinen die 10 Graugänse, die ich bestellt habe, nicht zu kommen, was mir sehr leid tut. Ich war schon sehr neugierig auf sie gewesen.

Bitte, Herr Doktor, empfehlen Sie mich Ihrer Frau Gemahlin. Ich werde nie vergessen, wie sie uns die Reiher eingepackt und verproviantiert hat.

Ich verbleibe in der Hoffnung auf Ihren Besuch im Sommer Ihr sehr ergebener

Konrad Lorenz

(Berlin) 20. Mai 1931.

Sehr geehrter Herr Lorenz!

Wir haben drei Seidenreiher-Eier, die etwa Pfingsten schlüpfen. Wir wollen die Tiere aus dem Ei großziehen und dann noch ungefähr zwei Wochen behalten.

Nun fragen wir bei Ihnen an, ob Sie die Tiere dann für Ihre Freiflugversuche haben wollen. In diesem Falle bitten wir Sie, an den Zoologischen Garten zu schreiben, damit wir Ihnen die Seidenreiher abtreten können. Gleichzeitig wollen Sie aber auch an uns Nachricht gelangen lassen.

Ihren letzten ausführlichen Brief haben wir erhalten und mit großem Interesse gelesen.

Mit unserem Hinkommen hat es noch gute Wege.

Wir haben augenblicklich zwei Seidenreiher, die schon 18 Tage alt sind. Sie sind recht nett, und wir möchten sie noch für uns behalten. Goldregenpfeifer am Schlüpfen.

Mit den besten Grüßen Ihre

Magdalena Heinroth

N. B. Mein Mann ist auf einige Tage in Rossitten Eider ♀♀.

(Altenberg, Mai 1931?)

Hochverehrte Frau Doctor!*

Vielen Dank für Ihr freundliches Anerbieten! Ich freue mich wie ein Kind darüber. Ich bin nämlich gerade im Begriff, für meine Nachtreiher einen Flugkäfig von 4 × 4 × 6 m aus Winkeleisen zu bauen (bis jetzt sind sie in einem Gatter von 2 × 2 × 3 m, was nur deswegen geht, weil sie eben jeden Tag herausdürfen), und die Seidenreiher kommen mir daher wie gerufen.

Meine jüngeren Nachtreiher sind viel größer und sehr viel satter und dunkler gefärbt, als die 2 älteren. Bei denen hat wohl in frühester Jugend was nicht gestimmt, denn bei näherer Untersuchung hatten sie gleich nach der Ankunft strähnige Schwingen, was sich erst gab, als sie mehr zu fliegen begannen. Die Eltern von ihnen waren wohl bei diesen Frühbruten nicht so recht bei der Sache (wofür auch das verklammte Junge spricht, das dann bei Ihnen starb), und jetzt sehen die zwei neben den vier anderen aus wie überbelichtete, flaue Photographien. Dabei sind sie aber aalglatt und gesund und munter.

Von den 10 Kolkraben sind 7 schon flügge und haben den ersten Freiflug glücklich hinter sich. Sie haben sich an jenem Tage abends alle 7 von selbst bei ihrem Käfig eingefunden. Das ist eben das Schöne bei Kolkraben, daß sie so vernünftig sind. Sie wissen immer, wo sie landen werden, bevor sie abfliegen und verlieren nie die Orientierung. (Noch schöner ist das bei Papageien.)

Ich erwarte ebenfalls (und zwar für morgen und übermorgen) das *Ausschlüpfen* von Cairinas und Goldfasanen. Hoffentlich wird was draus.

Ich war gestern bei Dr. Sassi und werde nächster Tage ernstlich die Erwerbung der Grundstücke für die Beobachtungsstation an der Donau einleiten. Sowie wir dann erst einen Zaun haben, beginnen Einbürgerungsversuche. Das Freifliegenlassen an einem Wassergebiet, das rings von trockenem Land umgeben ist, scheint ja bei allen möglichen Wasservögeln sehr gut zu gehen, es bleibt aber abzuwarten, wie sich die Sache mit einer Insel auf einer unbegrenzten Wasserfläche verhält! Beim Bengt Berg scheint das ja aber auch ganz gut gegangen zu sein. Sie können sich gar nicht vorstellen, wie ich mich auf diese mir ja ganz neuartigen Versuche freue. Es gibt ja doch

---

* An Frau Dr. Magdalena Heinroth, Oskar Heinroths erste Frau und Mitarbeiterin

wirklich nichts Feineres als das Beobachten eines ganz neuartigen Tieres!

So bin ich auch riesig gespannt auf die Seidenreiher. Sie müssen mir dann bitte noch recht genau schreiben, was die Tiere gewohnt sind und wie man mit ihnen zu sprechen hat. (Bei Nachtreihern macht es unglaublich viel aus, wenn man sie mit dem Begrüßungslaut »gochók, gochók« anredet. Selbst der scheueste von den meinen reagiert sofort darauf.)

Bitte empfehlen Sie mich Herrn Dr. Heinroth. Ich soll die besten Empfehlungen von meiner Frau ausrichten.

(P. S. Jetzt brüllen grade alle 10 Raben in meine Ohren!)

Mit noch vielem Dank für alles Ihr wirklich ergebener
Konrad Lorenz

In Eile!

Berlin, den 2. 6. 1931.

Lieber Herr Kollege!

Wie ich höre, gehen am Donnerstag vom Zoo aus wieder Reiher an Sie ab, und ich könnte da die von uns aufgezogenen beiden, jetzt etwa 4wöchigen Seidenreiher mitschicken und werde es tun, wenn ich nicht Gegendrahtnachricht von Ihnen erhalte. – Die Tiere sind seit Tagen nicht mehr im Nest, gut zu Fuß und können noch nicht fliegen. Bisher mit kleinen Fischen und auch mit etwas Herzfleisch gefüttert, das sie auch aus dem Napf nehmen. Beide sehr zahm.

Mit vielen Grüßen von Haus zu Haus Ihr

Oskar Heinroth

Wien, 7. VI. 31.

Hochverehrter Herr Doktor!

Heißen Dank für die herrlichen Seidenreiher! Sie sind gesund und *ganz unverschüchtert* eingetroffen und ich habe sie sofort frei auf meinen Teich gesetzt, um die wenigen Tage, wo sie noch nicht fliegen können, zur Eingewöhnung auszunutzen. Sie schienen sich dort gleich sehr wohl zu fühlen, badeten beide und erkoren einen sparrigen toten Baumstrunk, der mitten in dem Teich liegt, zu ihrem Standquartier. Sehr merkwürdig berührte mich ihr Bettelton, weil ich natürlich ein Keckern erwartet hatte. Das, was sie dabei sagen, ist eigentlich ein Storch-Quietschen im Kecker-Rhythmus!

Abends, und wenn ich nicht zu Hause bin, teilen die Seidenreiher den Raum der flüggen Nachtreiher (ab morgen sind alle in einem neuen großen Flugkäfig von $7 \times 4 \times 4$ m) und in den sonderbaren *gruppenweisen* Raufereien, wie die Reiher sie haben, wurden sie von der Gruppe der 4 jüngeren Nachtreiher geschlagen, während sie ihrerseits über die 2 älteren Nycticoraxe Sieger blieben. Diese 2 haben jetzt geradezu panische Angst vor den Seidenreihern und da sie auch von ihren 4 Artgenossen geprügelt werden, ist es höchste Zeit, daß der neue große Käfig bezogen wird, denn sie machen schon aus Angst vor den Genossen jedesmal Schwierigkeiten, wenn ich sie wieder in den Käfig locken will.

Meine 10 jungen Kolkraben fliegen mir schon ganz nett nach. Sie sind in ihrem Verhalten untereinander merkwürdig verschieden, jedenfalls *nicht entfernt* so gleichartig, wie Dohlen. Die Verschiedenheiten geistiger Art sind dabei aber nicht etwa so aufzufassen, daß z. B. Kümmerer besonders zahm und die tadellos gesunden Stücke mißtrauischer sind. *Gerade* ein besonders großer und sehr unternehmender Vogel ist besonders vertrauensvoll. Ich habe schon bei meinen früheren Raben so etwas Ähnliches vermutet (auch in der »Dohlenarbeit« erwähnt), aber jetzt, wo ich 10 St. nebeneinander habe, sehe ich es viel deutlicher. Die 10 jungen vertragen sich ganz gut mit den 3 alten Raben, weil die Angriffe letzterer, durch 10 dividiert, recht harmlos werden. Es ist wirklich eindrucksvoll, wenn auf meinen Ruf alle 13 vom Wald herunter zum Nachtmahl geflogen kommen. Leider kommen auch alle 13 in mein Zimmer, wenn ich das Fenster unbewacht offen lasse!

So wie Sie mir geraten haben, habe ich an den Zool. Garten wegen Ihrer Seidenreiher geschrieben. Dr. Heck hat mich aber offenbar mißverstanden, denn er schrieb mir, er könne mir keine geben, weil er schon 5 an Sie abgegeben hätte. Ich habe den Irrtum schon brieflich aufgeklärt, möchte aber an Sie, Herr Doktor, die Bitte wagen, irgendwann bei Gelegenheit einem der Herrn vom Z. G. die Sache zu erklären. Ich möchte nämlich wirklich nicht, daß man im Zoologischen Garten glaubt, ich wäre so unersättlich jetzt, nachdem ich in so freigebiger Weise mit Nachtreihern geradezu überschüttet wurde, auch noch Seidenreiher zu verlangen. (*Von* Nachtreihern wurde ich auch schon wiederholt überschüttet!)

Über die Vogelbeobachtungsstation ist erfreulicherweise zu berichten, daß es mir gelang, vom Bürgermeister von Wördern ein viel größeres Landstück durch Tausch zu erwerben, als ursprünglich beabsichtigt war. Leider wird die Erwerbung wegen gewisser Gemeinderatsschwierigkeiten erst im Oktober rechtskräftig. Daß alles *so* lang dauert, was mit einer Behörde zu tun hat! Immerhin wird aber so das Gebiet der Station um $1/3$ größer werden, was viel wert ist.

Zum Schlusse möchte ich Sie noch gerne bitten, mir zu sagen, von wo man Rossittner Ringe bezieht. Ich kann doch wirklich nicht diese vielen Vögel unberingt herumfliegen lassen! Schreibt man da einfach an die Vogelwarte Rossitten? Bitte entschuldigen Sie die vielen Anliegen, die ich immer habe und bitte empfehlen Sie mich recht sehr Ihrer Frau Gemahlin! Ihr wirklich dankbarer

Konrad Lorenz

(Berlin), 12. Juni 1931.

Lieber Herr Kollege! Sowohl der Brief an mich, als der an den Zoologischen Garten sind heute eingetroffen.

In der ersten Zeit keckern die jungen Seidenreiher fisch- und nachtreiher-ähnlich, was sich später verliert. Ich bin neugierig, ob Ihre Nacht- und Seidenreiher im Herbst wegziehen werden. – Fordern Sie bitte von der Vogelwarte Rossitten Ringe an, und ich gebe ausdrücklich meiner großen Freude darüber Ausdruck, daß Sie Rossittner Ringe verwenden wollen.

Die Aufnahmen sind prächtig. – Viele ausländische Schlangen fressen mit Begeisterung Bufo, eine Gattung heißt danach Phrynonax.

Bei uns sind Lummeneier gepickt. 7 Eiderjunge gedeihen unter gemeinsamer Führung der beiden Mütter. Der Zwergtrappenhahn hat mit seinem cykadenhaften Trrrrt begonnen.

Mit besten Grüßen von Haus zu Haus Ihr ergebner
Oskar Heinroth

Wien, den 10ten VII. (1931)

Sehr verehrter Herr Doktor!

Bitte erschrecken Sie nicht darüber, daß ich schon wieder schreibe, denn ausnahmsweise habe ich keine weiteren Anschläge auf Sie vor, sondern will nur berichten, wie sich die Reiher anlassen. Also:

Die Nachtreiher haben doch noch angefangen, weiter zu fliegen, und zwar ganz plötzlich. Eines schönen Tages flogen sie alle auf einmal gleich nach dem Herauslassen davon. Man sah andeutungsweise das von den Dohlen bekannte Bei-einander-Führung-Suchen und zu meinem Entsetzen verschwanden sie alle hinter den Bäumen. Sie kamen dann im Laufe des Nachmittags *einzeln* zurück, mit Ausnahme eines einzigen, des jüngeren der beiden von mir selbst in Berlin abgeholten Vögel. Um eine Wiederholung dieses Massen-Wegfliegens zu verhindern, ließ ich sie in der Folge immer nur einzeln aus. Da flogen sie dann weniger weit und kamen immer sofort zurück. Jetzt kann ich es aber schon wieder wagen, alle zugleich freizulassen, weil sie jetzt schon weit besser orientiert sind und selbst dann von selbst heimkommen, wenn sie nachweislich kilometerweit weg sind. Das Abhandenkommen des einen Nachtreihers war also sicher »Verfliegen« und nicht »absichtliches« Wegfliegen. Die sieben Nachtreiher, die zugleich mit Ihren Seidenreihern gekommen sind, sind jetzt eben am Flüggewerden. Bei ihnen hoffe ich, Verluste zu Beginn der größeren Ausflüge verhindern zu können, indem ich sie in dieser Periode einfach längere Zeit nicht auslasse. (Ich bin überzeugt, daß auch hier die Orientierungsfähigkeit nicht durch Lernen zunimmt, sondern sich einfach mit dem Alter steigert.)

Bei den Seidenreihern war die Sache viel einfacher. Sie flogen gleich, als sie überhaupt zu fliegen begannen, recht weit, fanden aber stets gleich von selbst heim. Das heißt, *einmal* trug ich einen nach Hause, als sie bei einem ihrer ersten Ausflüge ziemlich weit entfernt niedergegangen waren, aber nur, weil ich durch den Verlust des einen Nachtreihers beunruhigt war und ganz unnötigerweise, denn als ich mit dem Vogel unter dem Arm zu Hause anlangte, war der Zweite schon alleine dort. (Die Seidenreiher sind so zahm, daß sie nur minutenlang beleidigt sind, wenn man sie anfaßt.) Jetzt fliegen die Seidenreiher sehr weit, z. B. bis über die Donau, sind aber, seit sie die volle Flugfähigkeit erlangt haben, noch nie draußen niedergegangen und kommen daher immer schon nach Minuten wieder. Sie sind aber viel fluglustiger als die Nachtreiher und sind mindestens doppelt so lange in der Luft. Sie können sich nicht vorstellen, wie unerhört graziös und schön die weißen Vögel sind, wenn sie nach dem Freilassen voll Stallmut in der Luft herumtollen. Sie machen Sturz- und Rückenflüge, wie Kolkraben, aber vermöge der geringen Flächenbelastung geht alles so schön langsam wie mit der Zeitlupe, daß man jede Phase genau sieht. Ich muß noch versuchen, gute Flugaufnahmen und Filme zu machen.

Da die Weißen also immer entweder in der Luft oder aber zu Hause auf ihrem Teiche sind, kann ich sie immer fliegen lassen, sowie ich ein paar Minuten Zeit habe, was ja mit den Nachtreihern jetzt leider nicht mehr geht, da man nie weiß, wann sie heimkommen werden, wenn sie wegfliegen. Wenn sie dann aber zurückkommen, so bleiben sie genauso schön ortsgebunden in der Umgebung des Teiches wie nur je und fliegen auch kaum ein zeites Mal am gleichen Tage aus. Das Einsperren der Tiere ist dann geradezu ein Dressurakt: Ich brauche nur die Türe des Käfigs zu öffnen und alles stürzt unter Ausstoßung des betreffenden Bettelgetönes hinein und bekommt dann drinnen das Futter, das ich aber vorher gar nicht zu zeigen brauche. Sie gehen genauso hinein, wenn ich überhaupt kein Futter bei mir habe, erheben aber dann, genasführt, ein empörtes Geschrei.

Sehr sonderbar hat es mich angemutet, daß die Reiher keine dauernde Rangordnung haben. Der Despot von heute kann morgen schon von dem Vogel verprügelt werden, von dem man es am wenigsten erwarten sollte. Die Seidenreiher waren eine Zeitlang ganz unten, dann, nach der Übersiedlung in den neuen Käfig ganz oben und sind jetzt ungefähr in der Mitte. Überhaupt besteht innerhalb des Käfigs (und es dürfte draußen in den Brutkolonien ähnlich sein) eigentlich insofern gar keine Rangordnung, als jeder Vogel seinen festen Stammplatz hat, an dem er sich auch dem gefürchtetsten Spitzentier stellt und um keinen Preis weicht. Vor allem ist er dann nicht dazu zu bringen, in sinnloser Angst gegen das Gitter zu gehen, was man doch von einem Kolkraben, der von einem übergeordneten Artgenossen angegriffen wird, sofort haben kann. Wenn man aber dann einen Nachtreiher in die entgegengesetzte Käfigecke bringt oder gar in einen neuen Käfig und ihn die dort ansässigen Artgenossen angreifen, so flieht er genauso blindlings, wie irgend ein Vogel, also auch unter Umständen gegen das Gitter. Die Rangordnung, die zwar wechselnd, aber für die gegebene Zeit auf neutralem Gebiet doch ganz genau festgelegt ist, drückt sich im Käfig (ich kann nicht umhin, ihn darin der Brutsiedlung gleichzusetzen) nur darin aus, daß der draußen übergeordnete Vogel meist ein etwas *größeres* Gebiet behauptet, das kein anderer betreten darf, als der in der Ordnung niedriger stehende Vogel es tut, in der Siedlung also wohl das begehrenswertere Nest innehat. Sehr nett ist es, wenn ein gerade freifliegender Reiher von draußen sieht, daß im Käfig drin ein anderer seinen Platz betritt. Dann weiß er sich vor Wut nicht zu lassen und flattert oft, mit Füßen und Schnabel sich festhaltend, außen am Gitter empor. Im Gegensatz zu den meisten anderen Vögeln, auch zum Kolkraben, begreifen die Nachtreiher, sowie sie überhaupt das Gitter begreifen, daß ein auf der anderen Seite desselben befindlicher Feind ihnen nichts tun kann und bekämpfen dann den übergeordneten Gegner auf dessen eigenem Gebiet durch das Gitter hindurch mit dem größten Mute. Sogar gegen die Hunde sind sie durchs Gitter frech. Das ist doch eigentlich eine sehr beträchtliche Intelligenzleistung!

Auch bei Umwegversuchen sind die Vögel gar nicht dumm, vor allem die Seidenreiher. Letztere benehmen sich im Käfig sehr geschickt und können auch, was die Nachtreiher nicht zusammenbringen, darin Runden fliegen. Offenbar sind sie *noch* viel weniger flächenbelastet als die Nachtreiher, wodurch sie sehr langsam fliegen können. Wenn sie bei leichtem Wind segeln, sehen sie einfach schwerelos aus und sind als weiße Märchenvögel gegen einen blauen Himmel ein ganz unvergleichlich prächtiger Anblick. (Ich gedenke dann immer in Dankbarkeit der gütigen Spender.)

Aber ganz ohne Spaß, Sie haben mir mit den beiden Vögeln eine ganz, ganz große Freude gemacht. Die Tiere sind ja für meine Zwecke wie geschaffen und für Freiflugversuche weit besser geeignet als die Nachtreiher. Und dazu noch so schön! Ich danke Ihnen und Ihrer Frau Gemahlin noch einmal ganz ausdrücklich für dieses großartige Geschenk!

Wir würden uns aber vor allem sehr freuen, wenn wir Ihnen die ganzen freifliegenden Vögel endlich einmal in natura vorführen könnten und auch in bezug auf die geplante Beobachtungsstation hätte ich natürlich vieles, was ich Ihnen zeigen möchte. Herr Professor Stresemann schrieb doch, Sie würden im Laufe des Sommers nach Wien kommen. Besteht dieser Plan noch? Ein Zimmer steht Ihrer Frau Gemahlin und Ihnen jederzeit zur Verfügung, wenn es Ihnen nichts ausmacht, 40 Minuten Eisenbahnfahrt von der Stadt zu wohnen, und das Kalb wird sofort geschlachtet, wenn Sie ankommen. (Oder soll es eine Cairina sein?) Es wäre mir aber wirklich sehr leid, wenn aus Ihrem Besuch nichts werden würde. Da jetzt wieder 31 Dohlen da sind, würde ich Ihnen zu gern mal die Schnarrreaktion oder die »Kiu«-Sache vormachen! Und Nacht- und Seidenreiher in trautem Verein mit 13 Kolkraben auf einer Wiese sitzen haben nicht einmal Sie noch gesehen! Obwohl ich ja auf diese geringen ornithologischen Reize meiner Heimat nicht allzuviel Vertrauen habe, hoffe ich doch, daß Sie sich vielleicht zu einem Besuch bewegen lassen! Meine Frau wird es unabhängig von mir noch bei Ihrer Frau Gemahlin versuchen.

Mit den besten Empfehlungen an Ihre hochgeschätzte Frau Gemahlin verbleibe ich Ihr dankbarer

Konrad Lorenz

P. S. am 13/VII. Leider habe ich durch diesen Brief »es verschrien« und es hat sich gestern noch ein Nachtreiher verflogen, u. z. in genau derselben Weise wie scheinbar auch der zuerst verloren gegangene:

Die Nachtreiher haben große Schwierigkeiten, wieder in die höher gelegenen Teile des Gartens (wo auch der Teich ist) zurückzufinden, wenn sie einmal tiefer unten gelandet sind. Zum Geradeaus-Hinauffliegen ist der Garten zu steil und die Nr. scheinen *nicht die psychische Möglichkeit zu haben, sich auf einem Platze kreisend in die Höhe zu schrauben,* wie es die meisten Vögel (auch die Seidenreiher) in solchem Falle tun. Dieser abhanden gekommene Nr. kam von einem Ausflug so niedrig fliegend zurück, daß er schon im untersten Teil des Gartens zu landen kam und saß dort die ganze Nacht immer mit den Nr. im Käfig hin und widerrufend, und konnte und konnte nicht zu ihnen hinauf! Da schon oft Nachtreiher auch viel *weiter* weg gewesen waren, hielt ich den Vogel gar nicht für gefährdet, zumal er ja bereits Stimmfühlung mit den anderen hatte, aber am Morgen war er weg! Dabei hat er doch die Richtung zu den Kameraden, in die Horizontale projiciert, genau gewußt und ist *nur* an der Steigung gescheitert wie an einem Gitter! (Die anderen Nr., die größere Ausflüge gemacht hatten, waren immer beim Zurückkommen so hoch gewesen, daß sie ohne weiteres zuhause einfallen konnten). Wenn dieses Nicht-Verstehen der Steigung (ich habe es natürlich schon vorher oft an Nr. gesehen, aber nie so kraß) eine Sumpfvogel-Eigenschaft ist, kann man es ja begreifen, warum fahren aber dann die Seidenreiher so mühelos bergauf, wie nur irgendein Vogel? Übrigens verhält sich der älteste Nr. *auch* verständiger!

K. L.

Altenberg, den 12. Aug. 1931.

Hochverehrter Herr Doktor!

Wir fahren am 15. d. M. zuerst nach Holland und dann nach Helgoland, denn wenn unsere hier geplante Station auch ganz andere Ziele verfolgen wird, so möchte ich doch eine der großen deutschen Vogelwarten wenigstens gesehen haben, bevor wir hier etwas zu bauen anfangen. Am 10. September muß ich spätestens wieder in Wien am Anatomischen Institut sein. Ich hoffe immer noch, daß wir dann die *Freude Ihres Besuches* haben werden. Obwohl bisher alle maßgebenden Personen von dem gewählten Gelände ganz begeistert waren, so möchte ich mir doch zu gerne Ihre reiche Erfahrung im Freifliegenlassen von Schwimmvögeln zunutze machen.

Falls wirklich und endgültig aus Ihrem heurigen Besuche nichts werden sollte, so würde ich auf meiner Rückreise von Helgoland in Berlin haltmachen, um Sie, Herr Doctor, an der Hand von Kartenskizzen in verschiedenen Fragen um Rat zu bitten. Den offiziellen Plan der Station habe ich schon vor einer Woche an Herrn Professor Stresemann abgeschickt. Es würde mich sehr interessieren, wie Sie, Herr Doctor, sich dazu äußern, vor allem zu der vorgeschlagenen Einteilung und Ausnützung des Geländes. Ich möchte Sie bitten, mir *Postlagernd Helgoland* eine kurze Nachricht zukommen zu lassen, *ob Sie um den 6. Sept.* herum in Berlin anzutreffen und in der Lage sein werden, mir ein bißchen Zeit zu widmen.

Von meinen freifliegenden Vögeln ist zu berichten, daß ich die Störche, um ja sicher zu gehn, diesmal schon *am 5. Aug.* einzusperren beschlossen hatte. In diesem Datum wollte ich mich durch keine noch so große scheinbare Ortsgebundenheit wankend machen lassen. Das muß den beiden aber irgendwie zu Ohren gekommen sein, denn sie verschwanden pünktlich am späten Nachmittag des 3. Jetzt habe ich natürlich sehr Angst, daß meine schönen Seidenreiher auch wegziehen. Ich lasse sie daher nicht mehr unbeaufsichtigt im Freien, sondern sie dürfen nur jeden Morgen vor der Fütterung sich ausfliegen. Da kann ich sie, weil sie hungrig sind, sofort zurückrufen, wenn sie sich bedrohlich weit entfernen. Sie fliegen nämlich in ihrem Übermute zwar sehr hoch, aber selten so weit, daß ich sie aus meinem Gesichtskreise verliere. Ich halte sie für viel verläßlicher als die Nachtreiher, vor allem weil sie sich, im Gegensatz zu diesen, niemals anderswo als in der nächsten Umgebung ihres Heimes niederlassen. Die Nachtreiher sind aber auch schon viel sicherer und die ältesten von ihnen haben auch schon das Bergaufffliegen so einigermaßen begriffen. Die jüngsten halten noch bei dem Stadium des Klebens an der engsten Heimat. Die Kunst ist nun, sie in der gefährlichen Zwischenzeit eingesperrt zu halten. Das kann man ruhig, denn ich sehe keinen Unterschied in der Orientierungsfähigkeit zwischen den Vögeln, die in der kritischen Periode dauernd eingesperrt waren und denen, die ich zu verschiedenen Malen im Felde und im Dorfe unten gegriffen und nach Hause getragen habe, was bei den Reihern, im Gegensatz zu Rabenvögeln, keine dauernde Scheuheit zur Folge hat. Daß diese Vögel dabei eigentlich nach Hause »wollen« und ihnen dies eben nur sehr schwer fällt, geht daraus hervor, daß sie mit zunehmendem Alter bei ihren Ausflügen immer weniger lang ausbleiben. Der älteste Nachtreiher, einer der beiden von mir aus Berlin abgeholten, ist jetzt schon so weit, daß er, wie die Seidenreiher, von seinen Ausflügen fast immer sofort zurück kommt und sich kaum jemals mehr außerhalb des Gartens niederläßt. Es scheint aber auch eine große Rolle zu spielen, daß die jüngeren Vögel noch lange nach dem Flüggewerden recht wenig ausdauernd fliegen und vor allem nur eine sehr geringe Steigfähigkeit haben. Ich weiß nicht recht, ob das eine Gefangenschaftserscheinung ist. Die Seidenreiher jedenfalls flogen wenige Tage, nachdem sie zu fliegen begonnen hatten, so gut und vor allem so muskelkräftig, wie nur jemals. Ich halte es für möglich, daß ich die Nachtreiher stark überfüttert habe. Ich sah nämlich jüngst in der Tierhandlung 2 wildgefangene junge Nachtreiher, neben denen meine ausgesprochen als Mastnachtreiher wirken.

Bei demselben Tierhandlungsbesuch erstand ich um billiges Geld einen reizend zahmen jungen Kormoran, der jetzt auch bei den Reihern wohnt. Ich bekomme von diesem Händler noch Seidenreiher, damit ich sicher ein Paar habe. Hoffentlich sind diese Neulinge nicht allzu scheu. Ich schließe noch einige Bilder von meinem Reiherteich bei und verbleibe in aufrichtiger Hochachtung Ihr sehr ergebener
                                                                Konrad Lorenz
Empfehlungen an Ihre verehrte Frau Gemahlin.

Helgoland, Postlagernd   Berlin, den 17. August 1931
Verehrter, lieber Herr Kollege!

Ihr Brief vom 12. d. Mts. erreichte mich nach meiner Rückkehr aus Rossitten, wo ich für einige Tage zu tun hatte.

Professor Stresemann hat unser Kommen nach Altenberg zu sehr auf seine eigne Faust hin zugesichert, denn es ist ziemlich unwahrscheinlich, daß wir, wenigstens vorläufig, verreisen, denn die Drucklegung unsres Nachtragsbandes drängt. Die an Stresemann geschickten Pläne habe ich noch nicht gesehen und hatte auch noch nichts davon gehört.

Vor einiger Zeit hatte ich ja eine Skizze eingesehen. Ich glaube, die

Beurteilung durch andre ist gar nicht so wichtig, Sie werden dem Gelände schon seine Vorzüge für geeignete Arten abzugewinnen wissen.

In Rossitten sind die Störche noch da und waren vor 8 Tagen zum Teil erstmalig ausgeflogen.

Bei jungen Nachtreihern glaube auch ich beobachtet zu haben, daß sie eine ganze Weile gewissermaßen erst behelfsmäßig fliegen, ehe sie ihre Vollkraft bekommen, dasselbe gilt für den Großen Rohrdommel.

Besten Dank für die hübschen Bilder. Ich bin neugierig, ob Sie schöne Flugaufnahmen von den Seidenreihern bekommen werden; weiße Vögel eignen sich ja gut dazu.

Es wird uns sehr freuen, wenn Sie uns Anfang September aufsuchen. Wir haben um diese Zeit vorläufig nichts Besondres vor.

Mit den besten Grüßen an Sie und Ihre verehrte Gattin, auch von meiner Frau, Ihr ergebner

Oskar Heinroth

(Altenberg September 1931?)
Hochverehrte Gnädige Frau, Hochverehrter Herr Doctor!

Obwohl wir ausgesprochene Tag-zieher sind (bedingt durch Nicht-Funktionieren des Scheinwerfers), sind wir doch in zwei Tagen von Berlin nachhause gekommen, geführt von dem untrüglichen Richtungssinn des Ornithologen.

Die Raben, die Kinder, die Reiher und die Hunde erkannten uns sofort wieder, die Dohlen und die Kleinvögel sowie der Kormoran hatten mich ziemlich vergessen.

Die Seidenreiher, die ich von dem Tierhändler bekommen sollte, waren bis auf *einen* an den Folgen des Transportes eingegangen. Diesen Überlebenden kaufte ich, obwohl er recht schlecht beisammen war und schon bei schätzender Wägung mit der Hand sehr merklich leichter ist als die zwei Ihrigen. Er frißt aber beruhigenderweise gewaltige Mengen, wird also wohl bald zunehmen.

Vielleicht interessiert es Sie, daß die 2 anderen Seidenreiher jetzt eben stimmwechseln, das heißt, wenn sie bettel-quietschen wollen, schlägt es immer in einen tiefen, nasalen Klang um. Leider sind sie wütend hinter dem Neuen her. Beim Freifliegen benehmen sie sich wie immer, ich lasse sie aber nur des Morgens sich einmal ausfliegen, weil ich kein Wegfliegen riskieren will.

Die Nachtreiher fliegen alle schon viel besser und meistens kommen sie jetzt auch schon zum Teich zurück, ohne anderswo niedergegangen zu sein, wie es die Weißen und der eine älteste Nr. ja schon immer machten.

Da mein 4wöchentliches Wegsein bei den Reihern so vollkommen spurlos vorüberging, glaube ich auch nicht, daß sie die Orientierungsfähigkeit verlieren würden, wenn ich sie jetzt bis zum Frühjahr nie freiließe. Auf jeden Fall werde ich sehr vorsichtig sein und sie nur hungrig und in meinem Beisein und auf kurze Zeiten fliegen lassen.

Leider ist gestern der Kormoran *vor* meinen Augen mit hämischem Lächeln davongeflogen, und zwar ohne jede Zwischenlandung viele Km weit, bis er am Horizonte verschwand. Ich bin überzeugt, daß ich ihn nie wiederkriege, obwohl ich sofort Belohnungen ausgesetzt habe für den, der ihn mir bringt. Die Raben sind schon stark für 1932 fortpflanzungsgestimmt. Der Mann verteidigt intensiv die frühere Niststätte und wird dick, wenn ich überhaupt nur in den Käfig trete. Derartige Zerwürfnisse zwischen uns setzen dann eine dauernde Gereiztheit seinerseits, so daß Tage vergehen, bis er mir so weit vergeben hat, daß wir wieder auf dem Kopf-kratz-Fuße miteinander stehen. Das Paar beginnt jetzt auch schon gemeinsam gegen das Geschwister des ♀ böse zu werden, und zwar das ♀ *mehr* als Roa. Der Überzählige dürfte also wohl ♀ sein.

Die Dohlen habe ich jetzt schon nicht mehr fliegen lassen können, weil schon Zugdohlen hier sind und die Bindung der vielen heurigen an die 3 alten Vögel vielleicht nicht genügen würde, meine Schar beisammen zu halten, wenn sie fremden Dohlen begegnen würden.

Die Donau war jetzt ziemlich hoch und ist im Zurückgehen, vielleicht gelingt es mir, einige Fische, die Sie interessieren, zu erbeuten. Acerina schraetzer werde ich wohl schicken können, ob ich *gesunde* Nasen in möglicher Größe kriege, ist fraglich, mein Möglichstes werde ich sicher tun. Auf die Aspro werde ich mein Augenmerk richten, vielleicht krieg ich wider Erwarten doch welche.

Wir danken Ihnen noch vielmals für die überaus freundliche Aufnahme in Ihrem Hause (der Hummer schwebt mir noch in Träumen vor) und verbleiben mit den allerherzlichsten Grüßen in wirklich aufrichtiger Hochachtung Ihre sehr ergebenen

Konrad Lorenz u.
Margarethe Lorenz

(Berlin), 18. September 1931

Sehr verehrter, lieber Herr Kollege!

Wir freuen uns über Ihr lustiges Schreiben, aus dem Ihre glückliche Ankunft hervorgeht: Sie liefern ja einen wundervollen bildlichen Alibibeweis selbst. Ist der Kormoran wiedergekommen?

Für Acerina und Aspro wäre Ihnen das Aquarium natürlich sehr dankbar. Jetzt bei dem kühlen Wetter wäre die richtige Zeit für den Versand.

Hier hat sich seit genau einer Woche insofern etwas geändert, als meine Frau am Donnerstag, den 10. 9., an linksseitigem Brustkrebs operiert worden ist. Die Operation ist gut verlaufen und eine Gewebsentnahme von der rechten Seite zeigte sich krebsfrei. Sie liegt in einer guten Privatklinik und läßt Sie Beide herzlichst grüßen. Ich traf heute gerade das Ehepaar Stresemann an ihrem Bett, dem sie Ihren Brief zum Durchlesen gegeben hatte. Wir haben alle über den hämisch lächelnden Kormoran herzlich gelacht. Sie ist den Umständen nach munter und lustig. Die Wunde heilt offenbar glatt per primam. Es steht zu hoffen, daß durch diesen anscheinend rechtzeitigen Eingriff das Leiden endgültig behoben ist.

Ich schicke Ihnen anbei drei recht gut geglückte Aufnahmen und bitte Sie, mir zu schreiben, ob Sie noch mehr und bessere Abzüge haben wollen.

Mit herzlichem Gruß an Sie und Ihre verehrte Gattin bin ich wie stets Ihr ergebner

Oskar Heinroth

Altenberg, den 21ten Sept. 31

Hochverehrter lieber Herr Doktor!

Wir sind alle ganz bestürzt über die Erkrankung Ihrer Frau Gemahlin. Ich habe sofort einen Bekannten, der längere Zeit Assistent an der Ersten Chirurgischen Klinik war, um die Prognose befragt. Der hat mich eigentlich sehr beruhigt, d. h., er hat mir erzählt, daß die Statistik der letzten 10 Jahre an der Klinik Eiselsberg zwischen 70 und 80% Dauerheilungen ergibt und dabei sei aber noch eine große Zahl von Fällen mitgerechnet, die durchaus nicht rechtzeitig zur Operation kamen und ohne die die Prozentzahlen noch viel günstiger aussehen würden. Aber wenn auch alle Aussicht auf eine baldige und dauernde Genesung vorhanden ist, so ist doch eine solche Operation an sich schon keine Kleinigkeit und meine Frau und ich sind sehr erschüttert von der Nachricht, zumal doch Ihre Gemahlin grade noch so gesund und lustig mit uns beisammen war! Ich hoffe nur, daß ihr Lebensmut und ihr Humor sie diesen Schlag leichter und rascher überwinden läßt, als es bei einem gewöhnlichen Menschen der Fall wäre. Bitte grüßen Sie sie recht herzlich von uns und sagen Sie ihr, daß niemand ihr aufrichtiger eine recht schnelle Wiederherstellung wünschen kann, als wir es tun.

Von den Donaufischen, die ich Ihnen für das Aquarium schicken will, habe ich bis jetzt erst eine einzige Nase von ung. 8 cm Länge. Sie hat zuerst eine pilzige Schwanzflosse gehabt, die aber heute wieder klar ist, so daß das Tier jetzt wohl gesund bleiben wird. Nasen kriege ich sicher noch welche, ebenso Acerina cernua, wenn Sie die wollen. Schrätzer werde ich wohl auch schicken können. Wenn ich einiges beisammen habe, werde ich mich noch um Versand- und Verpackungsmaterial an Sie wenden.

Der Kormoran ist und bleibt verschwunden, den anderen Viechern geht es gut, vor allem dem Rabenpaar, das sehr einig ist, gemeinsam den Nestplatz verteidigt und merkwürdige Ceremonien betätigt. Kennen Sie oder Ihre Frau Gemahlin die Scene, wo der Rabenmann einen Futterbrocken in der festgeschlossenen Schnabelspitze hält und das Weibchen davon kleine Stücke abreißen läßt? Die Vögel stehen sich dabei dünn und lang gegenüber. Eine ähnliche Handlung gibt es mit einem Holzstückchen, das sich die beiden immer eins dem anderen aus dem Schnabel nehmen und dann drauf warten, daß es der andere zurücknimmt. Offenbar irgendein Symbol vom Baumaterial-Übergeben! Alles das hat der Mann mit seiner ersten »Frau« nie getan!

Für Abzüge der netten Aufnahmen, wenigstens einer davon, wären wir natürlich sehr dankbar!

Nur eines möchte ich Sie, Herr Doktor, noch bitten: Schreiben Sie uns über das Befinden Ihrer Gemahlin. Gar nicht einen zeitraubenden Brief, nur eine Nachricht im Telegrammstil!

Mit nochmals den herzlichsten Grüßen und Besserungswünschen an Ihre Frau Gemahlin verbleibe ich in aufrichtiger Hochachtung Ihr sehr ergebener   Konrad Lorenz

Berlin, den 25. Sept. 1931.
Sehr verehrter Herr Kollege!
Nehmen Sie zunächst meiner Frau und meinen herzlichen Dank für die teilnehmenden Worte vom 21. 9. – Meine Frau ist seit vorgestern wieder zu Haus und wurde gestern und heute in einem Krankenhaus bestrahlt, es sollen im ganzen noch drei weitere Bestrahlungen stattfinden. Sie ist natürlich noch etwas matt, aber ohne Verband, und wir fahren aus der inneren Stadt mit der Stadtbahn nach Hause.

Ein paar Abzüge bekommen Sie gelegentlich.

Die merkwürdigen Rabengewohnheiten, die Sie schildern, haben wir nie beobachtet, wir haben ja auch nie ein wirklich festes Paar gesehen.

Mit herzlichen Grüßen von Haus zu Haus Ihr ergebenster
Oskar Heinroth

Altenberg, den 30ten IX. 31
Hochverehrter Herr Doktor!
Ich bin wirklich glücklich zu hören, daß Ihre Frau Gemahlin schon wieder so weit ist, ohne Verband herumzugehen, und daß sie sich überhaupt so rasch erholt hat. Ich danke Ihnen auch sehr für die beruhigende Karte. Außerdem danke ich Ihnen noch für die Übersendung der Sonderdrucke. Die Zusammenstellung der verschiedenen Mausertypen ist ungemein belehrend und es steht vieles drin, das ich Sie schon lange fragen wollte.

Ich habe heute meinen Aufsatz über das Erkennen der arteigenen Triebhandlungen bei Vögeln fertiggestellt und schicke ihn morgen an Prof. Stresemann. Ihn Ihnen zu schicken traue ich mich nicht, weil Sie sicher sehr unzufrieden mit der allgemeinen Unsicherheit der darin entwickelten Gedanken (wenn man sie so nennen kann) und den viel zu wenig mit Beobachtungen belegten Behauptungen sein werden. Meine Frau hat gemeint, Sie würden bestimmt sagen, ich hätte das Ganze erst in 30 Jahren schreiben sollen. Vielleicht warte ich wirklich so lang mit der Veröffentlichung.

Ich habe bei der jetzigen Schwalbenkatastrophe eine größere Anzahl dieser Vögel gepflückt, anders kann man von einem nicht mehr fliehenden Lebewesen nicht sagen, und einzugewöhnen versucht. Am Leben blieben nur je eine Rauch- und eine Mehlschwalbe. (Ich bin überzeugt, daß nicht eine der per Flugzeug nach Italien transportierten Schwalben wirklich leben bleibt.) Die Rauchschwalbe wäre ein rechtes Fressen für einen Paul Eipper: sie kam nämlich, als ich mit der Schwalbenernte beschäftigt war, von selbst angeflogen und setzte sich mir auf den Kopf. In seiner Herzensnot suchte das kluge Tierchen vertrauensvoll Schutz bei dem Herrn der Schöpfung, auf dem es vertrauensvoll mit festgeschlossenen Augen sitzen blieb. Gerade diese eine Schwalbe blieb von dem Darmkatarrh, der auf stärkeres Verhungern zu folgen pflegt, vollkommen verschont und ist jetzt so glatt und beweglich, wie eine Rauchschwalbe nur sein kann, frißt auch schon gewöhnliches Weichfutter. Das kluge Tierchen ist auch wieder ganz scheu geworden, offenbar weiß es, daß erfahrene Vogelpfleger die übergroße Sterbenszahmheit nicht gern haben und will seinem Erretter so seine Dankbarkeit zeigen. Unglaublich viel besser kann die Rauchschwalbe rütteln als die Mehlschwalbe, was mir nie aufgefallen ist. Daß sie besser zu Fuß ist, habe ich gewußt. Mich interessieren diese Vögel, die ich noch nie hielt und ich will sie bis auf weiteres behalten.

Bitte Herr Doktor, empfehlen Sie mich auf das herzlichste Ihrer Gemahlin und sagen Sie ihr, daß wir ihr weiter so schnelle Fortschritte in ihrer Genesung wünschen, wie sie bisher gemacht hat.

Die Donau ist leider hoch gestiegen, daß zunächst mit Fischen nichts los ist, bitte entschuldigen Sie die Verspätung.

Ich verbleibe, Herr Doktor, in wirklicher Hochachtung Ihr sehr ergebener

Konrad Lorenz

Berlin, den 3. Okt. 1931.
Lieber Herr Kollege!

Heute früh kam Ihr freundlicher, teilnahmsvoller Brief. Meine Frau ist nun 4 Mal bestrahlt und damit die Behandlung zu Ende. Bis auf etwas mehr Bettruhe führt sie den gewohnten Lebenslauf. Der Arm, der erst ziemlich in Mitleidenschaft gezogen war, und dessen zugehöriges Schlüsselbein etwa 3 Wochen vor der Operation durch einen Fall geknickt war, bewegt sich wieder ganz gut.

Ihre Schwalbenangaben sind mir sehr wertvoll. Daß aus diesen heruntergekommenen Tieren, zumal nach einer Käfigung im Flugzeug, nicht mehr viel werden würde, habe ich mir gedacht. Hier stand sogar in der Zeitung, daß sie am Lido in der Nähe von Futterplätzen (!) freigelassen wären und sofort lustig das Weite gesucht hätten. Ihre Einfühlung in Eipper ist köstlich, ich hätte fast Lust, sie ihm zu schicken. – Nächste Woche gehts nach Helgoland.

Recht viele herzliche Grüße von Haus zu Haus Ihr

Oskar Heinroth

Altenberg, den 8ten X. 31
Hochverehrter Herr Doktor!

Vielen Dank für Ihre freundliche Karte! Ich freue mich *sehr*, daß es Ihrer Frau Gemahlin dauernd gut geht! Sie ist aber doch nicht am Ende schon nach Helgoland mitgefahren?

Da Sie Interesse für die Schwalbenkatastrophe bekunden, so möchte ich Ihnen gerne noch einiges darüber mitteilen. Die im Zuge bei uns steckengebliebenen Vögel waren ungefähr 20mal mehr Mehl- als Rauchschwalben. Im ganzen Dorf Altenberg saßen sie, zu Klumpen geballt, in jeder passenden Spalte und Höhlung. Dieses bekannte Verkriechen, das die Sage vom Winterschlafe der Schwalben verursacht hat, entspricht *nicht* dem präagonalen Verkriechen von vielen sonstigen Vögeln. Man findet nämlich in diesen Klumpen auch Tiere, die *gar nicht krank* sind und sich beim Aufgestörtwerden ganz wie irgendein gesunder, aber *fest schlafender* Vogel benehmen und dann kräftig wegfliegen. Sie versuchen sozusagen sich auf Schlafstoffwechsel zu setzen und so einen Hungertag besser zu überstehen, in der Hoffnung (Verf. scheint zu glauben, u. s. w.), daß es morgen schön wird. Interessant wäre es zu wissen, wie lang sie das aushalten, was ich leider nicht ausprobiert habe. In einen kalten Raum gebracht, versuchen sich solche Vögel sofort wieder zusammenzukuscheln, werden aber sofort wach und zeigen Fluglust, wenn man sie erwärmt (auch die bereits im Sterben begriffenen Exemplare), weshalb die Neue Freie Presse glaubte, die Vögel, die im Flugzeug transportiert wurden, hätten durch ihren wunderbaren Richtungssinn sofort gewußt, *wann* die Alpen überschritten waren und *aussteigen wollen!* Dieses Verschlafen von Hungertagen ist doch eine sehr interessante Reaktion und unter den Vögeln einzig dastehend! Ich habe einmal ein Gartenrotschwanzweibchen aus Versehen in eine Schublade gesperrt und von einem Abend bis zum übernächsten Mittag dringelassen. Als ich es dann fand, schlief es sehr fest und war zu meinem Erstaunen nach dem Erwachen vollständig schlank und gesund. Der Gesamteindruck war genau derselbe, wie bei den noch gesunden unter den tagschlafenden Schwalben; als ich diese sah, fiel mir gleich der Rotschwanz ein. Ich habe zu den von mir eingewöhnten noch zwei Schwalben dazubekommen, so daß ich jetzt drei Rauch- und eine Mehlschwalbe habe. Ich habe sie auf In-den-Käfig-Jagen dressiert und halte sie tagsüber frei in meinem Zimmer. Bis jetzt sind sie gesund und die Mehl- singt sogar. Gestern habe ich drei Kuhreiher bekommen. Die sind doch schon sehr dommelähnlich, besonders in der dem Feinde zugewendeten, dünnen Schreckstellung!

Schließlich habe ich dann noch eine Bitte, ohne die ein Brief von mir an Sie, Herr Doktor, kaum zu denken ist. Ich habe nämlich vorige Woche diesen Triebhandlungsaufsatz an Prof. Stresemann geschickt, dem er merkwürdigerweise gefallen hat. Dies ermutigt mich, nun Ihre Kritik herauszufordern, was ich mich vorher nicht getraut habe, so gemeinplätzig und doch unsicher ist mir das Zeug vorgekommen. Ich wage also die Bitte, Sie möchten die Sache einmal durchlesen und eine unnachsichtliche Kritik üben. Der Aufsatz ist *kein* Lieblingskind von mir, ich vertrage daher eine solche gut. Ich weiß, daß es eine Frechheit von mir ist, schon wieder Ihre Zeit in Anspruch zu nehmen, aber Sie sind in so hohem Maße der geistige Vater meiner Triebhandlungsstudie, daß Sie mir das wirklich verzeihen müssen. Reizvoll an dem Aufsatze ist erstens der Umstand, daß drin von A bis Z nicht eine Aussage ohne vielleicht, wohl oder möglicherweise vorkommt, ferner, daß in jeder Zeile durchschnittlich dreimal Triebhandlung steht, und schließlich die vollkommene Resultatlosigkeit: Am Schluß kommt nur heraus, daß manches möglicherweise anders ist, als *Alverdes* angenommen zu haben scheint, daß es vielleicht sein könnte. Außerdem hat *jeder* in dem Aufsatz zitierte Autor (auch Sie) »darauf *hingewiesen,* daß...«. Außer solchen kleinen Feinheiten, die nur der Kenner zu würdigen weiß (besonders, wenn er kein Welcherer ist), ist mit dem Aufsatz nicht viel los.

Bitte Herr Doktor, entschuldigen Sie dieses Ansinnen und rächen Sie sich nicht für *meine* Verschwendung *Ihrer* Zeit durch eine *zu* vernichtende Kritik.

Bitte übermitteln Sie Ihrer verehrten Frau Gemahlin unsere allerherzlichsten Grüße und unsere Glückwünsche zu ihrer so schnellen Wiederherstellung, über die ich froher bin, als ich es für möglich gehalten hätte. Die eigene Einstellung zu einem Menschen wird einem oft erst klar, wenn der Betreffende in Gefahr gerät! Das ist so eine Art Schnarrreflex des Menschen.

Ich verbleibe, Herr Doktor, in wirklich aufrichtiger Hochachtung (aber immer Sie belästigend) Ihr sehr dankbarer

Konrad Lorenz

Berlin, den 16. Okt. 1931.
Verehrter, lieber Herr Kollege!

Gestern kam ich von der Jahresversammlung aus Helgoland zurück, auf der Sie hätten sein müssen.

Meiner Frau geht's gut und sie will sich nächsten Dienstag auch die andre Seite wegoperieren lassen, da sie ihr recht lästig ist.

Nehmen Sie besten Dank für Ihre freundlichen Schreiben und Ihre liebe Teilnahme.

Den »Buntspechtzeisig« hatte ich auch schon gerügt, und zwar nicht zu knapp. – Auf Ihre Triebhandlungsarbeit bin ich neugierig.

Anbei je drei Abzüge Ihrer Abfahrtsaufnahmen.

Mit herzlichen Grüßen Ihnen und Ihrer Gattin, auch von meiner Frau, stets Ihr

Oskar Heinroth

Altenberg, den 17. X. 31

Hochverehrter Herr Doktor!

Vielen Dank für die Abzüge, die mich als Erinnerung an unseren Berliner Besuch ungemein freuen! Also Ihre Frau Gemahlin will sich noch einmal operieren lassen? Ich verstehe sehr gut, daß man sich asymmetrisch nicht wohlfühlen kann und um jeden Preis die Symmetrie wieder herstellen will, aber ist es nicht doch etwas bald nach der ersten Operation? Jedenfalls spricht aber der Entschluß Ihrer Frau Gemahlin sehr dafür, daß sie sich bereits vollkommen erholt hat! Bitte aber lassen Sie uns dann wieder eine kurze Karte zukommen, wie die Sache vorübergegangen ist!

Ich hätte Ihnen heute geschrieben, auch wenn nicht Ihr Schreiben gekommen wäre, denn ich habe gestern etwas beobachtet, was – mir wenigstens – so toll erscheint, wie die zungenschluckende Nilgans mit dem Cairinus. Ich habe nämlich eine Haustaube *mit dem Fuße* Nahrung zerkleinern sehen! Es hatte ein Gemischtwarenhändler Apfelabfälle für die Tauben auf die Straße geworfen. Während nun alle andren Tauben die (zu großen) Stücke mit der bekannten Schleuderbewegung zu zerkleinern suchten, die so insufficient aussieht, packte *ein* gehämmerter grauer Tauber immer ein Stück fest in den Schnabel und kratzte dann mit dem Fuße drauf los. Er kratzte sich *nicht* am Schnabel, sondern *nur* auf dem Apfel, daß die Späne nur so flogen! Wenn er das im Schnabel gehaltene Stück klein genug gekriegt hatte, schluckte er es und sammelte dann sofort die abgeflogenen Stückchen auf. Das ganze sah so koordiniert und zweckmäßig aus wie eine richtige Triebhandlung, was es aber doch sicher nicht ist! Unter den vielen anderen Tauben, die sich mehr oder weniger vergebens mit den Apfelstückchen abmühten, wirkte der eine Tauber als Genie. Jetzt habe ich seit fast 20 Jahren immer Tauben um mich und habe nie Ähnliches gesehen. Oder kennen Sie das am Ende? In den V. M.s erwähnen Sie, wenn ich mich recht erinnere, ausdrücklich, daß Tauben nie den Fuß zu Hilfe nehmen, um Nahrung zu zerkleinern. Wie kann der *eine* Tauber das aber »erfunden« haben? Ich bin wie angewurzelt vor ihm stehen geblieben und habe gestaunt. Wann und wie mag der erste Corvide, die erste Meise, mit dem Fuß auf einen Brocken getreten sein!

Ich habe von einer Expedition in die Donauauen 1 toten Schrätzer aus einem ausgetrockneten Tümpel nach Hause gebracht. Ich werde aber jetzt doch wohl noch welche kriegen. Außerdem hat mir ein Fischer lebende Aspro versprochen. Vielleicht hält er Wort.

Meine Schwalben sind gesund und munter und singen sogar, nur durch ihre unglaubliche Unverträglichkeit gehen sie mir manchmal auf die Nerven, es vergeht keine Minute ohne Rätschen und Schnabelklappen. Das ist auch etwas, das ich nicht verstehe. Das Schließen des Schnabels erfolgt so schwächlich, daß sie dicke Mehlwürmer bei der In-den-Rachen-schleuder-Bewegung fast immer verlieren, und doch können sie die Kiefer so aneinanderschlagen, daß man es drei Zimmer weit hört! Unglaublich ist, um wieviel die Mehlschw. schlechter rütteln kann als die rustica!

Ich werde jetzt einen reizend zahmen Tukan bekommen, auf den ich brennend neugierig bin.

Bitte, Herr Doktor, richten Sie Ihrer Frau Gemahlin meine besten Grüße aus. Ich bewundere ihre Spannkraft und Entschlußfähigkeit! Mit *vielem* Dank dafür, daß Sie die »Triebhandlungen« durchlesen wollen, aber in *nicht* ganz ruhiger Erwartung dessen, was Sie dazu sagen werden, Ihr sehr ergebener

Konrad Lorenz

Altenberg, den 25ten X. 1931

Hochverehrter Herr Doktor!

Vielen Dank für Ihre Korrektur! Es ist ganz interessant, was für

Sachen man übersieht. Das vollkommene Gleichsetzen von Erbtrieb und Triebhandlung hätte sicher dem Psychologen willkommenen Kritikanlaß gegeben. Die Fremdwortfrage habe ich auch noch bearbeitet. Wir Süddeutschen gebrauchen ganz allgemein mehr Fremdworte und empfinden sie gar nicht mehr als solche. Es ist aber natürlich vollkommen richtig, daß man sie beim Schreiben nach Möglichkeit vermeiden sollte. Die Materialgeschichte im besonderen ist darauf zurückzuführen, daß ich den Aufsatz, den ich, wie schon gesagt, nicht recht leiden mag, viel zu wenig durchgelesen hatte. Eine sehr schöne Sache ist Ihnen aber entgangen: Es war nämlich an einer Stelle etwas über den Fluchttrieb der Vögel zu lesen, was ebenso neu wie reizvoll war, weil doch der Fluchttrieb der Vögel beim Pfleger so leicht den Fluchttrieb oder die artspecifische Reaktion zum Andiewandschmeißen von Lerchen auslöst.

Ich bin Ihnen für die ungeheuer genaue Durcharbeitung des Geschreibes aufs Äußerste zu Dank verpflichtet und hätte Sie nicht darum zu bitten gewagt, wenn ich geahnt hätte, daß Sie es *so* genau machen würden. Die Arbeit ist aber dadurch sicher sehr wesentlich besser geworden, während ich sie noch so oft hätte durchlesen können, ohne zu einer namhaften Verbesserung zu gelangen. Ich bin ungeheuer gehoben von der Tatsache, daß Sie gegen nichts Wesentliches Einspruch erhoben haben. Ich war nämlich vollkommen darauf gefaßt, daß Sie sagen würden, die ganzen Behauptungen seien viel zu wenig durch Beispiele gestützt, um überzeugend zu sein und ich solle die ganze Sache nicht in diesem Zustande veröffentlichen. (Ich hätte es dann auch sicher wirklich nicht getan.)

Meine Beobachtungen an den im Zuge steckengebliebenen Schwalben will ich gerne für den »Vogelzug« zusammenfassen, wenn Interesse dafür vorhanden ist. Mir ist nur eines noch ganz unklar, was ich vorher wissen möchte: Man sieht doch Schwalben oft am Tage, besonders in den Morgen- und Abendstunden, in Scharen ziehen. Meine »ziehen« aber neuerdings auch nachts, indem sie in dem für menschliche Begriffe dunklen Zimmer rüttelnd herumfliegen. Sie rutschen dabei nie an der Wand herunter und landen zum Schluß immer, ohne gegen die Scheiben geflogen zu sein, am Fensterbrett. Des Morgens fangen sie mit der allerersten Dämmerung (lange bevor eine Dohle aufwachen würde) an, im Zimmer in großer Geschwindigkeit und mit auffallend lautem Fluggeräusch herumzusausen. Auch das machen sie aber erst seit ungefähr einer Woche. Bis dahin verhielten sie sich punkto Aufwachen wie irgendein nichtziehender Körnerfresser. Jedenfalls sind doch die Flugzeugschwalben, soweit sie überhaupt leben geblieben sind, auch nicht weitergezogen, bevor sich ihr Körperzustand bis zum Wiedererwachen des Zugtriebes gebessert hatte. Dr. Sassi hat einige 70 von ihnen beringt, vielleicht hört man noch was von denen. Weiß man irgend etwas über den Nachtzug der Schwalben? Nach dem, was meine tun, müßte man annehmen, daß sie in der Nacht lautlos und einzeln fliegen und in den Morgen- und Abendstunden lockend in Scharen! Wie »gehört« das?

Der Artikel »Es gibt keine Instinkte« hat mich sehr geärgert, weil er in guten Sätzen Falsches behauptet. Wir haben doch wiederholt darüber gesprochen, daß ein Vogel bei irgendeiner Triebhandlung, sagen wir beim Füttern, Lustgefühle hat. Sie haben einmal gesagt, der junge Kuckuck sei ein Laster seiner Pflegeeltern! Ich bin aber vollständig überzeugt, daß Ziegler recht hat, wenn er sagt, daß Lust und Unlustgefühle wohl nur dort vorkommen, wo entsprechende Associationen gebildet werden können, wo sie also eine biologische Bedeutung haben. Jedenfalls kommt es mir sehr komisch vor, daß eine Fliege sagen soll: »Ah, hier war das Eierlegen einfach himmlisch, das nächste Mal lege ich auch nur wieder auf Aas!« Der Mann vergißt auch zu erklären, wie die Fliege zum erstenmal auf Aas verfällt. Ich schicke den Artikel beiliegend zurück und danke noch bestens für ihn.

Bitte Herr Doktor, grüßen Sie Ihre Gemahlin recht herzlich von meiner Frau und mir und sagen sie ihr, sie solle sich von dieser Operation auch so rasch erholen wie von der ernsteren ersten! Ich wäre Ihnen auch sehr dankbar, wenn Sie mir in einiger Zeit eine kurze Nachricht über das Befinden Ihrer Frau Gemahlin zukommen lassen würden!

Ich bedanke mich nochmals sehr für die viele Mühe, die Sie auf meinen Aufsatz aufgewendet haben und verbleibe in immer gleicher Hochachtung, Ihr sehr ergebener

Konrad Lorenz

Berlin, den 28. Okt. 1931.
Lieber Herr Kollege!
Auf Ihrem Brief, der gestern, am 27. 10., eintraf und die hochwichtige Taubenbeobachtung enthielt, steht der 17. 10., und da er keinen Bezug auf Ihre zurückgeschickte Triebhandlungsarbeit nimmt, so ist das Datum wohl richtig? Ich nehme an, daß der Brief einzustecken vergessen worden war.

Hoffentlich ist nun mein dicker Brief mit Ihrer Arbeit und meinem Schreiben inzwischen richtig bei Ihnen angekommen?
Hier geht alles gut. Meine Frau heilt vorschriftsmäßig und läßt Sie und Ihre verehrte Gattin recht herzlich grüßen. Auch von mir die besten Grüße, stets Ihr

Oskar Heinroth

N. B. Das neue Buch von Geh. Ludwig Heck »Schimpanse Bobby und meine andern Freunde«, Verlag Carl Reissner, Dresden (5,80 M), müssen Sie unbedingt lesen. Es enthält manches Köstliche, namentlich über Leitungsaufsätze, zoologische Gartenbesucheransichten und verkehrte Bildunterschriften. Leider sind aber die Bilder z. T. gar nicht mit dem Text in Zusammenhang zu bringen und vom tierpsychologischen Standpunkte aus unverständlich.

[Eing. 11. 11. 31]
Hochverehrter Herr Doktor!
Ich sehe jetzt plötzlich, daß der Brief von Herrn Werner Küchler, Zool. Mus. (Anfrage um Brütalter von Eichelhähern), von *Ihnen* an mich geschickt wurde! Ich hab keine Ahnung, wann Häher brüten. Nach vielen anderen Kleinvogel-Eigenschaften könnten sie eigentlich ganz gut im ersten Jahr brüten! Bei Dohlen ist offenbar nicht einmal der Mann im ersten Frühjahr zeugungsfähig. Nämlich: Ich komme mehr und mehr zu der Überzeugung, daß der Partner, mit dem Rotgelb heuer gebrütet hat, doch ein ♂ ist, nur hatte das alte Prachtweib dem schüchternen Jüngling gegenüber die Hosen an, was *jetzt* nicht mehr der Fall ist. Über solches »relativ geschlechtliche Verhalten« haben wir ja schon gesprochen anläßlich der Raben-

jungfrau, die gegen ihre Schwester als ♂, gegen den alten ♂ aber als ♀ balzte. Kramer hatte eine Krähe, die gegen ihn weiblich balzte, sich aber bei der Totenschau als ♂ erwies. Toll ist bei den Dohlen aber doch, daß ein starkes altes Weib sich einem jugendlichen ♂ gegenüber als verhältnismäßiger Mann fühlt und umgekehrt! Der Mann hat ja heuer eine besondere Mulde für sich auf das gemeinsame Nest gebaut!

Also was sagen Sie zu der mit dem Fuß die Nahrung zerteilenden Taube? Können Sie sich vorstellen, *wie* ich da dreingeschaut habe?

Leider frieren die Seidenreiher schon ziemlich, ich glaube, ich muß sie in absehbarer Zeit in einen geheizten Raum bringen.

Ich bin immer noch ganz gehoben von Ihrer Kritik meiner »Triebhandlungen«, weil ich wirklich eine andere Beurteilung erwartet hatte. Für die genaue Durcharbeitung bin ich nach wie vor unaussprechlich dankbar.

Es freut uns überaus zu hören, daß Ihre Frau Gemahlin auch diese Operation so gut überstanden hat. Es war ja zwar wirklich so zu erwarten, aber man ist doch bei so was immer beunruhigt! Bitte, Herr Doktor, richten Sie ihr unsere besten Grüße und Glückwünsche aus!

Hier gibt's weiter nichts Neues. Die Schwalben nehmen an Beweglichkeit und Frische immer mehr zu und es singen jetzt drei von vieren. Bemerkenswert ist höchstens, daß sie um keinen Preis auf einer Sitzstange sitzend übernachten wollen, sondern sich immer hochliegende, *waagrechte* Ebenen aussuchen, wo sie sich wie Enten niederlegen. Wenn ich das Licht ausdrehe, solange sie auf Stangen sitzen, fliegen sie dann im Dunklen ab. Durch Ab- und Wiederandrehen kann ich sie zu »Schlafengehen« sofort veranlassen. Für die Gesund-Erhaltung der Füße ist dieses Liegendschlafen sicher begrüßenswert!

Ich verbleibe, Herr Doktor, mit nochmals vielem Dank, Ihr sehr ergebener

Konrad Lorenz

P. S. Heut hab ich den Tukan bekommen. Er ist ausgesprochen klüger als gleichgroße Rabenvögel. Er hat die erstmalig geöffnete Käfigtür nach ung. 5 Min. gefunden, war aber beim zweitenmal im Bruchteil einer Sekunde draußen. Im Zimmer hat er nach unglaublich wenigen Fehlversuchen herausgehabt, wo man fußen kann und wo man abrutscht.

Ich habe laut aufgelacht, wie er abends plötzlich den Schwanz auf den Rücken gelegt hat. Ich habe diese Schlafstellung vorher nie gesehen und nie davon gehört. Ich bin sehr neugierig, wie der Vogel freifliegend zu halten sein wird, bin aber fast überzeugt, daß die Freifluggewöhnung möglich sein wird. *Wozu aber hat das Vieh diesen Schnabel???* Ich habe zugleich mit dem Tukan den »Schimpansen Bobby« gekriegt (Geburtstag) und finde ihn bis auf die Bildunterschriften ausgezeichnet. Vielen Dank für Aufmerksam-machen!!

Berlin, den 11. 11. 1931

Lieber Herr Kollege!

Soeben kurz vor unserer Abreise nach der Adria traf Ihr lieber Brief hier ein.

Ich meine auch, daß Eichelhäher schon im Alter von 1 Jahr fortpflanzungsfähig werden, aber man kann ja nicht wissen. Diese Geschlechtsumstellungen »je nach Bedarf« sind doch recht eigenartig. Ich ärgere mich dabei immer wieder über einen Trompeterschwan, den ich wohl an die acht Jahre lang für ein Weibchen gehalten hatte, da er in jeder Weise die Frau eines Höckerschwans spielte und sich immer mit großer Hingebung treten ließ. Schließlich entpuppte er sich dann doch als Mann! Ich war der Hereingefallene, weil ich ihn als sicheres Weibchen zu Blaauw geschickt hatte.

Ihre nahrungszerteilende Taube geht mir die ganze Zeit im Kopfe herum. Mit diesem Tauber müßte man unbedingt züchten und sehen, ob er ebenso erfindungsreiche Kinder in die Welt setzt. Das wäre doch einmal ein Punkt, an dem man den Beginn von Triebhandlungen erfassen könnte. Können Sie das Tier nicht erwerben und mit ihm züchten?

Hier im großen Flugkäfig des Zoo sind die Seidenreiher immer im Freien und bei diesem Wetter denkt noch gar niemand daran, sie hereinzunehmen, höchstens bei sehr strenger Kälte.

Die eigentümliche Schlafstellung des Tukans ist schon im Brehm beschrieben und jetzt wieder im Handbuch der Zoologie, Vögel, 6. Lieferung, von Stresemann abgebildet. Diese 6. Lieferung ist übrigens großartig, da darin auch der Flug, das Gehen, Schwimmen und Tauchen behandelt werden.

Wozu der Tukanschnabel da ist, scheint ebenso unbekannt zu sein wie der Zweck des Riesenschnabels der Nashornvögel.

Indem ich Ihnen nachträglich zu Ihrem Geburtstag die besten Wünsche schicke, bin ich mit den besten Grüßen, auch an Ihre verehrte Gattin, Ihr

Oskar Heinroth

Altenberg 14. I.32

Hochverehrter lieber Herr Doktor!
Hochverehrte liebe Frau Doktor!

Bitte vor allem verzeihen Sie, daß ich jetzt erst schreibe. Das erklärt sich daraus, daß ein anderer Assistent des hiesigen Institutes nach Hamburg fahren mußte, um seinen kehlkopftuberkulosen Bruder abzuholen und ich daher außer der Vorlesung noch einen Seziersaal mit 408 Studenten zu bewirtschaften hatte.

Vielen Dank für Ihren lieben Doppelbrief. Wir freuen uns wirklich sehr, wenn es Ihnen bei uns gefallen hat und hoffen auf Wiederholungen Ihres Besuches! Ich hätte aber nicht erwartet, daß Sie sich so für unsere Menschen-Aufzuchten interessieren. Auch diesen Tieren geht es sehr gut.

Bezüglich der Raben habe ich recht Erfreuliches zu berichten. Ich hatte ihnen am 30. XII. wieder eine Nestgrundlage und Niststoffe geboten. Sie bauten dann etwas an dem Kunstnest herum, zerstörten es aber plötzlich wieder ganz. Daraufhin ging ich einige Zeit nicht in den Käfig und fand am Sonnt. 10. XII. am *Boden* des Käfigs, ganz hinten in einem spitzen Winkel hinter dem Dachgesimse, eine wohlgeflochtene Nestanlage. Die Mulde war ganz hinten im Winkel, alles andere war »Rand« eines eigentlich so groß zu denkenden Nestes.

Das Ganze ist aus merkwürdig dünnen Reisern gebaut, alle über bleistiftstarken wurden weggeworfen. Bauen sah ich hauptsächlich den Mann. Die beiden sind jetzt *ganz* freundlich miteinander.

Das ornithologische Christkindl hat 3 reizend zahme Schwarzstörche gebracht. Es sind wohl 2 ♀ und 1 ♂. Das ♂ war anfänglich am scheuesten, aber seit einiger Zeit ist es am zahmsten von den dreien und begrüßt mich mit heruntergezogenem Zungenbein, so wie Sie Ihren Schorsch aufgenommen haben. (Er heißt natürlich auch Schorsch.) Alle 3 Schwst. drängen sich quietschend um meine Knie, wenn ich in ihre Kammer trete, auch wenn sie eigentlich nicht hungrig sind. Sehr auffallend war mir, um wieviel geschickter sie in dem winzigen Zimmer fliegen, als es Hausstörche tun. Aber auch Gitter gegenüber sind sie viel gescheiter. Die Weißstörche sind immer etwas ungern in unserem Garten niedergegangen, weil er ihnen zu waldig und bergig war. In dieser Hinsicht eignen sich die schwarzen wohl sicher besser für meine Zwecke. Als Werbemittel für unsere Station sind doch sicher freifliegende Schwst. als Lockmittel für Naturdenkmalpfleger sehr brauchbar.

Den Reihern geht es sehr gut, nun bin ich leider in voriger Woche einem Seidenreiher auf die Zehe getreten, ein Unfall, den ich immer schon vorausgesehen habe, weil die Seidenreiher immer *hinter* mir gegen verfolgende Feinde Deckung nehmen. Er lahmt immer noch auf dem getretenen Bein, obwohl der Unfall vor mehr als einer Woche war.

Es ist eigentlich sehr schade, daß Ihr nächstes Hiersein ja wieder in eine Zeit fallen wird, wo viele von meinen Freifliegern, vor allem Störche und Dohlen, schon wieder eingesperrt sind! (Wenn erstere nicht wieder 5 Min. vor Torschluß ausrücken.)

Ich bemühe mich gegenwärtig (d. i. seit heute), alles, was ich über die Flugtechnik der Vögel an meinen Paradefliegern »gesehen zu haben behaupten zu dürfen glaube«, in geschriebene deutsche Sprache zu fassen, was viel schwerer ist als einfach Beobachtungen biologischer Natur zu erzählen. Trotzdem hängt also schon wieder das Damoklesschwert einer Manuskriptzusendung über Ihrem Haupte.

Zum Schluß möchten wir Sie beide nochmals versichern, daß Sie uns mit Ihrem lieben Besuch wirklich die allergrößte Freude gemacht haben, auf deren Wiederholung wir uns jetzt schon freuen.

Mit den allerherzlichsten Grüßen von Käfig zu Käfig Ihre getreuen

Konrad und Margarethe Lorenz

Turrach, März 32

Wir beschäftigen uns hier mit einer gewissen Leidenschaft mit Skifahren! Meine ständigen Freunde sind 2 Rabenpaare, die sich unglaublich ähnlich verhalten wie meine zuhause, vor allem ebenso übermütig sind. Über den Viehbestand zuhause folgt ein Bericht.

Mit den herzlichsten Grüßen Ihr sehr ergebener

Konrad Lorenz

Bestens grüßt

Ihre Marg. Lorenz

(Postkarte, undatiert)

Wir sind hier auf einer prächtigen Oster-Skitour, es ist aber auch ornithologisch viel los, es gibt 2 Paare *Raben*, Tannenhäher in unglaublicher Menge (es ist fast überall Arvenwald). Alpendohlen fehlen merkwürdigerweise, dagegen wimmelt es von Flüevögeln. Als wir wegfuhren, hatten unsere Raben ein Nest gebaut, doch ohne rechten Eifer! Mit den herzlichsten Grüßen Ihr getreuer

Konrad Lorenz

Es tut uns außerordentlich gut, daß wir wieder einmal eine Zeit der körperlichen Ertüchtigung eingeschaltet haben. Ich habe vor

Ostern wieder d. Prüfungen gemacht. Jetzt sind es nur unter 7.
Herzliche Grüße, auch an Ihren Mann, Ihre
Margarethe Lorenz

Altenberg, den 29. III. 32
Proskriptum: Verzeihen Sie gütigst die Endlosigkeit dieser Epistel!

Hochverehrter, lieber Herr Doktor!
Obwohl die Zeiten eigentlich ereignisarm sind, haben sich inzwischen doch so viele Tatsachen gesammelt, daß ein Bericht am Platze scheint. Das meiste von dem zu Berichtenden ist unerfreulich.

Erstens: Hat sich herausgestellt, daß die Gemeinde Wördern, die mir den Großteil des Stationsgeländes verpachtet hatte, hiezu kein Recht besaß! Sie hatte überhaupt *nur* die Weidennutzung vom Strombauamt gepachtet und hatte die Frechheit, mir vorzuspiegeln, sie sei die zuständige Behörde und mir 200 S abzuknöpfen, die sie allerdings rückerstattet hat. Jetzt habe ich eine Eingabe gemacht, in der *ich* um pachtweise Überlassung des ganzen in Frage kommenden Gebietes ansuche. Wahrscheinlich werde ich keine abschlägige Antwort bekommen, so wahrscheinlich man in Österreich überhaupt was voraussagen kann.

Zweitens: Haben wir am 26ten März morgens den schwächeren Ihrer Seidenreiher mit einem offenen Bruch eines Oberschenkels vorgefunden, an dem er am nächsten Tag gestorben ist. Wie er sich das gemacht hat, ist mir schleierhaft. Für mich ist dieser Todesfall ein um so härterer Schlag, als die beiden Geschwister deutliche Anzeichen gegeben hatten, daß aus ihnen ein Paar würde. Man wird wirklich Kummer gewohnt!

Drittens! Haben die 2 Raben ihr schönes Nest vollständig zerstört und zeigen keine Lust, ein neues zu bauen. Manchmal habe ich den Eindruck, sie brüten erst 3jährig: Der Mann ist heuer mit ganz anderem Eifer dabei gewesen als im Vorjahr, allerdings hat seine heurige Gemahlin, die ja wie die vorjährige 2 Jahre alt ist, auch eifriger getan als jene. Das Paar ist immer noch sehr zärtlich miteinander und balzt ununterbrochen, so daß ich immer noch etwas hoffe.

Viertens: Hat ein Fuchs sich über meine Cairinas hergemacht, eines Morgens lagen nur zwei tote Leichen auf dem Teiche, alles andere war verschwunden. In anstrengender Treibjagd fingen wir im Lauf der nächsten Tage 10 St. von den fehlenden 13, mußten aber davon noch zwei Schwerverwundete aufessen. (Sie waren ausgezeichnet.)

So, das wäre das Unerfreuliche.

Neuangeschafft sind: 3 Mönchssittiche, die ungefähr so schwierig ans Freifliegen zu gewöhnen waren wie Haushühner. Sie haben bereits ein gewaltiges Nest und beleben den Garten sehr nett. Sie stoßen auf die Raben, wo sie sie begegnen. Heute wollte einer der jüngeren Raben mit naiver Offenherzigkeit sie fangen. Darüber unterhielten sie sich so königlich, daß sie manchmal beinahe erwischt worden wären. Es entstanden fast ähnliche Bilder wie zwischen Elster und Hund. Übrigens warnten die Raben »auf Raubvogel«, als sie die Sittiche erstmalig über sich sahen, während umgekehrt die Rabenflugbilder die Sittiche von Anfang an kalt ließen!

Ferner gibt es 8 Hochflugenten (2 ♂ 6 ♀), 2 Bastarde Hochflug × Rouenente und 1 Bastard Hochflug × gew. Hausente. Die reinrassigen Hochflugenten fliegen *merkwürdig* viel und gerne. Ich habe das Gefühl, sie fliegen *mehr* als meine reinblütigen Stockenten (die allerdings mit nichtfliegenden Hausenten verheiratet gewesen sind). Diese Enten hier kreisen viertelstundenlang in hoher Luft, fliegen bis über die Donau, und ich finde es jedesmal geradezu rührend, daß sie ausgerechnet auf meinen winzigen Teich zurückkommen. *Wie* man dieser Rasse diese Kombination von Fluglust *und* Ortstreue angezüchtet hat, ist mir eigentlich unverständlich. Sehr interessant ist das Verhalten der Bastardenten in bezug aufs Fliegen: Die Rouenkreuzungen sind klein, dunkel, wildentenartig, fliegen aber *nicht*, d. h., es fehlt ihnen die Coordination des Sich-Duckens und In-die-Höhe-Springens, sie wollen höchstens laufend und flügelschlagend vom Boden abkommen, was ihnen kaum je gelingt. Hingegen fliegt die viel größere weißbunte Hausentenkreuzung öfters mit den Hochflugenten, weil bei ihr das Abflugmanöver noch klappt. Sie tut das aber wohl nur, weil sie »allein« unter den Fliegern ist, die sie kennt, während die Rouenkreuzungen von anderer Seite stammen. Wichtig scheint mir, daß die Hochflugenten von Anfang an *»den Berg beherrschten«* (im Gegensatz zu den Nachtreihern), das heißt auch zielbewußt bergauf nachhause gekreist kamen, wenn sie tief zu Tal verschlagen worden waren. Sicher werden mir aber viele von ihnen geschossen werden, denn im Fluge sind sie absolut nicht von Stockenten zu unterscheiden. Ich habe recht viel Freude an den Tieren und sie ersetzen mir wirkliche Wildformen.

Ich bekomme von Prof. Antonius einige reine Stockerpel und 1 ♂♀ Graugänse, die hoffentlich brüten werden. Außerdem habe ich von 2 verschiedenen Stellen Eintagsküken von Graugänsen bestellt, bin aber überzeugt, daß es mir wie im Vorjahre nicht gelingen wird, welche zu kriegen. Gibt es im Berliner Zoo brütende Graugänse? Glauben Sie, Herr Doktor, daß Dr. Heck mich »hinauswirft«, wenn ich ihn um Eintagsküken anbettle?

Vor einigen Wochen verhandelte ich mit einem Tierhändler in Kärnten über den Ankauf eines Orange-Tukans. Ich bot ihm schließlich 80 S, worauf bei − 8 °C, *ohne* daß ich eine feste Bestellung abgegeben hatte, per Nachnahme ein *bis zum Skelett* abgemagerter, mit *wütenden* Durchfällen *und* einer Lungenentzündung *und* schweren Erfrierungen der Füße behafteter Vogel bei mir eintraf. Er konnte überhaupt nicht mehr auf einer Stange sitzen und *lag* am Boden, mit dem Schnabel aufgestützt. Die Durchfälle und die Abgezehrtheit hatte das Vieh natürlich schon vorher gehabt und *deswegen* hatte es der Hund von einem Händler so Hals über Kopf abgeschickt. Der Witz war aber, daß dieses Unglücksvieh auf eine pferdemäßige Tannalbin-Medikation *gesund* geworden ist, bis auf einen Fuß, den es nicht ganz schließen kann, daß es also nur auf dikken Dingen damit fußen kann.

Die Schwarzstörche haben im Feber zu mausern begonnen, sind aber längst nicht fertig damit, wiewohl ich stark geheizt und erstklassig gefüttert habe. Macht das was? Die Tiere sehen sonst gesund aus, sind sehr zahm und betteln um nichts weniger als Nestvögel!

Die Nachtreiher habe ich heute ins Freie übersiedelt, nachdem ich vorher neue Bäume mit Nestkörben im Flugkäfig angebracht hatte. Die Vögel begannen buchstäblich sofort zu bauen! Man hatte den Eindruck, so sehe es aus, wenn die Tiere von der Winterherberge in die Brutkolonie zurückkommen! Ob sie wirklich brüten? In den »Vögel M's« steht zwar: »Sowohl ♂liche als ♀liche Stücke brachten es schon von Ablauf des 1. Lebensjahres zu usw.«. Aber da lese ich zwischen den Zeilen, daß diese »Stücke« immer mit *älteren* und nicht *miteinander* verheiratet waren, so wie der junge Kasarka-Mann. Stimmt das? Sehr neugierig bin ich, ob die Reiher ihre Freiflugorientierung vergessen haben oder nicht. Den Käfig schienen sie gut zu kennen.

Außer den Graugänsen möchte ich heuer irgendwelche Großmöwen aufziehen. Ich werde versuchen, durch meinen Freund Hellmann aus Holland welche zu kriegen. Weiters soll ich einen jungen Kuttengeier kriegen. (Im Vorjahr habe ich einen solchen *nicht* gekauft, weil der Händler mir versprach, er würde einen viel jüngeren bekommen.) Das wäre so ein Paradeflieger für Flugstudien! Sonst habe ich nur Seidenreiher bestellt, die ich kaum kriegen werde.

Bitte, Herr Doktor, lassen Sie uns, wenn Sie einmal Zeit haben, hören, wie es Ihrer Frau Gemahlin geht. Uns, einbegriffen die Nachzucht, geht es gut, nur ich, das erwachsene ♂, habe mir am Heimweg der herrlichen Skireise einen Schnupfen mit Mittelohrreizung aufgeklaubt, so daß alle Vögel (außer den Raben) mich nur mit Mißtrauen und kalter Verachtung betrachten!

Ich habe die schon einmal erwähnten »Beobachtungen über Fliegtechnik der Vögel« jetzt noch einmal durchgelesen und sie kommen mir jetzt etwas besser vor, nachdem ich sie 3 Wochen habe

»abliegen« lassen. Wäre es sehr frech von mir, wenn ich Ihnen, Herr Doktor, eine Begutachtung zumuten würde? Sie sind eben mein geistiger Vater geworden und Vater werden ist nicht schwer, Vater sein hingegen sehr! Deshalb verzeihen Sie mir *bitte* diese Zudringlichkeiten! Bitte empfehlen Sie mich noch *recht sehr* Ihrer Frau Gemahlin. Mit den besten Grüßen Ihr sehr ergebener und dankbarer
Konrad Lorenz

(Berlin), 13. 4. 32
Lieber Herr Kollege!
Zunächst einmal eine zunächst rein persönliche Anfrage. Die D. O. G. hat in Österreich ungefähr 200 Schillinge gut, die wir nicht hereinbekommen können. Sie wissen ja, daß wir die Absicht hatten, Ihre wissenschaftlichen Forschungen zu unterstützen und es ist Stimmung dafür, Ihnen diese Summe zu stiften. Sie müßten nur die Freundlichkeit haben, uns in einem besonderen kleinen Schreiben anzugeben, wofür sie verwendet werden soll, damit wir eine entsprechende Abrechnung darüber machen können.

Ihren Brief vom 29. 3. 32 haben wir mit Andacht gelesen und uns in Ihr Wohl und Wehe eingefühlt. Nehmen Sie auch unseren besten Dank für das allerliebste Photo der herzigen Nackedeis in der Badewanne, das uns immer wieder an die schönen Stunden erinnert, die wir bei Ihnen verleben durften.

Schreiben Sie doch einmal an Dr. Lutz Heck wegen der Graugans-Kücken, ich werde mich dann erkundigen, ob sie auch wirklich von reinblütigen Eltern sind, also ob nicht Hausgans mit darin steckt.

Ihre Beobachtungen an den Hochflugenten sind sehr wichtig. Könnte man an diesen Tieren nicht Versuche über den sogenannten Ortssinn machen? Haben Sie wildfarbige, die ja wegen der Stockenten-Ähnlichkeit sehr gefährlich sind, oder weißfleckige?

Ich glaube, daß Störche in der Fortpflanzung nicht durch die ja sehr langsam verlaufende Mauser gestört werden.

Daß vorjährige Nachtreiher miteinander gebrütet haben, ist bisher anscheinend nicht nachgewiesen. In den von mir beobachteten Fällen war immer nur einer vorjährig, der andere ausgefärbt.

Der Übersendung Ihrer in Aussicht gestellten »Beobachtungen über Fliegtechnik der Vögel« sehe ich mit Freuden entgegen. Es freut mich sehr, wenn ich mich über die Arbeit schon vorher »belernen kann«, ehe sie erscheint.

Wir sind über Ihre Mittelohr-Reizung, die Sie bildlich so wundervoll wiedergeben, traurig und nehmen als selbstverständlich an, daß das Übel inzwischen behoben ist, sowie außerdem, daß es auch den Ihrigen gut geht.

Ich selbst habe in den letzten Wochen den üblichen leicht fieberhaften Schnupfen, Kehlkopf- und Bronchial-Katarrh gehabt, den man ja meist einmal im Jahre durchzumachen hat.

Meine Frau hat sich vor 4 Tagen ein am Unterrande der linken Brust frisch entstandenes Knötchen wegoperieren lassen. Es war eine Stelle, die damals weder vom Messer noch von der Bestrahlung berücksichtigt worden war. Sie ist jetzt mit Schonung seit vorgestern wieder zu Hause und läßt recht herzlich grüßen.

Nun seien auch Sie und die verehrten Ihrigen recht herzlich gegrüßt von Ihrem stets getreuen

Oskar Heinroth

Altenberg 22. V. 32

Hochverehrter, lieber Herr Doktor!

Ich bestätige mit vielem Dank den Erhalt der 200 S. Ich werde darum Stoffe zur Einzäunung des Stationsgebietes einkaufen, und zwar Beton, Eisenrohre und verzinkten Eisendraht. Das Gesuch um Pachtung des gewählten Geländes ist noch immer nicht erledigt. Ich gehe nächster Tage mit Dr. Sassi wieder auf das Strombauamt, die Sache zu betreiben und zu beschleunigen. Ich lasse sämtliche Hochbrut- und Türkenenteneier ausbrüten, die ich habe, um möglichst viele Vögel zur vorläufigen Besetzung der Insel zu bekommen.

Von meinen Vögeln ist zu berichten, daß sämtliche Reiher tadellos hiergeblieben sind, der fehlende Schwarzstorch nichts von sich hören ließ, das Dohlenpaar auf 5 Eiern brütet (es sich also zeigen wird, ob es ein ♀♀–paar ist oder nicht), ein Nachtreiher, der sich zwischen Fasankäfig und Tennisplatzgitter »verheddert« hatte, von den Raben getötet wurde, ein Kolkrabe vom Vorjahre in Höflein

(3 km stromab von hier) geschossen wurde, und noch einiges dergleichen mehr.

Von der Flugarbeit schreibe ich eben jetzt den ersten Teil »ins Reine« und schicke ihn dann. Ich bin Ihnen unglaublich dankbar, daß Sie die Sache wirklich durchsehen wollen. Sehr gespannt bin ich auf die Grauganskücken. Hoffentlich werden sie geboren, denn nach dem Briefe, den mir Graf Zedtwitz schrieb, schien die Brut noch nicht so ganz sicher.

Den Versuchen über »Richtungssinn« stehe ich ebenfalls voll Erwartung gegenüber. Ich will sehen, ob Tauben, die nie freigeflogen waren, wenn man sie einige km weit fortbringt (daß sie das Zuhause nicht mehr sehen), sich anders verhalten als solche, die längere Zeit flogen. Dann will ich Ähnliches mit Enten versuchen, die ja im Heimfinden ganz Erstaunliches leisteten, als sie kaum einige Tage im Garten eingewöhnt waren. Ich bin neugierig, ob da irgend etwas herauszubringen ist.

Bitte empfehlen Sie uns recht sehr Ihrer Frau Gemahlin! Wir freuen uns jetzt schon auf den 1.–4. Oktober, nur sollte es natürlich der 1.–4. Juli sein, wo Dohlen, Störche und andere Herbstzieher noch freifliegen dürfen. Ich verbleibe, Herr Doktor, mit den allerbesten Grüßen Ihr aufrichtig dankbarer

Konrad Lorenz

Berlin, den 30. 6. 32

Lieber Herr Kollege!

In der Essener Vogelwarte (eine Ausstellung meist heimischer, lebender Vögel) sah ich vorgestern drei diesjährige, etwa fünfwöchige, und zwei vorjährige rein weiße Enten, die von angeblich reinen Stockenten abstammen. Ich halte die Alten aber für spurweise von Hausentenblut durchmischte Vögel. Auffallend ist, daß unter den zahlreichen Jungen nur ganz wildfarbige und völlig weiße sind, diese Jungen wurden dort für Brand-Enten gehalten! Vielleicht sind diese Tiere etwas für Sie, und Sie können sie sicher billig bekommen. Anschrift: Vogelwarte Essen/Ruhr, Herrn Förster Frommhold.

Mit vielen herzlichen Grüßen von Haus zu Haus Ihr

Oskar Heinroth

(Altenberg), Donnerstag 7/VII 32

Hochverehrter, lieber Herr Doktor!

Vielen Dank für Ihre Karte. Dem Enten-Förster werde ich gleich schreiben, denn mich interessieren diese weißen Stockenten natürlich sehr. Da Mark hier so gut wie nicht zu bekommen sind, werde ich versuchen, einen Tauschhandel mit Türken- oder Hochbruten zu »tätigen«. Spricht nicht die Tatsache, daß die Weißlinge plötzlich, ohne scheckige Übergangsformen auftreten *dafür,* daß es wirklich reinblütige Stockenten sind? Alle mir bekannten weißscheckigen Enten sind in einer ganz bestimmten Reihenfolge der Körperstellen weiß »geworden«. Zuerst in der Gegend des Erpelhalsringes und der Handschwingen usw. Wenigstens kann ich mich nicht erinnern, je einen Schecken gesehen zu haben, an dem die genannten Stellen wildfarbig waren. Ich habe das (vielleicht ganz falsche) Gefühl, daß es sich da um ein Persistieren der hellen Stellen im Kückenkleid handelt, denn auch Cairinas haben ihre weißen Flecken (abgesehen nat. von den Flügelbugen) so gut wie immer in den Gegenden, die im Kückenkleid gelb sind.

Ich habe an einer Hochbrutente eine mir neue Triebhandlung gesehen: Ein Nachtreiher schlich sich an eine kückenführende Ente an, packte ein Junges und lief damit davon. Die Mutter flog ihm nach, riß ihm *mit dem Schnabel* das Junge aus dem Schnabel und warf es unter und hinter sich. Dann erst ging sie mit den Flügelbugen dem Reiher zu Leibe. Kennen Sie die sonderbare, von oben nach unten gehende Kippbewegung, die stattfindet, wenn Enten Fliegen fangen? Genauso schnappte die Ente das Junge aus dem Schnabel des Reihers. Um meiner Sache sicher zu sein, führte ich dieselbe Situation nochmals herbei und konnte dieses Aus-dem-Schnabel-Reißen noch 2mal sehen. Nun habe ich mich schon oft darüber geärgert, daß Entenmütter, denen man Junge wegnimmt (oder unterschiebt), bei ihren Angriffen auf die menschliche Hand immer das Junge treffen (wie ich meinte, aus Versehen). Schon lange halte ich daher immer die andere Hand gespreizt über die das Kücken umfassende, habe mir aber nie die richtigen Gedanken darüber gemacht. Ich schreibe Ihnen diese Beobachtung nur, da es immerhin der Zufall wollen könnte, daß Sie das noch nicht gesehen haben: Es scheint zum Zustandekommen der Reaktion notwendig zu sein, daß das Junge ziemlich frei in der Luft hängt, sei es in einem Schnabel oder einer Klaue, und vielleicht waren bei Ihnen im Zoo diese Bedingungen nie gegeben. Mir war es jedenfalls vollkommen neu!

Gestern geriet zum erstenmal eine meiner beiden jungen 7/8Grau-1/16Haus-1/16Höcker-Gänse in die Luft hinauf, kreiste die längste Zeit und brachte es partout nicht fertig, wieder im Garten einzufallen. Sie flog dann ermüdet weg, aber heute morgen fand ich sie zu meinem freudigen Erstaunen wieder im Garten vor.

Leider beginnen seit einiger Zeit die Nachtreiher immer weiter zu fliegen (bis über die Donau) und immer weniger zuhause zu sein. Als nun einer ganz ausblieb (seit 3 Tagen), lockte ich die anderen in den Käfig. Die Seiden- und der Rallenreiher sind immer daheim, ebenso das Rabenpaar.

Heute bekam ich aus dem zoologischen Institut eine kleine Trappe, die aber sehr abgehungert ist und wohl sterben wird. Nach Ihren Bildern ist sie ungefähr 14 Tage bis 3 Wochen alt. Hinten hat sie eine große Concavität, wo der punktiert gezeichnete Bauch fehlt.

Ich habe heuer einen Mönchssittich jung aufgezogen und zugleich mit ihm im gleichen Kunstnest einen Kernbeißer. Es war sehr schön, wenn beide zugleich bettelnd wackelten, der Sittich in der Lot-, der Beißer in der Waagerechten. Der Sittich ist übrigens jetzt, lange nach dem Flüggewerden, *vollkommen orientierungsunfähig*, genau wie eine Dohle, nur ist das bei ihm noch mehr im Gegensatz zu der geradezu großartigen Orientierungsfähigkeit der alten Tiere seiner Art.

Im übrigen ist der Vogel sehr interessant. Z. B. geht er stundenlang auf den Kieswegen spazieren und versucht, die Kiesel zu schälen. In wahrhaft jugendlichem Idealismus läßt er sich durch die ständige Erfolglosigkeit dieser Bemühungen nicht entmutigen, sondern probiert unentwegt einen Kieselstein um den anderen. Sonnenblumensamen und Hanf dagegen mag er *nicht* und versucht nicht, sie zu schälen. Sollte man das glauben? Man erwartet ja von den so ungeheuer lernfähigen Papageien, daß bei ihnen besonders Vieles *nicht* angeboren ist, aber das mit den Kieseln geht zu weit, finde ich! Wahrscheinlich braucht er einen Vorfresser.

Ich soll in diesem Monate noch 6 junge Seiden- und 3 Fischreiher bekommen, die natürlich trotz meiner Bitten an den Händler viel zu alt sein werden. Nach meinen Erfahrungen mit dem einen wildgefangenen Seidenreiher tut das aber nicht allzuviel.

Bitte, Herr Doktor, empfehlen Sie mich *recht sehr* Ihrer Frau Gemahlin. Wir freuen uns schon *sehr* darauf, Sie beide bei der D.-O.-G.-Versammlung wieder in Altenberg zu haben!

Mit nochmals vielem Dank Ihr *aufrichtig* ergebener

Konrad Lorenz

Berlin, den 11.7.32

Lieber Herr Kollege!

Die Eltern der Essener weißen Stockenten muß man sich nach der Mauser noch einmal ansehen, mir schien von weitem die Schnabelfarbe der Mutter nicht ganz rein.

Ihre Beobachtung, wie die Entenmutter dem Reiher das Kücken aus dem Schnabel reißt, ist wohl neu. Ich habe hier nie derartiges erlebt, weil dazu keine Gelegenheit war. Ich sagte Ihnen ja wohl schon, daß ich einmal zu meinem großen Erstaunen sah, daß eine sogenannte Zwergentenmutter ihr etwas schwaches, auf dem Rücken liegendes und mit den Beinen strampelndes Kücken durch Unterschieben des Schnabels umdrehte. Der Steine schälen wollende Mönchs-Sittich erinnert an elternlose, junge Tauben, die oft ungemein schwer selbst fressen lernen. Auch bei Wellensittichen kommt ähnliches vor. Ihre Ausdrucksweise »in wahrhaft jugendlichem Idealismus läßt er sich durch die ständige Erfolglosigkeit dieser Bemühungen nicht entmutigen« finde ich glänzend, sie paßt so zeitgemäß auf die verbohrte Rechts- oder Linkspolitik der Jugendlichen von heute. Überhaupt sind Ihre Schilderungen immer so anschaulich und treffen so den Nagel auf den Kopf, daß es für meine Frau und mich immer wieder ein Genuß ist, sie zu lesen, weil wir Ihnen alles im einzelnen nachfühlen können.

Wenn ich Ihnen mit Essen irgend etwas vermitteln kann, so tue ich es natürlich mit Freuden.

Meine Frau fährt heute nacht für ungefähr 4–6 Wochen zu Bekannten nach Ploesti in Rumänien. Es geht ihr bis auf örtliche Ermüdungen gut, und sie läßt Sie und Ihre Gattin recht herzlichst grüßen. Dasselbe tue ich natürlich auch und freue mich auf die Jahresversammlung in Wien.

Stets Ihr getreuer

Oskar Heinroth

Altenberg 23. VII. 32.

Hochverehrter lieber Herr Doktor!

Vor allem freut es uns sehr zu hören, daß es Ihrer Frau Gemahlin dauernd gut geht! Wenn ich vorher von ihrer rumänischen Reise gewußt hätte, hätte ich natürlich heftig gebeten, daß sie sich auf der Durchreise den hiesigen Sommerfreiflugbetrieb ansieht. Es ist nämlich jetzt in unserem Garten wirklich viel »los«. Gestern setzte *nach* einem heißen Tag *vor* einem Abendgewitter ein starker Westwind ein, dadurch werden (dem Aufwind zuliebe) immer alle Vögel sehr fluglustig, und es kreisen da *zu gleicher Zeit* 2 Seidenreiher, 2 Nachtreiher, 1 Schwarzstorch, 2 Kolkraben, 28 Dohlen, 2 Graugänse über unserem Garten, dazwischen noch alle Tauben und die Mönchssittiche. Ich hatte kaum je vorher so alle meine Vögel *zugleich* in der Luft gesehen. Leider werde ich ja der D. O. G. nichts Derartiges vorführen können, da die Tagung so spät ist!

Die Gänse haben sich sehr gut gemacht. Auf ihren ersten Ausflügen sind sie zwar beängstigend lange weggeblieben, wohl, weil ihnen das Einfallen in dem bergigen Garten mit den vielen Bäumen so schwierig war, daß sie es vorzogen, anderswo zwischenzulanden. Sehr interessant ist es doch, wie sie das Einfallen *lernen!* Im Anfang hat es ganz fürchterliche Stürze gegeben, weil sie oft zu hoch ankamen, in Bäume gerieten und dann mit Geprassel, von Ast zu Ast aufschlagend, herunterpatschten. Da ich theoretisch viel besser fliegen kann als so eine junge Gans, so sah ich diese Stürze immer schon im voraus kommen, was schrecklich aufregend war. Jetzt können sie das Einfallen aber schon höchst elegant, kommen immer von der Talseite angeflogen, und zwar so tief, daß sie fast an den Bäumen anstreifen, und fallen dann mühelos auf oder bei dem Teich ein.

Die Nachtreiher habe ich seit einiger Zeit eingesperrt, weil sie immer weiter flogen (ich begegnete ihnen oft auf dem Strom, wenn sie hoch in der Luft von den Auen nach Hause zogen) und immer weniger daheim waren. Im Käfig gab es dann unvermeidlicherweise furchtbare Kämpfe, bei denen es leider einen Toten gab. Interessant ist es mir, daß diese Vögel andererseits soviel Herdentrieb haben, daß 2 Stücke, die ich weiterhin im Freien ließ, von dem Augenblick der Einsperrung ihrer Genossen *überhaupt nicht mehr* wegflogen.

Ein überaus netter Vogel ist der von Ihnen aufgezogene Seidenreiher. In der einen Woche, die ich jetzt Ferien habe (also vormittag zuhause und meist bei den Dohlen bin), hat er herausgefunden, wo ich wohne und erscheint jeden Morgen 5 h in meinem Zimmer, in das er sonderbarerweise gänzlich ruhig und unfahrig hereinkommt. Er versucht dann immer, den Hecht in meinem Aquarium zu fangen und »trillert« andauernd mit dem Fuß auf der Deckscheibe, so daß Weiterschlafen ausgeschlossen ist, bevor der Vogel sein Frühstück hat. Mich wundert es, daß er sich vor den vielen, gräßlich unbekannten Gegenständen im Zimmer nicht fürchtet, denn die Seidenreiher sind, im Gegensatz zu den (sonst viel weniger zahmen) Nachtreihern, sofort hoch in der Luft, wenn man einen Stuhl, einen Rechen, eine Kiste oder sonst was durch den Garten trägt. Allerdings ist der Weiße auch im Zimmer gegen Sesselumstellen sehr empfindlich. Er hat jetzt schon die langen Nackenfedern und auch die schönen zerschlissenen Rückenfedern. Es ist mir leider noch kein Bild gelungen, auf dem diese Schmuck- und Schreckgebilde gesträubt zu sehen sind. Sonderbarerweise hat der wildgefangene Seidenreiher, der vollkommen gleichzeitig mit ihm gemausert hat (beide halten jetzt bei der äußersten Handschwinge), keine Spur von den Nackenfedern gekriegt! ♀ ?

Mir ist leider auch verschiedenes Unangenehme passiert, der

junge Mönchssittich flog der guten Resi ausgerechnet in dem Augenblick auf die Schulter, als der Uistiti auf der anderen saß und wurde von diesem blitzartig totgebissen. Mein Orangetukan hat sich auf unerklärliche Weise den halben Oberschnabel abgebrochen, was ihn aber nicht stört, da er es äußerst geschickt fertig bringt, seitlich schnappend Futter aufzunehmen.

Eine von 2 jungen Zwergohreulen ist im Begriff, an einer Geschwulst am Halse zu sterben. Die Trappe ist auch gestorben. Alle heurigen jungen Goldfasane sind gestorben. Die Raben haben 7 junge Türkenenten gefressen. Und so weiter. Das würde mir alles nichts machen, wenn ich die Dinge bekommen hätte, die ich heuer aufziehen wollte. Mein Tierhändler hat mich nämlich mit Fisch- und Seidenreihern schmählich sitzen gelassen und die Graugänse im Berliner Zoo haben nicht gebrütet, als es ihnen zu Ohren kam, daß ich es auf ihre Jungen scharf hätte. Übrigens sind meine 2 Gänse sicher sehr wenig verhaustiert und wenn ich sie jung bekommen hätte, wäre alles gut. Dr. Heck schickte sie mir aber deswegen nicht gleich, weil er sicher annahm, daß noch Reinblüter gezüchtet werden würden.

Ich wäre natürlich sehr froh, wenn Sie, Herr Doktor, mir die Essener Enten vermitteln würden. Auf Briefe aus dem Ausland reagieren viele Leute ja nicht sehr verläßlich! Nur habe ich keine Mark. Brauchen Sie am Ende für die Wiener D.-O.-G.-Sitzung Schillinge?

Wir fahren morgen früh mit dem Motorboot auf die ungarische Donau hinunter, was sicher auch ornithologisch interessant werden wird. Vielleicht kriegt man bei einem Budapester Tierhändler was Interessantes.

Mit sehr vielen Grüßen Ihr dankbarer

Konrad Lorenz

(Berlin), 10. 8. 32

Lieber Herr Kollege!

Nach einigen Irrtümern sind nun die weißen Stockenten nebst Eltern und einem wildfarbigen Kind (letztere 3 leider amputiert) hier eingetroffen und hausen in einem Außenkäufig des Ibis-Hauses. Ich habe den Zoo gebeten, Ihnen all diese Vögel möglichst als Expreßgut zuzuschicken, mit dem Vermerk »bitte Empfänger fernmündlich zu benachrichtigen«. Vergessen Sie nicht, die Tiere zu beringen, und sehen Sie sich die Eltern, namentlich die Mutter und ihre wildfarbige Tochter, genau an. Ich wollte sie hier erst nicht unnötig greifen.

Mit den besten Grüßen an Sie und Ihre verehrte Gattin in Eile stets Ihr

Oskar Heinroth

Altenberg, den 14. VIII. 32.

Hochverehrter lieber Herr Doktor!

Vor allem heißen Dank für die weißen Stockenten! Ob viel »Haus« dabei ist, wird sich wohl hier auch im Benehmen der Tiere zeigen, zumal ich sie ja mit allen möglichen Abstufungen von reiner Stockente zur Hausente vergleichen können werde! Ich habe jetzt gerade sehr viel Interesse für die Domestikationserscheinungen der Ente! Ich kann mich nicht von dem Eindruck freimachen, daß die norddeutschen, vor allem aber die holländischen Stockenten hausentiger aussehen als unsere Donau-Stockenten! Ich möchte einmal so eine Holländerin *neben* einer meiner heuer aufgezogenen hiesigen St. sehen. Ich könnte darauf schwören, daß unsere einen flacheren Unterbauch und eine waagrechtere Haltung haben! Wirklich sicher kann man in solchen Feinheiten ja nur dann sein, wenn man die Tiere zugleich sehen kann.

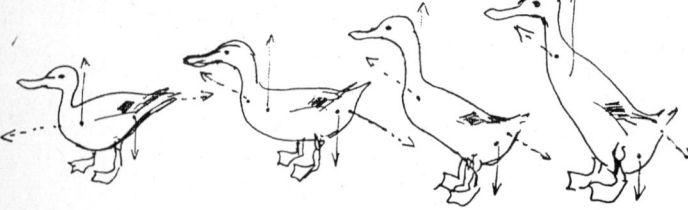

Unsere Motorbootfahrt nach Budapest ist gut verlaufen und war sehr schön. Auf der Rückfahrt habe ich der Scharbensiedlung in Biscupice (unterhalb Preßburg) einen Tag gewidmet und zwei Jungvögel mitgehen lassen, was nicht ganz ungefährlich war, weil die Kormorane in der Cechoslowakei gottseidank strengstens geschützt sind. Komischerweise verdanke ich die Entdeckung der Siedlung dem Schiffsnamen unseres »Kormoran«: Ein tschechischer Finanzsoldat, der den Namen las, erzählte mir daraufhin von der Kolonie! *Im Gegensatz* zu *Heinroths* Bildunterschriften in den »V. M.'s« saßen in dieser Siedlung die Jungen nicht nur im Stadium des Vogels auf Tafel 163, Bild 2, »flügge«, sondern noch im »erwachsenen« Jugendkleid (mit höchstens etwas kürzeren Großfedern), ohne die Spur von Daunen mehr an Kopf und Hals, so fest im Nest, daß wir sie ohne weiteres herausnehmen und vom Baum herunterwerfen konnten (darunter standen die obligaten Riesenbrennesseln, so daß den Vögeln nichts geschehen konnte, wohl aber meinen nackten Knien, die heute noch brennen!).

Ich finde es höchst merkwürdig, daß sich die Koordination der Flugbewegungen bei demselben Vogel so in verschiedenen Körperentwicklungsstadien entwickeln kann! Und noch dazu bei Ihren Gefangenschaftstieren *früher* als bei diesen wilden Tschechen! Von den zwei K., die ich mitnahm, sieht der kleinere wie T. 163, 2 aus, der andere wie 3–8, nur daß er bei genauem Nachsehen noch etwas Blutkiele an den Großfedern hat. Der kleinere sitzt *ganz* fest im Kunstnest, der ältere klettert heute erst ganz schüchtern in nächster Umgebung des Korbes herum. Ich habe das Nest auf dem Ihnen bekannten toten Kirschbaum angebracht, der in meinem Teich liegt, und der auch schon den Nacht- und Seidenreihern als Freiflugcentrum gedient hat. Das Verrückteste aber ist die vollkommene Abwesenheit irgendeiner Andeutung von Fluchttrieb bei diesen doch fast erwachsenen Vögeln! Als der ungarische Fischer, der das (höchst unheimliche) Klettern besorgt und die Vögel in einem Sack aufs Boot gebracht hatte, sie auf das Deck leerte, schüttelten sie sich, streckten sich, schlugen mit den Flügeln, dann sahen sie mich an, drohten einmal nach mir (mit gespreizten Unterkieferästen, ganz wie ein junger Nachtreiher) und *begannen sich zu putzen*. Hier auf meinem Teich hatte sofort das Körbchen für sie die Nestbedeutung und sie klettern in es zurück, wenn ich sie auf benachbarte Äste setze. Ins Wasser geworfen, badeten sie und schwammen mir dann um die Beine, als ob ich sie aus dem Ei aufgezogen und nicht vorgestern aus dem Nest genommen hätte. Also es handelt sich nicht um »Überwiegen der Schreckstellungsundverteidigungsreaktion auf dem Orte mit Nestbedeutung«, sondern um wirkliches Fehlen des Fluchttriebes! Wann erwacht der aber? Kann man flügge K. unter den Arm nehmen und heimtragen, wenn man ihnen zufällig begegnet? Ich kann nicht genug Vorstellung davon geben, wie erstaunlich es war, wie die Viecher da aufs Deck geschüttelt wurden und sich vor unseren Füßen zu putzen begannen! Sonderbar ist die Kletterfähigkeit. Diese weichen Pfoten wickeln sich ja wie nasse Lappen um die dünnsten und steilsten Äste. Man hat das Gefühl, die weichen Schwimmhäute helfen die Adhäsion zu erhöhen und sind weit davon entfernt, hinderlich zu sein, ganz wie bei Baumfröschen.

Ich bin sehr neugierig, ob jetzt das Freifliegen klappen wird. Mein vorjähriger K. hatte vorher mit gefesselten Flügeln auf einem Hof gelebt und war sehr gestört in Flugfähigkeit und Zielsicherheit beim Landen. *Er* brachte das Einfallen nicht fertig, damit ist aber nicht gesagt, daß vollwertigere Vögel es nicht zusammenbringen können. Man sollte doch meinen, daß ein Baumlander wie der K. es eher fertigbringt, in unserem bergigen Garten zu landen als eine Graugans.

Für den Fall, daß Sie das nicht als selbstverständlich nehmen sollten, muß ich erwähnen, daß wir sehr dringend hoffen, Sie beide während der D.-O.-G.-Sitzung bei uns wohnen zu haben. Die Unbilden des Nach-Wien-und-zurück-Fahrens werden wir gewiß nach Möglichkeit zu verringern trachten.

Mit nochmals vielem Dank für Ihre Mühe mit den Enten, Ihr getreuer

Konrad Lorenz

Die Enten sind inzwischen gut angekommen. Ich packte sie *im Finstern* aus, da erschienen mir die *weißen* größer. Ich muß sie wiegen!

Altenberg, am 18. VIII. 32

Lieber verehrter Herr Doktor!

Ich habe von Prof. Stresemann alles gehört. Wahrscheinlich weiß

ich besser als jeder andere, was für ein Schlag Sie getroffen hat und daß Sie ihn nie ganz werden überwinden können. Ich weiß aber auch, daß Sie diesen Schlag überdauern werden und in dem Lebenswerk fortfahren werden, in dem Sie mein Führer geworden sind.
Ihr Schüler

Konrad Lorenz

Altenberg, den 22. VIII. 32
Lieber verehrter Herr Doktor!

Eben habe ich Ihren Brief aus Ploesti bekommen. Ich danke Ihnen, daß Sie so zu uns sprechen. Was für schauerlich einsame Wesen wir socialsten aller socialen Tiere sind, kommt einem erst zum Bewußtsein, wenn man trotz der innigsten Anteilnahme *so* wenig helfen kann! Meine Anteilnahme ist deswegen vielleicht größer als die manches anderen Ihrer Freunde, weil ich im gleichen Fall in eine ganz ähnliche Lage kommen würde. Es kommt mir vor, als hätte ich Sie und Ihre Frau seit vielen Jahrzehnten gekannt und als wäre ich seit meiner frühesten Jugend mit Ihnen in innigster geistiger Fühlung gewesen. Selbst dann könnte nämlich meine Lebensanschauung der Ihrigen nicht ähnlicher sein. *Das Verstehen des Menschen aus dem Tiere heraus, des Menschen als Tier,* war immer das Ziel meines Strebens, und in der ersten Lieferung Ihres Buches habe ich zwischen den Zeilen gelesen, daß das bei Ihnen genauso ist, so deutlich, als ob Sie es – wie in den Schlußbemerkungen zu den »Anatiden« – mit Worten gesagt hätten! Wenn man aber einen findet, der die Welt und ihre Wesen von dem gleichen Standpunkt ansieht, aber unendlich viel mehr weiß und kann als man selbst, so hat man die Verpflichtung, sich ihm anzuschließen; und wenn man dann diesen Führer von einem schweren Unglück betroffen sieht, so steht der Wunsch, ihm zu helfen, im schrecklichsten Mißverhältnis zu der Fähigkeit dazu! Was kann ich schon tun, um Ihnen etwas Positives zu leisten? Ich kann nur in der Arbeit, die uns verbindet, etwas zu leisten versuchen und Ihnen dann eine Beobachtung mitteilen, die Ihnen *vielleicht* wertvoll ist. Das scheint so lächerlich wenig im Vergleich zu meiner Dankesschuld! Ich kann Ihnen aber gestehen, daß ich bei jeder interessanten Beobachtung, bei jeder kleinen Entdekkung das Bedürfnis empfinde, sie Ihnen mitzuteilen und daß ich andererseits jede Mitteilung von Ihnen, jede Lieferung Ihres Buches, jede Ihrer Arbeiten mit derselben Gier aufnehme und assimiliere wie das, was ich mit meinen eigenen Augen sehe. Ist das nicht – bei aller Bescheidenheit *meiner* Leistungen – eine leise Andeutung des miteinander und füreinander Forschens? Daß dabei der Schüler dem Lehrer, der Jüngere dem Älteren seinen Dank nie abtragen kann, ist selbstverständlich. Er kann ihm höchstens sagen, daß er das weiß.

Nachdem ich es also gesagt habe, kann ich nichts tun als weiter »Entenbriefe« zu schreiben und weiter mit jeder Frage, die mich bewegt, zu Ihnen zu laufen. Falls Sie, lieber Herr Doktor, aber die Einsamkeit vorziehen, brauchen Sie mir natürlich nicht zu antworten. Ich werde trotzdem unentwegt weiter schreiben müssen.

Ihr stets dankbarer

Konrad Lorenz

Berlin, den 9. September 1932

Mein lieber Herr Kollege!

Ihr letzter Brief hat mich wirklich tief gerührt und er schießt wohl unter allen Beileidsbezeugungen den Vogel ab. Um es einmal grob zu sagen: Sie sind einer von denjenigen, durch den man einer Art geistiger Unsterblichkeit sicher ist, und das tut wohl, so eingebildet es auch klingen mag.

Nun zur Geschäftsordnung. Sie waren so lieb, mich gewissermaßen ganz selbstverständlich für die Jahresversammlungstage bei sich einzuladen, und ich hatte mich im Geiste auch schon völlig in diese Selbstverständlichkeit eingelebt. Nun sind mir aber doch Bedenken gekommen. Ich als Vorsitzender muß während der ganzen vier Tage überall zur Stelle sein, und es liegt mir *sehr viel* daran, in den Zwischenzeiten einmal schnell ein bißchen ausruhen zu können. Ich würde deshalb lieber im Hotel Regina (es ist doch empfehlenswert?) wohnen, da von dort aus doch vieles ausgeht. Das schließt ja nicht aus, daß ich öfter einmal zu Ihnen komme oder auch, wenn Sie erlauben, nach der Jahresversammlung noch einen Tag zu Ihnen ziehe. Hoffentlich verübeln Sie einem erfahrenen Kongreßmann und Vorsitzenden diese Bitten nicht. Stresemann denkt ähnlich und wird Ihnen wohl auch noch schreiben.

Vielleicht sind Sie so freundlich, mir ganz kurz und bald Ihre Einwilligung zu schicken.

Mit den allerbesten Grüßen an Sie und Ihre verehrte Gattin bin ich wie stets Ihr getreuer

Oskar Heinroth

Altenberg, 14. IX. 32

Hochverehrter Herr Doktor!

Bitte glauben Sie doch um Gotteswillen nicht, daß wir etwa »beleidigt« seien, wenn Sie es für vorteilhafter halten, in Wien zu wohnen! Bei nachträglicher Überlegung muß ich mir ja selbst sagen, daß es viel gescheiter ist, wenn Sie erst, nachdem der Rummel vorüber ist, einen oder mehrere Tage zu uns kommen. Während der Sitzungstage würde ich ja sowieso wenig »von Ihnen haben«, auch wenn Sie bei uns wohnen würden. Wenn Sie etwa eine Wiener Einladung haben, so halten Sie sich bitte ja nicht für verpflichtet, diese jetzt abzulehnen, nur damit wir uns nicht kränken, denn wir tun das sicher nicht.

Was Sie über die geistige Unsterblichkeit sagen, klingt bei Ihnen aber schon *gar nicht* eingebildet und ist nur für mich *ungeheuer* ehrend, weil es ja besagt, daß Sie mich für fähig halten, an *Ihrem* Werk weiterzubauen. Das verpflichtet mich natürlich, es wenigstens zu versuchen. Das Arbeitsfeld ist ja weit. Es sind doch über fast jede Tiergruppe noch »Beiträge zur Biologie, insbesondere Psychologie und Ethologie der xxx« zu schreiben. Das nächste, was ich tun sollte, wäre ja eigentlich, je eine freifliegende Saatkrähen-, Alpendohlen- und Aaskrähenschar zu fabrizieren, daß ich andere Corviden mit den Dohlen wirklich vergleichen könnte und einen wirklichen Überblick über die Gruppe bekäme, wie Sie über die Anatiden. Die Reiher scheinen mir aber auch ethologisch vielversprechend und vor allem untereinander sehr verschieden. Hoffentlich wird aus der Donaustation etwas, daß ich solche Untersuchungen weiterführen kann!

Mein heuriges Vogel-Unglück hat sich leider in geradezu schrecklicher Weise fortgesetzt: Innerhalb von drei Tagen verschwand der von Ihnen stammende Seidenreiher *und* mein alter Rabenmann. Um mich etwas zu trösten, kaufte ich einen reizend zahmen Tukan (»Blauwangen-«) und *der* war ein Bazillenträger einer Art von Paratyphus, an dem im Verlauf *weniger Tage* meine 2 alten Tukane *und* meine Turakos starben. Der Seidenreiher wurde offenbar von einem Wanderfalken geschlagen. Er flog nie weit, ist also sicher nicht geschossen worden. Ein plötzliches Erwachen des Zugtriebes erscheint unwahrscheinlich, weil der zweite, scheuere Seidenreiher ja dageblieben ist. *Aber* gerade an dem Unglückstage sah ich (heuer zum ersten Male) eine ganze Anzahl vagabundierender Wanderfalken.

Der Rabe ist wohl geschossen worden. Trotz Aussetzung hoher Judaslöhne konnte ich nicht erfahren, von wem. Den Kerl könnte ich gewissensbißlos abtöten. Ich habe nämlich den Raben entgegen meiner sonstigen Art wirklich persönlich gern gehabt, wie man einen Hund gern hat. Bei einem solchen Tier, dessen sociale Regungen auf uns ansprechen, werden eben auch umgekehrt die unseren ausgelöst. Immerhin hätte ich es vorher für unmöglich gehalten, daß ich eines Vogels halber wochenlang deprimiert bin und jede Nacht träume, daß das Vieh zurückkommt.

Als wahrer Freund im Unglück hat sich Prof. Antonius erwiesen, der mir einen Seidenreiher und 2 Raben geschenkt hat. Er hat sogar erlaubt, daß ich mir einen bestimmten Rabenmann, einen Nestbru-

der Roas, aus dem Geierflugkäfig herausfange, und hat mit schmerzverzerrtem Gesicht, aber wortlos, zugesehen, wie ich den Raben fing, während rings die Federn und Wachshäute laut knisterten und krachten. Noch lange nach vollbrachter Tat hingen verstörte Adler kopfunterst am Gitter. Fürchterlich! Antonius gebührt ein Heiligenschein. (Siehe oben.) Der Rabe ist sehr zahm, weil er, ehe er nach Schönbrunn kam, jahrelang einer Bekannten von mir gehört hatte, die sich auf meinen Rat hin die restlichen Geschwister Roas gekauft hatte. Hoffentlich lebt er sich gut ein.

Mit den weißen Stockenten wäre es bei einem Haare ganz schiefgegangen (so ist es nur halb schiefgegangen). Eine Weile »rang ich mit mir selbst«, ob ich die nicht amputierten Stücke stutzen sollte. Leider siegte das Nichtstutzen in mir. Nach dem Freilassen schien tagelang alles gut zu gehen, ich hatte die Tiere also wohl lange genug eingesperrt gehalten. Dann waren eines Tages zwei weiße Brüder mit der wildfarbenen Schwester weg *und* hatten außerdem noch eine von mir aufgezogene Donaustockente zum Mitfliegen verführt. Diese 4 bewohnten wochenlang einen nahegelegenen Donauarm, waren nicht scheu, aber nicht zu fangen; der mir verbliebene Weißling, auch ♂, war krank, er hatte eine *Atonie,* und fiel immer nach vorn oder hinten um; er war schon bei der Ankunft stark im Gleichgewichthalten gestört, und genau wie andere ähnlich erkrankte Vögel konnte er nur lotrecht in die Höhe rütteln und nicht zu Geradeausfliegen übergehen. Das Leiden wurde ärger. Er starb. Die Leiche wollte ich neurologisch untersuchen lassen, *aber* der Hund fraß sie. (Lebenden Vögeln tut er nichts, frißt aber Eier und tote Vögel trotz aller Prügel. *Warum* bringt er aber dann meine lebenden V. *nicht* um, obwohl er im Wald und in der Au Hasen jagt, erwischt, umbringt und frißt?)

Kurz darauf verschwanden die 4 Enten von dem Donauarm. Ich hatte also nur noch die amputierten Eltern, bis vor ganz kurzer Zeit ein weißer Bruder plötzlich wieder da war und auch bis jetzt geblieben ist. Ich glaube aber doch, daß die Tiere Hausentenblut haben. 1.) Haben die ♀♀ zwischen dem Schwarz des Schnabelrückens und dem Gelb des Randes eine *scharfe, zackige* Grenze, während bei Reinblütern dort ein allmählicher Übergang ist. (Oder muß das nicht sein?) 2.) Hat der Vater kein ganz reines Sommerkleid gehabt (grüne Federn am Kopf, graue an den Seiten, zu dunkler Mittelstreifen am Kopf), was Hausenten oft haben und er hat auch, wie diese, sehr früh ins Prachtkleid zurückzumausern begonnen, womit er jetzt schon 3/4 fertig ist, während ein Donaustockerpel noch ein reines Sommerkleid hat. Spricht das nicht auch für Hausentenblut? Sehr neugierig bin ich auf Ihr Urteil über die Flugarbeit, die ich eben fertig habe und ins Reine schreibe! Mit den allerherzlichsten Grüßen, Ihr stets dankbarer

Konrad Lorenz

P. S. Bitte, Herr Dr., lesen Sie in der Könignummer des J. f. O. die Mauserverhältnisse des Stockerpels nach. Sie werden sich wundern, wieviel Neues Sie da erfahren! Auch die Kückenverfärbungen sind neu!

Berlin, den 12. Oktober 1932.

Mein lieber Kollege Lorenz!

Zunächst bitte ich Sie, Ihren verehrten Eltern meinen besten Dank für die freundliche Aufnahme und die liebe Gastlichkeit zu übermitteln, und außerdem wünsche ich Ihrer Gattin von Herzen recht schnelle Wiederherstellung. Ihren Kindern geht es ja so gut, daß sie nichts zu wünschen übrig lassen, und sie werden schon ein getreues Abbild der prächtigen Eltern werden.

Mein Flug nach Dresden war herrlich, erst über dem dichten, weißen Wolkenmeer auf 1300 m Höhe und dann über sonnige Felder und Wälder, zum Teil mit 200 km Stundengeschwindigkeit, so daß wir viel zu früh in Prag und in Dresden ankamen. – In Dresden kratzt sich der Guira-Kuckuck vornherum, und die Carracarras treten sich.

Hier ist alles in Ordnung, und ich denke viel an die anregenden Stunden in Altenberg.

Gestern war »der kleine Kramer« wegen Bezahlung der Essener Enten hier. Irgendein Preis ist nicht ausgemacht gewesen, und die Essener scheinen kein Geld nehmen zu wollen, sondern einmal eine Gefälligkeit zu erwarten. Die Sache ist also vorläufig erledigt.

Wie immer mit vielen herzlichen Grüßen bin ich Ihr getreuer

Oskar Heinroth

Altenberg, 20. X. 32

Hochverehrter lieber Herr Doktor!

Vor allem danke ich Ihnen für alles, was ich Ihnen eben *ver*danke. Man darf nicht vergessen, daß ohne den ersten Brief an Sie die D. O. G. eben *nicht* nach Altenberg gekommen wäre, und daß insoferne Sie an »allem schuld« sind! Wegen der Mönchssittiche werde ich an den Zoo schreiben, danke vielmals!

Ich habe die Dohlen kurz nach Ihrem Wegflug eingesperrt, und da habe ich gesehen, daß es mit der Schäbigkeit dieser Vögel nicht so arg ist. Man hat eben bei den Fütterungen am Mittag immer die Kümmerlinge vor sich, weil die gesunden Vögel nicht zu Haus sind. Jetzt, wo die Vögel eingesperrt sind, sehe ich, daß unter den 2sömmerigen doch eine ganze Menge tadelloser Vögel sind. Es sind auch viele verlobte Paare da, die sicher brüten werden. 1933 ist ja das *erste* Frühjahr, in dem ich *viele* geschlechtsreife Paare habe! Ich bin schon sehr gespannt. Habe ich Ihnen erzählt, daß die in den »Corviden«, S. 102–103 erwähnte Dohle, die immer bei Bauern wohnen wollte und fälschlich totgemeldet wurde, zurückgekommen ist? Dieser Vogel hat sich nun mit der Rotgelben (44) angefreundet und prügelt ihren bisherigen Partner (24). 24 versucht jetzt immer Rotgelb von der anderen Seite zu krauen, wenn der Rückkömmling sie gerade kraut. Der springt aber dann immer über das ♀ *drüber* und vertreibt den anderen. Eifersucht sieht man sonst nie so deutlich, weil der von 2 anderen umworbene Vogel immer zu einem der Bewerber als Partner reagiert.

Hier ist aber das ♀ mit dem alten Partner zusammengewöhnt worden, *weil bisher er der einzige reife Vogel war*. Zu der Not frißt der Teufel Fliegen! Aber jetzt gefällt ihr der Neue besser! So ein ganz alter Vogel scheint einen sehr hohen Anwert zu besitzen. Man hat den Eindruck, daß so ein Schmuckabzeichen wie der helle Kragen und Nacken der Dohlen, das von Individuum zu Individuum verschieden und wirklich der Vollwertigkeit des einzelnen entsprechend ausgebildet ist, viel mehr mit »sexueller Zuchtwahl« zu tun hat wie die Prachtkleider der Phasianiden, bei denen es solche Abstufungen doch kaum gibt. Dohlen scheinen sich doch sonst nicht so leicht umzupaaren und es war mir sehr erstaunlich, wie die Rotgelbe diesen einzigen gleichalten Vogel sofort herausgefunden hat und so stark auf seine Reize reagiert, daß sie dem bisherigen (allerdings seinerzeit gewissermaßen aufgezwungenen) Partner untreu wird!

Erinnern Sie sich, Herr Doktor, wie Sie sich immer duckten, wenn der Pernis auf Sie losflog, und wie ich Ihnen beruhigend versicherte, daß er einem nur nach den Füßen fliegt? Nun, Sie haben mit Ihrem (auf reicher Erfahrung gegründetem) Zurückzucken glänzend recht behalten, denn schon am nächsten Tage schlug der Wespenbussard meine Nase und wollte sie wegtragen.

Seit ungefähr 10 Tagen habe ich einen reizend zahmen und sehr unternehmenden Waldkauz. Ich habe noch nie eine wirklich zahme Eule gehabt, denn die, die ich im Laufe der Jahre hatte, waren alle so spät aus dem Nest genommen, daß sie nach dem Selbständigwerden scheu wurden. Mein Waldkauz schlägt eine Uhrwerkmaus, die man vor ihm laufen läßt, wo und wann man will.

Zu einer interessanten Feststellung hat mir dieser Kauz verholfen: Er rief schon in der ersten Nacht, nach seiner Ankunft, sehr viel, aber nie am Tage. Gestern hörte ich auf einmal um die Mittagszeit den Kauz anhaltend rufen. Ging ins Zimmer und fand ihn fest schlafend. Es war der *Star* gewesen, der den Kauz schon so täuschend nachmachen konnte. Das Verrückte ist nun, daß der Star doch immer fest geschlafen hat, wenn der Kauz rief. Und wenn er nachts davon aufgewacht sein sollte, so kam er da doch sicher nicht in die bekannte, gemütlich-kleinäugige Zuhörstimmung, von der ich immer angenommen habe, daß sie eine unumgängliche Vorbedingung des Spottens sei!

Vor wenigen Tagen kam mir unbeabsichtigterweise mein Leiothrixmännchen frei. Es blieb wunderbar am Platz und schmettert ununterbrochen den schlagartigen Lockruf, auf den das ♀, das im Flugkäfig sitzt, mit seinem zié-zié-zié antwortet. Das scheint eine ungemein sichere Ortsbindung zu ergeben und ich will versuchen, mehrere Leiothrixmänner freizulassen und, wenn sie sich gut eingewöhnt haben, die ♀♀ dazuzulassen. Der Lockgesang klingt im Freien wundervoll schön. Im Zimmer ist er ja auf die Dauer nicht auszuhalten.

Das Buch von Horst Siewert finde ich ausgezeichnet geschrieben. Er macht so gar nichts dazu und weiß das, was unsereinen am Vogel gefällt und wundert, doch sehr gut herauszuheben, bei aller wissenschaftlichen Schlichtheit.

Ich schreibe den ganzen Tag an der Flugsache, die jetzt bald fertig sein wird. Ich habe jetzt erst Lilienthal gelesen. (Prof. Str. schickte mir das Buch.) L. beschreibt »den Flug« als das Gleitrudern und weiß nichts vom Rütteln. *Das* aber, was er über das Gleitrudern schreibt, deckt sich (bis auf kleine Details) mit dem, was ich drüber geschrieben habe. Kein Mensch wird mir glauben, daß ich es nicht abgeschrieben habe!

Ich habe jetzt endlich eine Acerina schraetzer lebend gekriegt, und zwar einen über handlangen »Sechzehnender«. Wenn er sich eingewöhnen läßt, bringe oder schicke ich ihn nach Berlin. Vorläufig schaut er aber sehr nach Verpilzen aus. Der Fischer hat mir weitere versprochen und behauptet auch, die Aspro-Arten zu kennen, vielleicht bringt er einmal welche. Schrätzer krieg ich sicher noch einige. Sie fressen im allgemeinen nicht »mit dem Auge«, noch weniger als A. cernua, sondern scheinen ganz darauf eingestellt zu sein, mit dem unteren Mundrand auf dem Boden entlang zu rutschen und nach Würmern und Chironomuslarven zu tasten. Dazu »gehört« ja offenbar auch die blöde Kopfform. Dieser Nahrungserwerb bringt es mit sich, daß sie sich nie bei einer einmaligen Fütterung einen prallen Bauch anfressen wollen, und deshalb verhungern die Schraetzer so leicht, schnell und sicher, wenn das Aq. nicht dauernd

Nahrung enthält. Sie wollen alle *15 min. eine* Chironomuslarve zu sich nehmen.

Mit vielen herzlichen Grüßen, auch von meiner Frau, Ihr andauernd dankbarer

Konrad Lorenz

Altenberg, 11. XI. 32
Praescriptum: Bitte, Herr Doktor, erschrecken Sie nicht über den Umfang dieses Briefes!!!

Lieber verehrter Herr Doktor!

Es ist mir gelungen, ein halbes Dutzend Schrätzer und *einen* Zingel zu bekommen. Der Aspro ist etwa 20 cm lang und scheinbar unglaublich sauerstoffbedürftig. Er lebt in der Wasserleitung im Anat. Inst. und »schnappt« nach *Minuten* »oben«, wenn der Durchfluß abgedreht wird. ich möchte die Fische schicken, habe aber kein entsprechend großes Transportgefäß. Ich denke mir, das Berliner Aquarium hat doch sicher eine genial gebaute Transportkanne mit Durchlüftung. Wenn Sie die Güte hätten, mir zu schreiben, wie ich die Tiere am besten schicke, wäre ich sehr dankbar. *Wenn* Sie eine durchlüftbare Kanne haben (und Wert auf die Fische legen), wäre es wohl am besten, die Kanne zu schicken, denn der Aspro ist sicher *sehr* empfindlich. Sie würden erstaunt sein, wie groppenhaft dieser Fisch ist. Wenn ich ihn unvoreingenommen bekomme, schwöre ich jeden Eid, einen Cottiden vor mir zu haben.

Ich habe eine Neuheit, die Sie interessieren wird: ein Paar Zwergtaucher. Sie sind vorigen Freitag, angeblich 6 Stunden nach dem Fang, bei mir eingetroffen und sind, aufs Wasser gesetzt, sofort naß wie Schwämme geworden. Ich baute ihnen auf ein Wasserleitungsbecken nebenstehenden Behälter mit Glasvorderscheibe und einen umgelegten Kanarienbauer als Landteil (Zellstoff-Unterlage). Da ich absolut keine Zeit hatte, die Vögel dauernd zu beobachten und regelmäßig trocken zu legen, hatte ich wenig Hoffnung. Aber schon am Samstag schienen mir die Tiere weniger naß. Ich verließ sie Samstag Mittag und fand sie am Montag morgens fast ganz trocken auf dem Wasser schwimmend vor.

Die am Samstag verabreichten, unglaublich zahlreichen Bitterlinge waren *weg*. Die Vögel sind ungleich. Der eine sieht aus wie im »Winterkleid« in den »V M's«, der andere zeigt »Anklänge« an die Farbtafel »Brutkleid«. Letzterer Vogel kriegt manchmal einen eckigen Hals durch Sträuben bestimmter Gefiederteile und macht dabei einen *Backenbart*. Man kann sich da gut vorstellen, »wozu« der Haubentaucher seinen Backenbart hat. Manchmal wird mein Zwerg auch hinten hoch (wahrscheinlich Prahlstellung – ist sicher richtig). Die Vögel baden (wie Anatiden) täglich genau um 11 h 15 min., was sehr sonderbar anmutet, weil sie doch immer im Wasser sind. (Anfänglich, solange sie naß wurden, badeten sie den ganzen Tag [»Badewut«].) Die Gefiederpflege nimmt sehr viel Zeit und Mühe in Anspruch, die Tiere putzen sich so ununterbrochen, daß mir der Gedanke naheliegt, die *Pause* im Putzen, die durch den Schreck beim Gefangennehmen bedingt ist, sei schuld am Naßwerden. Was ist aber dann während der langen Nacht? Putzen sie sich im Halbschlaf weiter? Das Trockenwerden erfolgte von innen nach außen, d. h. das Wasser drang beim Inswassergehen von Fall zu Fall weniger tief ein. Unglaublich viel Wasser geht in so ein Tragfederschifflein hinein. Als die Vögel noch naß wurden, floß jedesmal, wenn sie aus dem Wasser kamen, $^1/_4$ l aus ihnen, später immer weniger. Interessant erscheint folgende Beobachtung: Als die Vögel schon annähernd wasserdicht waren, oberflächlich aber noch naß wurden, sah ich auf *nassen* Rückenfedern Tropfen als Perlen liegenbleiben und *nicht* einsickern (?!). Ist am Ende die Wasserfestigkeit an elektrische Ladungen der Federn gebunden, die verloren gehen, wenn »er« sich einmal 2 Stunden lang nicht putzt, flügelt oder schüttelt, und die nicht oder schwer wiederhergestellt werden können, wenn die Federn einmal naß sind?? Man *müßte* da noch was herausbekommen! Diese Vögel bringen einen so recht ins Sich-Wundern über das, was eben für unsereinen der »liebe Gott« ist, d. h. die verschiedenen Versuche des Lebenden (incl. unserer selbst), auf der Welt weiter- und vorwärts zu kommen. Warum *so* verschieden? Das zeigt so recht, daß nicht *ein* Schöpfer alles »gemacht« hat, sondern daß jeder, der Zwergtaucher und der Mensch, eben unabhängig und auf eigene Verantwortung herumprobiert und sich durchschlägt. Der eine probiert's mit Wasserfestigkeit, der andere mit Hirnausbildung. Ich finde das um *so* viel großartiger als irgendein monistisches alles inbegreifendes Weltprinzip. Wehe aber, wenn man einem »Idealisten« mit dieser unserer Weltanschauung kommt!

Von sonstigem sind vor allem die 5 Kormorane zu erwähnen. Wie macht es ein von seinen Eltern aufgezogener K., daß er es über sich bringt, mir nach knapp einwöchiger Bekanntschaft auf den Arm zu fliegen? Oder sind sie von Menschen aufgefüttert? Ich finde die K. ganz erstaunlich klug, zumal wenn man bedenkt, daß sie doch ganz einseitig an eine bestimmte Ernährungsweise angepaßte Vögel sind. Sie wissen gleich, wo die Tür ist, wo die Wände sind und wo man fußen kann. Diese 5 K. *fliegen viel besser* (muskelkräftiger) wie meine früheren flogen, als sie wegflogen. D. h. es besteht Hoffnung, daß sie es doch fertigbringen, zuhause zu landen, wenn sie mal in die Höhe geraten. Die Muskelschwäche der flüggen Jungen scheint ähnlich wie bei Nachtreihern zu sein. Noch etwas: 2 der 5 K. sind dunkler als die anderen, schwarz ohne braunen Stich, untereinander (im Gegensatz zu den anderen) verträglich, haben im Nacken etwas üppigere Federn und an den Halsseiten haarähnliche Schmuckfedern, allerdings ganz vereinzelt. Weiters haben sie am rechten Fuß Ringe aus Al und sind *besonders* zahm. Heck schrieb mir aber »5 *diesjährige* K.«, die zwei sind das aber doch wohl nicht. *Jetzt* weiß ich nicht, hat amend *Dähne* aus Wohlwollen für mich ein altes Paar eingepackt, *ohne* es Heck zu sagen, oder weiß es Heck. Ich wage nicht H. zu schreiben, weil ich um Gotteswillen nicht D. in Unannehmlichkeiten stürzen möchte. *Oder* sind es 2 von den V. M.'s? Sie sind nämlich *so* zahm und müßten doch als alte Vögel scheuer als die diesjährigen sein! An sonst Neuem gibt es einen Trupial und einen Sennaeushahn. Der Pernis ist weg, u. zw. *gezogen.* Ich glaube immer, die »Aufbruchstimmung« könne bei so kurzen Freiflügen nicht aufkommen. Sie kann aber! Das Vieh kreiste eines Tages (vorher war er *nie*, nicht ein einziges Mal, hoch gewesen) ganz hoch hinauf und zog dann *genau südlich* davon. Auch was wert, das einmal gesehen zu haben! Die Hochbrutenten fliegen jetzt (ziemlich plötzlich) wieder. Die Flugarbeit ist, bis auf einige Abbildungen, *fertig*. Gott sei Dank. Ich bin aber sehr neugierig, was Sie sagen werden. Es grüßt Sie, lieber Herr Doktor, Ihr sehr viel an Sie denkender und andauernd dankbarer

Konrad Lorenz

P. S. Herrgott, ist der Brief aber lang geworden.

Berlin, den 17. November 1932.
Mein lieber Kollege Lorenz!

Zunächst einmal den besten Dank des Aquariums für Ihre Bemühungen um die Barscharten. Versandgefäße mit Sauerstoffdurchstrom haben wir nicht und bei der gegenwärtig kühlen Witterung kommt durch die Erschütterung während der Bahnfahrt genug Luft ins Wasser. Wir senden Ihnen eine entsprechende Versandkanne und bitten Sie, die Tiere da hineinzugeben: es kommt eben auf einen Versuch an. Vielleicht läßt sich die Kanne als *Expreßgut* aufgeben, und wir bitten dann um telegraphische Benachrichtigung über den Zug. Auch ist es zweckmäßig, auf den Expreßgutschein noch ausdrücklich darauf zu schreiben: »Bitte Empfänger fernmündlich zu benachrichtigen: B 5 Barbarossa 3561.« Anschrift: *Aquarium*, Berlin W 62. Als Bahnhof kann der Anhalter Bahnhof angegeben werden, da ein andrer ja nicht in Frage kommt.

Ihre Kormorane stammen nicht aus dem großen Flugkäfig, den Dähne betreut, sondern aus dem letzten Käfig des Ibishauses, wo regelmäßig Kormorane gezüchtet werden. Der zuständige Wärter Gottschlag hat heute gerade Urlaub, sein Vertreter versichert mir aber, daß damals 5 Junge eingepackt worden wären. Ich werde auf alle Fälle mit Gottschlag noch über die Sache sprechen.

Ihr Brief vom 11.11. war mir wieder ein großer Genuß, insbesondre Ihre philosophischen und religiösen Betrachtungen, es fehlt nur noch, daß Sie geschrieben hätten: »Was der eine mit dem Gehirn schafft, macht der andre mit der Bürzeldrüse.«

Daß die Wasserfestigkeit an elektrische Ladung gebunden ist, ist auch irgendwo schon einmal vermutet worden. Zu denken gibt, daß viele stundenlang brütende Vögel auch nicht naß werden.

Wegen Ihres Wespenbussards war ich schon immer in Sorge und wartete schon geradezu auf Ihre Verlustanzeige. Ob er im nächsten Jahr wieder kommt? Hatte er einen Ring?

Daß junge Kormorane nach dem Verlassen des Nestes dieselbe Flügelschlappheit haben wie Nachtreiher und Rohrdommeln, glaube ich nicht, denn hier bei uns fliegen sie sehr bald mit harten Flügelschlägen von Ast zu Ast, d. h. wenn es sich um wirklich gut entwickelte Tiere handelt.

Auf Ihre Flugarbeit bin ich *sehr* neugierig.

Zu Ihrem Brief vom 20. Oktober möchte ich Ihnen noch sagen, daß Versuche, Leiothrix auszusetzen, ja oft gemacht worden sind, die Tiere sind auch gelegentlich im Sommer über in der nächsten Umgebung geblieben, haben mit Erfolg gebrütet und man hat sie mit ihren Jungen umherziehen sehen, aber zum Herbst ist dann stets alles verschwunden. Wenn ich mich recht erinnere, ist ein irgendwo in Westeuropa Freigelassener zum Herbst hin in Böhmen gefangen worden. Vielleicht haben die Tiere einen aus ihrer ostasiatischen Heimat angepaßten Zugweg, der bei uns nicht stimmt.

Wegen Ihrer lieben Frau war ich recht in Sorge, da sie ja doch ins Krankenhaus mußte. Nun habe ich aber von Stresemann zu meiner Freude gehört, daß es ihr wieder gut geht. Seien Sie doch so gut und schreiben Sie mir ein paar Zeilen darüber.

Mein Birkhahn balzt, wenn grade die Sonne scheint, die Eidererpel beginnen wieder mit ihrem schönen »Ahuu«, und die Mittelsägermänner können sich mit ihrem stöhnenden Gehauche gar nicht genug tun.

In Dresden sah ich neulich eine Karakara-Paarung und Kuttengeierzärtlichkeiten bei symbolischem Nestbau.

Mit herzlichem Gruß an Sie und Ihre liebe Frau, sowie mit besten Empfehlungen an die sonstigen Ihrigen, bin ich wie immer *Ihr*

Oskar Heinroth

Altenberg, den 11. XII. 32

Hochverehrter lieber Herr Doktor!

Ich hätte furchtbar gerne gehabt, daß Sie die Flugarbeit einmal durchlesen (worauf Sie ja schon gefaßt gewesen waren). Ich mußte sie jetzt aber Hals über Kopf an Prof. Stresemann schicken, da ich den gestellten Termin sehr überschritten hatte. So werden Sie also leider die sicher vorhandenen »falschen Irrtümer« erst ausbessern können, wenn es eigentlich zu spät ist. Ich hatte die Arbeit der Bilder-Anfertigung in ihrer Dauer um rund ein Monat unterschätzt, außerdem war im Anat. Institut besonders viel zu tun. Für mich ist diese Verspätung, eben wegen der Unmöglichkeit einer Korrektur, sehr unangenehm, denn allen meinen bisherigen Arbeiten hat eine Heinroth-Durchsicht äußerst wohl getan!

Die Barsche schicke ich morgen ab, mit Telegramm. Mit den Schrätzern ist es mir nicht gelungen, wie ich wollte: Ich hatte 5, wollte aber mehr haben, verzögerte daher (auf Versprechungen der einheimischen Fischer) das Abschicken *mit* dem Resultat, daß es jetzt nur noch 3 sind, und die sind recht abgehungert, da man sie schon verhungert bekommt, nämlich aus vegetationslosen Rückstandtümpeln bei niederem Wasserstand. Der Aspro hat gefressen und einen Flossenriß teilweise ausgeheilt, die Acerina Helvinas sind furchtbar scheu und fressen in dem Behälter, in dem sie leben müssen, nicht. Ich werde noch bessere schicken, jetzt schicke ich die mageren halt, wie sie sind, mit dem Aspro mit, der ja eine wirkliche Seltenheit ist.

Ob die 2 bewußten Kormorane alt sind, weiß ich nicht, da mir Erfahrung mangelt. Sie sitzen aber immer unter Schnabelreichweite beieinander, wenn einer ankommt, legt der andere den Kopf nach hinten und sagt chrochrochrochro usw., sie haben weiße Punkte an den Halsseiten und grasgrüne Augen (die anderen grünlich-graue). Die weißen Backenflecken haben sie aber *nicht*, sie sind an der betr. Stelle braungelb, wie die anderen. Vielleicht können Sie sich danach ein Bild machen, ob es *möglich* ist, daß sie diesjährig sind. Ringe am rechten Bein!

Ich habe heute die Reiher und Schwarzstörche in den Überwinterungsraum gebracht, nicht ganz ohne Blutvergießen (Flügelbuge und Finger). Da hat sich nun einwandfrei herausgestellt, daß die Reiher sich an den Raum erinnern. Voriges Jahr haben sie nach der

Übersiedlung tagelang gefastet, heute nach einer Stunde schon kräftig gefressen! Der neue Seidenreiher und die neuen Berliner Nachtreiher sind natürlich so verzweifelt, wie Reiher in einem neuen Raum eben sind. Der Überwinterungsraum hat eine Wasserleitung bekommen und einen zweiten Teich, der fast die ganze Bodenfläche der vorderen (früher teichlosen) Abteilung einnimmt. Außerdem habe ich an den Wänden ganz hoch oben eine Reihe von Blechgefäßen angebracht, die rund um den ganzen Raum geht. Ein Gefäß ist immer etwas höher als das andere und mit einem Überlauf versehen, der in das nächst tiefere führt. Das oberste bekommt aus einem Hahn Wasser, das unterste speit in den Teich, dessen Zufluß so gebildet wird. Da der Teich jeden zweiten Tag abgelassen wird, sind die 11 Gefäße immer durchspült und rein. So erreiche ich es, daß es keine wasserlosen Reiher gibt, was bei der strengen Platzverteilung sonst immer vorkommt. Die Wasserlosigkeit wird merkwürdig gut vertragen, führt aber zu übermäßig gekrümmten Schnabelformen, auch zu Schneuzkräbeln, wie das bei uns heißt.

Bezüglich der Flügelschlappheit der jungen Kormorane: Daß sie so schwach wie Nr. sind, glaube ich ja gar nicht. Wohl aber war mein Biscupicer Stück, das doch sicher gut beisammen war, zur Zeit seines Wegfliegens doch merklich weniger stark als die 5 Berliner. Übrigens, womit mag wohl diese unglaubliche Verschiedenheit des Ausfliegens zusammenhängen? Die Nester in Biscupice, in denen diese so sehr weit entwickelten Vögel noch saßen, standen auf schmalen, sehr hohen Pappeln. Es waren um die Nester herum gar keine Klettergelegenheiten, oder Gelegenheit, auf einen anderen Ast zu fliegen. Man mußte von ihnen aus gleich wirklich weit fliegen. In Krimpen a. d. Sech (Holland) waren die Nester auf ganz sparrigen, verzweigten Bäumen, und dort saßen die Jungen noch ganz wollig (wie in den V. M.'s) *außerhalb* der Nester! Es scheint also sehr von der *Baumform* abzuhängen, *wann* die Kormorane ausfliegen. Wenn man den Nestkorb junger Störche auf den Boden stellt, gehen die Jungen ja auch früher heraus (Heinroth V. M.'s).

Mein zahmer Waldkauz (ich glaube, den kennen Sie noch nicht) kann in neuester Zeit etwas Neues: Er springt mit gebreiteten und stark *pronierten* Flügeln (also mit aufwärts stehenden Armschwingen) auf mich los; das sieht aus, als wenn er wütend wäre, aber der Vogel ist dann ganz freundlich. Er sagt kuwitt, aber nur ganz leise huhuhuhh; ich muß zu meiner Schande gestehen, daß ich das scharfe Kuwitt immer dem Steinkauz zugeschrieben hatte!!!

Die Taucher schaffen *wirklich* das mit der Bürzeldrüse, was wir mit dem Hirn zusammenbringen! Uns gefällt eben jede Hirnleistung, weil wir selbst Hirntiere sind. Ein Taucher würde wahrscheinlich schreiben: »H. sapiens ist mit seiner extremen Hirnentwicklung in eine Sackgasse geraten, aus der er nicht herausfindet und die ihn hinderte, den einzig richtigen Weg (Bürzeldrüsenentwicklung) einzuschlagen.«

Mein einer Zwergtaucher ist leider *plötzlich* gestorben. Er schwamm als vollkommen wasserdichte Leiche in Schlafstellung auf dem Aquarium. Der andere befindet sich (bis jetzt) vollkommen wohl. Beiliegend bildliche Taucherbeobachtungen.

Meine Frau (die allerherzlichst grüßen läßt) *war nie* (als Patientin) im Spital. Sie vermutet, daß ich geschrieben habe, sie sei wieder im Spital, als sie dort wieder ihren Dienst antrat! Das war etwa 10 Tage nach Ihrer Wegfahrt der Fall. Ich glaube aber, ich habe das an Pr. Stresemann geschrieben. Es tut mir wirklich leid, wenn ich an einem Irrtum schuld war. Die Kinder sind erfreulich, wie alle gedeihenden Jungtiere, sie geben auch Stoff zu sehr interessanten Beobachtungen, vor allem über psychischen Geschlechtsdimorphismus. Ich soll noch die allerherzlichsten Grüße jedes meiner beiden Eltern ausrichten!

Halt! Noch was! Seit zwei Tagen lebt in unserem Garten eine Hohltaube, die mit meinen Tauben frißt und mich auf 4 m herankommen läßt! Wie erklärt sich so etwas???? Mit vielen, vielen Grüßen, auch von meiner Frau, Ihr dankbarer

Konrad Lorenz

Berlin, den 16. Dezember 1932.

Mein lieber, verehrter Kollege!

Daß die drei Schrätzer gut angekommen waren, schrieb ich Ihnen ja schon ganz kurz, und ich füge hinzu, daß wir viel Freude an den schmucken Tieren haben, die mit Flußkrebsen zusammen ein etwa 5 m großes, steiniges sandiges Becken bewohnen; sie haben bereits Regenwürmer gefressen und erweisen sich als ruhige Tiere. Wir schicken Ihnen auf alle Fälle wieder eine Kanne und bitten Sie recht herzlich, uns zu noch einigen Schrätzern, wenn möglich aber auch zu Zingel und Strebern zu verhelfen. Daß der Aspro in der letzten Nacht noch bei Ihnen gestorben ist, ist zu schade!

Es hat sich ergeben, daß zwei Ihrer von hier bezogenen Kormorane von 1931 und drei von 1932 sind, die Tiere stammen aus einer Abteilung des Ibishauses, wo sie gegen den Wärter z. T. sehr vertraut waren. Auch ich habe beobachtet, daß zweijährige Vögel sich nur unvollständig ausfärben, so wie Sie es von den Ihrigen beschrieben, und ich bin neugierig, ob sie zur Fortpflanzung schreiten werden.

Ihren Brief vom 11. 12. habe ich wieder mit großer Begeisterung und Freude gelesen, und er hat auch sonst hier viel Anklang gefunden.

Über den Zwergtaucher, von dem ich ein Stück, ich glaube, ein Jahr lang, in der Badewanne gehalten habe, konnte ich dieselben Beobachtungen machen wie Sie. Direktor Dr. Heck sagte mir gestern, daß es allmählich nötig wird, die Zahl der Mönchssittiche, die anscheinend auf mindestens 200 eingeschätzt wird, einzuschränken. Wenn es glückt, welche zu fangen, würden Sie sie also bekommen können, wenn Sie sich dazu melden.

Mit dem scharfen »Kuwitt« des Waldkauzes ist es mir vor ungefähr 25 Jahren ähnlich ergangen wie Ihnen: Ich war auch erstaunt darüber, als ich es im Zimmer hörte, und habe es dann sowohl in Rossitten wie hier frei im Zoologischen Garten nachts öfter gehört.

Die Nachrichten über Ihre Frau und Ihre Kinder freuen mich sehr und versetzen mich dadurch gern in Ihr Familienleben. Grüßen Sie alle recht herzlich und vergessen Sie dabei auch Ihre verehrten Eltern nicht.

Hohltaube! In neuerer Zeit ist sowohl aus Amerika als auch aus Europa beschrieben, daß ganz wilde Enten, die auf Parkteichen einfallen, wo zahme Wildenten gehalten werden, sofort völlig vertraut sind, sich also nach dem Verhalten der Ortseingesessenen richten. Das gibt sehr zu denken.

Nun wünsche ich Ihnen und dem ganzen Hause Lorenz ein behagliches Weihnachtsfest und frohes Neujahr und brenne in Neugierde auf das Lesen Ihrer Flugarbeit, Ihr stets ergebener

Oskar Heinroth

Altenberg, 24. XII. 32

Hochverehrter lieber Herr Doktor!

Vor allem nehmen Sie bitte unseren herzlichsten Dank für Ihre lieben Weihnachtsgrüße. Ihre Anteilnahme an meinem Familienleben ist etwas, das mich immer wieder besonders freut. Daß der Aspro im letzten Augenblick noch umstehen mußte, ist doch wirklich ein Pech. Ich habe gestern 7 (!) Schrätzer bekommen, von denen aber 6 tot waren. Den Überlebenden habe ich sofort geschickt. Komisch ist das mit dem einen Überlebenden bei im übrigen erstickten Sendungen; das kommt immer wieder so vor. Offenbar erholt »er« sich, *nachdem* die anderen tot und nicht mehr Sauerstoffkonkurrenten für ihn sind. Das Schicken von kleinen Kannen erweist sich aber als ungeschickt, da 20 kg der Mindest-Taxe entspricht, die man auf jeden Fall zahlen muß. Ich habe jetzt einen Waschtrog mit Durchfluß eingerichtet und werde so besser sammeln können. Soll ich versuchen, Chondrostoma nasus zu schicken? Das sind meine täglichen Futterfische und ich kann jederzeit lebende kriegen. Ob sie überhaupt eingewöhnbar sind, weiß ich nicht. Ihre Nahrung besteht scheinbar ausschließlich in den Kleinlebewesen des Donauschlikkes, der alle festen Unterwassergegenstände überzieht. Sie fressen ihn nach Art Algen abweidender Xiphophoruse oder Mollienisien und man findet nie was anderes in ihrem Verdauungskanal. Dieser nimmt entsprechend der ärmlichen Kost unglaublich viel Raum ein, und deshalb faulen tote Nasen so sehr rasch.

Als ob er Ihre Antwort auf meine Hohltauben-Mitteilung vorausgesehen hätte, stellte sich 2 Tage vor Ankunft Ihres Briefes ein wilder Stockerpel bei mir ein und fraß ohne weiteres zugeworfenes Futter. Er hatte an den Kopfseiten Flecken von Sommerkleidresten, war also offenbar ein irgendwie geschädigtes Stück, obwohl ihm im Gehaben keine Krankheit anzumerken war.

Seit einiger Zeit habe ich 5 wildgefangene Lachmöwen. Wenn man, wie ich, von den Lariden *nur* die Flußseeschwalben gehalten hat, wirkt die Anpassungsfähigkeit der Lachmöwen auf einen geradezu als Sensation. Man traut seinen Augen einfach nicht, wenn dieses so seeschwalbenähnliche Vieh geschickt die Ecken eines ihm fremden Raumes ausfliegt und schließlich auf einem Astzinken sitzen bleibt. Auch das Brotfressen wirkte auf mich plattmachend. Erstaunlich ist auch die Schnelligkeit, mit der sie ihre Scheu ablegen und eine Mensch-Futter-Gedankenverbindung bilden. Übrigens: Als ich einmal (kurz nach ihrem Ankauf) spät abends aus dem Institut kam und mit der Taschenlampe nach dem Befinden der (bei ihrer Ankunft sehr verhungert gewesenen) Möwen sah, reagierten sie, wie Ihr Baumfalke auf Anblinken und wie die Ausstellungshühner auf Musik, mit Schnabelschütteln!

Die beiden Zwergtaucher habe ich jetzt nach Altenberg heraus genommen. Sie sind *aus* dem eingerichteten Aquarium im Institut nach *9stündigem Transport* in einen vorbereiteten Behälter gekommen, in dem sie *sofort* tauchten, fraßen und putzten. *Trotzdem* sind sie etwa 3 Stunden nach ihrer Ankunft vollständig naß geworden, wie ein Schwamm!! Nach etwa 3tägigem Putzen und Baden waren sie wieder so wasserdicht wie vorher! Jetzt weiß ich weniger als vorher über das Wesen der Wasserfestigkeit! Die Taucher wohnen jetzt in dem ovalen Marmorbecken in der Ecke des veranda-artigen sog. »Gartenzimmers«. (Vielleicht erinnern Sie sich an das Becken mit geschmackloser Steingrotte und Venus.) Zuerst hatte ich, um das Herausfliegen zu verhindern, nur ganz wenig Wasser im Becken, eine Insel aus 3 Ziegeln mit Schwammgummilage in der Mitte. Als die Vögel aber trocken und gesund geworden waren, flogen sie *doch* heraus, aber, zu meiner namenlosen Überraschung, auch *wieder hinein*. Das ist eine ungeheure Leistung, da der Wasserspiegel ja wesentlich höher als der Fußboden des Zimmers liegt und die Umrandung des Beckens gut 30 cm hoch ist! »Wasser oben« bietet doch den meisten Vögeln sehr große Schwierigkeiten! Jetzt ist die Einrichtung folgende: Die Insel ist weg, der Schwammgummi liegt auf den 15 cm breiten Rändern des Beckens. Letzteres ist ganz gefüllt, daß die Taucher leicht auf den Rand springen können. Täglich einmal wird das Wasser bis zur völligen Klärung durchfließen gelassen (dauernden Durchfluß verbietet leider die Wasserknappheit). Die Taucher schwimmen so gut wie immer frei auf der Wasserfläche, ein reizender Anblick! Nur nach dem Baden gehen sie auf den gummibekleideten Rand, um sich zu putzen. Abends, meistens wenn wir beim Nachtmahl sitzen, wird der eine zugunruhig (ich weiß nicht, ob es ein gutes oder schlechtes Zeichen ist, daß der andere ruhig bleibt), begibt sich auf die Wandseite der Wasserfläche, um viel Anlaufraum vor sich zu haben und fliegt auf und ins Zimmer hinaus, leider manchmal gegen helle Wände. Im übrigen kennt er aber das Zimmer *und das Nebenzimmer* und fliegt über den Boden hin, *ohne* anzustoßen. Nach wenigen Minuten flattert und trippelt er zum Becken zurück und fliegt in einem kurzen, hohen Bogen (den man dem Taucher nicht zutrauen möchte) über den Rand hinein. Der andere (der, den ich schon fast 2 Monate habe) tut das, wie gesagt, viel seltener. Gestern aber machte er einen langen Hals und gab einen Laut von sich, als der Kollege ausgeflogen war, also offenbar einen Lockruf. Ein hübscher, zweisilbiger Ruf, etwa »Frülip« mit Betonung auf der zweiten Silbe. Als der ausgeflogene zurückkam und im Becken einfiel, schwammen sie wispernd, geduckt und eilig nickend (etwa wie die ein Gesellschaftsspiel eröffnende Stockente) in engen Kreisen umeinander herum.

Daß die Kormorane »gegen ihren Wärter sehr vertraut« waren, beruhigt mich, denn ich hatte schon angefangen, an Wunder zu glauben. Gegen mich sind sie nämlich so vertraut, daß sie zu fünft auf mir landen und mich jämmerlich zerkratzen, wenn ich sie nur einigermaßen hungrig werden lasse. Daß 2 älter sind, hatte ich also richtig vermutet. Verlobt sind sie miteinander, das steht fest (chrochrochro). Der Waldkauz kommt in dieser Stellung auf mich los, wenn ich ins Zimmer komme, meint es aber freundlich. Seit einiger Zeit sagt er seinen »schauerlich-schönen Nachtruf« *neben* dem Kuwitt! ♂?

Für jede Zahl von Mönchssittichen bin ich äußerst dankbar, ich möchte *zu* gerne eine wirkliche Brutkolonie dieses Vogels haben! Ein sandig-steiniges Becken mit Flußkrebsen entspricht genau dem wirklichen Biotop der Schrätzer. In einem Kubikmeterbecken sind sie wohl ruhig, in kleinen Becken aber rasen sie leicht nach Art der »Haifisch«welse gegen eine Ecke und fressen dann kaum.

Hoffentlich kriege ich noch Aspronen. Die hiesigen Fischer kennen *nur* den Zingel.

Mit vielen herzlichen Grüßen Ihr stets dankbarer

Konrad Lorenz

Altenberg, 29. XII. 32

Hochverehrter lieber Herr Doktor!

Durch einen »wunderbaren Fischzug« bin ich in den Besitz von über 40 sehr großen und gänzlich *un*abgehungerten Schrätzen gekommen (Laichgesellschaft? Es sollen in dem betr. Wasserloch *nur* diese Schrätzen gewesen sein. Laichansatz scheinen viele zu haben!). Ich habe gestern in die Kanne 12 St. gepackt und sie abgeschickt, hoffentlich kommen sie unerstickt an. Falls Sie noch welche wollen, kann ich Ihnen noch weitere 30 St. schicken, die vorläufig in einem durchronnenen Waschtrog harren. Ich stelle mir eine solche größere Schar in einem großen Becken sehr hübsch vor. Die Tiere haben so einen eigentümlich »marinen« Habitus, den ich sehr reizvoll finde. Da Sie aber doch sicher nicht mehr als diese vorhandenen Schrätzen haben wollen werden (prachtvolles Deutsch!), habe ich jetzt die Schrätzen abbestellt und dafür auf Aspronen Phantasiepreise (von 5 S) ausgesetzt. Wahrscheinlich kriege ich welche. Die Fischer kennen nur den Zingel, nennen ihn: *das* Zingerl. Da sie aber vom Streber nichts wissen, kann die Art, die ich nun in 2 erstickten Spritleichen besitze, natürlich gradsogut der Letztere sein!

Eine neue Beobachtung schreibe ich mit Vorbehalt, weil ich noch nicht so ganz sicher genug bin: Die Taucher scheinen wie Anatiden das *Antrinken* zur Begrüßung zu haben. Wenn einer ausgeflogen war und zurückkommt, so schwimmen sie mit bibibibibib umeinander herum, wobei sie stark den Kopf nickend vorstoßen und zurückziehen. Dabei ist der Kopf dick und der Hals dünn. Sie haben die Unabhängigkeit des Kopfgefiedersträubens vom Halsgefiedersträuben, die offenbar bei den »Ausdrucksfedern« des Haubentaucherkopfes eine Rolle spielt, aber eben *ohne* diese Ausdrucksfedern. Dadurch erinnern sie mich immer an junge Chrysolophushähne, die einen Kragen spreizen, den sie noch gar nicht haben. Nach dieser Zeremonie, die aussieht, als wollten sie übereinander herfallen, *trinken* fast immer beide! Wenn sie nicht lange getrennt waren, bleibt die Zeremonie weg und sie trinken nur. Sie sind viel geselliger, als ich sie mir vorgestellt habe. Z. B. geht das Auffliegen genau wie bei Anatiden vor sich. Es werden durch längeres Herumschwimmen mit Auffliegeabsichtsausdrucksbewegungen so lange »Reize summiert«, bis *der* schließlich Auffliegende ganz sicher den Artgenossen mitreißt. Der, der bei meinem vorigen Brief nicht in Zugstimmung kam, tut es jetzt doch (er war also doch matt gewesen) und sie fliegen immer zusammen und stoßen kaum mehr an. Sie rennen dann wie zwei Enten »angebunden« miteinander herum. Bei ihrer zielbewußten Findigkeit und dem eigentümlich zierlich-ungeschickten Trippeln wirken die Tiere sehr drollig, zumal sie regelmäßig dann aus dem Becken fliegen, wenn wir im Gartenzimmer beim Nachtmahl sitzen. Sie sind jetzt (wie aus dem Gesagten eigentlich hervorgeht) viel gesünder, als sie jemals in dem Behälter im Anatomischen Inst. waren, *obwohl* sie dort viel regelmäßiger das richtige Futter hatten. Sie fressen jetzt sehr viel Mehlwürmer, auch wenn Fische im Überfluß da sind, werden auch nicht krank, wenn sie einen Tag gar keine Fische kriegen. Komisch ist folgendes: Sie kennen nicht nur die Fischarten, sondern sie wissen genau, wie *hoch* jede Art im Verhältnis zur Länge ist und bevorzugen gewisse Querschnittsgrößen. Sie suchen also beispielsweise

so große Bitterlinge und so große Plötzen aus, wenn verschiedene Größen beider Art vorhanden sind. Merkwürdig ungern fressen sie ganz kleine Fische. Gegen die haben sie geradezu eine Abneigung. Vielleicht ist das so, damit sie keinen Fisch jagen, der die verausgabte Kalorienzahl nicht hereinbringt. Allerdings tauchen sie aber doch nach einzelnen Mehlwürmern.

Merkwürdig ist der zugestandene Stockerpel. Beim Füttern kommt er auf 10 m heran. Wenn ich auf die Enten zugehe, so wird er erst, wenn ich auf 15 m nahe bin so:

abflugbereit, beruhigt sich aber sofort, wenn ich stehen bleibe. Wie anders sind da die Rabenvögel!

Das Christkind hat 4 Mönchssittiche gebracht, die mit den 3 freifliegenden *durchs* Gitter des Flugkäfigs eine Massenschlacht geliefert haben, wie ich noch keine sah! Es fielen 3 vierte Zehennägel! Wie ist das nun, wenn man im Berliner Zoo einen fremden Mönch losläßt? Bringen die Ansässigen den um? Und wenn nicht, von welcher Stückzahl der Kolonie *aufwärts* tun sie es nicht? Das Christkind brachte ferner 4 Jungpfauen, deren Geschlecht ich nicht zu erkennen vermag. Einer schlug heute feierlich ein Rad, das er gar nicht hat. Ist das wohl sicher ein Mann oder tun Hennen dasselbe? Wenn ich meiner Phantasie Lauf lasse, sehe ich 3 ♂♂ und 1 ♀. Ich soll noch ganz besonders die herzlichsten Grüße meiner Eltern und meiner Frau ausrichten.

Mit den besten Grüßen Ihr dankbarer

Konrad Lorenz

Altenberg, 18. I. 33

Hochverehrter lieber Herr Doktor!

Ich habe stark das Gefühl, daß meine letzte Schrätzer- und Nasensendung als »erstickte Suppe« angekommen ist. Ich tat die 2 überzähligen Schrätzer und die 2 Nasen in die Kanne, »weil ich sie gerade hatte« und das soll man nie tun. Es war damals gerade sehr kalt und so habe ich vorläufig doch noch Hoffnung.

Hier ist wenig Neues. Wirklich interessant ist der fremde Stockerpel. Vorgestern war ich ernstlich in Versuchung, ihn zwecks Beringung zu greifen, so dicht vor meinen Füßen fraß er das gestreute Körnerfutter! Die Hohltaube ist fast ebenso zahm und ist jetzt glatt und gesund, was sie anfangs nicht so ganz war. Interessant ist Folgendes: Der Erpel hat auf den Wangen ziemlich viele Sommerkleidfedern, die Taube ist im *Jugendkleid* mit schwarzen Füßen (wie ich nach der Bunttafel in den V. M.'s feststellte). Also beides Tiere, die ihren Knacks weghaben! Wahrscheinlich wird ein Tiger mit einer ähnlich bedingten Fluchttriebherabsetzung zum Man-eater.

Die Zwergtaucher können was Neues: Aus dem »Wisperndumeinander-Herumschwimmen« hat sich eine Zeremonie entwickelt, die an ein Gänsetriumphgeschrei erinnert. Der »Dunkle« wird bei Begegnungen *hoch*, hebt das Kinn, schwimmt *breitseits* auf den »hellen« los, worauf beide umeinander-(oder aneinander vorbei-) schwimmend genau im Takt, aber mit stark verschiedenen Stimmen, einen laut schnatternden Triller loslassen. Die Aufforderung geht immer vom Dunklen aus, der seit jeher mehr Gehabe und ein lebhafteres Gefiedermienenspiel an den Tag legte. Ich habe das bestimmte Gefühl, ein Paar vor mir zu haben, zumal sie seit Beginn der Zeremonie vollkommen verträglich sind. –! *Wasserfestigkeit:* Am Freitag leerten wir ihr Becken (das leider nur einen Über- aber keinen Ablauf hat) ganz aus. Die Taucher fielen dabei umgemein lästig, da sie in ihrer Zahmheit immer wieder in das Becken flogen, während wir es reinigten. Die ganze Angelegenheit dauerte etwa 25 Minuten. Am selben Abend kamen mir die Taucher etwas naß vor, Samstag mittags waren sie pritschnaß und badeten ununterbrochen, waren aber normal lebhaft, fraßen normal, *balzten am Land*, da sie nicht im Wasser blieben, wenn sie nicht gerade badeten. Montag waren sie etwas trockener, heute (Mittwoch) ist alles überstanden und die Wasserfestigkeit wiederhergestellt. Post hoc oder Propter hoc??? Für letzteres spricht a) daß sie nach dem kaum viel längeren Transport aus Wien auch erst *nach einiger Zeit* naß wurden, b) daß sie so gar keine Gesundheitsstörung in ihrem Benehmen zeigten. Was aber, um Gotteswillen, kann eine viertelstündige *gewaltsame* Trockenlegung an den Federn ändern, wenn ein freiwilliges Anlandgehen *nicht* schadet. Oder dauerten die Landausflüge doch nie so lange? Gemessen habe ich sie leider nie! Und dann haben sie doch immer sofort nach ihrer Rückkunft ins Wasser gebadet. Wenn mir die Tiere nicht zu wertvoll wären, würde ich Versuche anstellen.

Was sagen Sie zu der Balz im Ruhekleid? Glauben Sie, daß die Viecher möglicherweise brüten? Seit den Carnielschen Eisvögeln halte ich *alles* für möglich, zumal ich bei den Tauchern ausgesprochen das Gefühl habe, daß sie gegenwärtig alles tun, was Taucher zu dieser Jahreszeit tun »sollen«. Sie haben jetzt keinen Zugtrieb mehr und gehen daher nie aus ihrem Becken. Anfang voriger Woche flog aber einer aus dem Nebenzimmer (Arbeitszimmer meines Vaters) durch die Tür ins Taucherzimmer *über* den Nachtmahltisch mit 4 Lorenzen und fiel im Wasser ein, wobei er nach Überfliegung des Tisches doch ganz steil abwärts mußte. Daß er das kann, hätte ich nie geglaubt!

In unserer Familie hat sich insoferne etwas geändert, als meine Frau ihre Mutter verloren hat, an einer Struma maligna mit Lungenmetastasen. Zum Glück ist die liebe gute Frau, die auch für mich eine Art Mutter war, sehr rasch und schmerzlos gestorben, ohne ihren Zustand zu ahnen. Meine Frau hat aber in der Zeit viel mitgemacht, sie hat so gar nicht die Gabe, sich zu verstellen, und die Aufgabe, ihrer Mutter nichts anmerken zu lassen, hat sie furchtbar hergenommen. Jetzt sieht sie schon wieder ein wenig besser aus und ihre Arbeit lenkt sie wohltätig ab. Die Kinder sind gesund und lustig, im Augenblick ertönt aus dem Badezimmer lautes Plantschgejubel. Agnes hat eben jetzt den *Concessivsatz* »erfunden«, z. B. »so stark der Papa ist (hörbarer Beistrich), kann er mich kaum mehr in die Luft werfen.« Merkwürdig ist die Freude an so einer neuen Satzkonstruktion. Man sieht genau, daß ihr so ein Ausspruch Selbstzweck ist. Ich sehe auch Sekunden vorher, wann Agnes so was sagen wird, so sicher, wie wann ein Taucher wegtauchen wird!

Mit vielen, vielen Grüßen auch von meiner Frau.

Ihr ergebener

Konrad Lorenz

Altenberg, den 4. II. 33

Hochverehrter lieber Herr Doktor!

Es tut mir wirklich leid, daß das Aquarium mit der verhältnismäßig wertlosen Sendung solche Schwierigkeiten gehabt hat! Es war aber nicht meine Schuld, daß die Kanne an Sie und nicht »an das

Aquarium« adressiert war, wie Sie mir geschrieben hatten: Vielmehr verlangte der hiesige Frachtbahnhofbeamte kategorisch einen *persönlichen* Adressaten (offenbar um diesen gegebenen Falles wegen Valutenschmuggels einsperren zu können!). Ich habe also Ihre Anweisungen nicht leichtfertig in den Wind geschlagen.

Die Taucher »ziehen« gar nicht mehr und die Trillerduette werden immer häufiger. Ich glaube, im Freien trillert so ein Ehepaar bei jeder Begegnung. Auf dem halben Quadratmeter begegnen sie sich nur zu oft, sodaß sie sich gegen diesen Reiz abstumpfen. Wenn sie durch Zufall gerade aufeinander losschwimmen, sieht man fast immer angedeutet die einleitenden Bewegungen, die dann aber »abortiv verlaufen«, wie der Medicinman so edel sagt. Erst bei jeder soundsovielten Begegnung haben sich dann die Reize soweit summiert, daß es zu einer Trillerei kommt. Die Stimmen sind *verschieden*, aber es ist vollkommen unmöglich zu entscheiden, *welche wem* gehört, auch wenn man nur 1 m vor den Tieren sitzt. (Sie sind so zahm, daß man das kann.) Seit einigen Tagen verlieren sie viel Federn, was ja den Mauserangaben in »V. M.'s« gut entspricht.

Ich habe jetzt eben Alverdes' »Tierpsychologie« gleichzeitig mit den letzten Lieferungen (Eiderenten, Säger) Ihres Buches gelesen. Da ist mir so recht klar geworden, wie Sie (so bescheiden bin ich), eben erst *angefangen* haben, das Material zu einer Tierpsychologie zusammenzutragen. Sie glauben nicht, *wie* das Alverdesbuch von *falschen Verallgemeinerungen* geradezu strotzt. Man kann sagen, daß es fast nur aus solchen besteht. Der Glaube, daß man *ohne* eine so lächerlich kleinlich genaue Teilforschung in die Zusammenhänge tierischen Verhaltens eindringen kann, ist eben einfach falsch. Man möchte Alverdes fast auf jeden Satz, den er schreibt, widersprechen. Es sind ihm die primitivsten Tatsachen unbekannt. Zum Beispiel lebt er des Glaubens, daß *alle* Vögel *und* Säuger (!), wenn jung aufgezogen, in ihrem Triebleben auf den Menschen umschlagen. Der Gedanke, daß so etwas von Art zu Art verschieden sein könnte und daß etwa gerade diese Verschiedenheiten Einblicke gewähren könnten, kommt dem guten Mann einfach nicht. Ich möchte gerne wissen, *wie ernst* dieses Buch in der Fachwelt genommen wird! Ich kann mir gut vorstellen, wie so ein naturfremder Schreibtischpsychologe den Unsinn todernst und andächtig in sich aufnimmt! Sie sehen, daß ich mich in Kampfstimmung befinde. Neugierig bin ich, wieviel Kampfstimmung mein Flugaufsatz auslösen wird. Da ich bekanntlich die V. M.'s auswendig kann (nur den Ergänzungsband noch nicht), habe ich mir erlaubt, den Behauptungen, die Böker in seiner Flugarbeit aufstellt, in Zitaten aus Ihrem Buch zu widersprechen und so meine Beobachtungen zu stützen. Wenn also Böker mit gesträubtem Gefieder und leisem Zischen auf Sie zukommt, bin ich schuld daran, hoffentlich sind Sie mir nicht böse darob. Was *Sie* zu meiner Arbeit sagen werden, steht noch sehr dahin. Ich glaube, Sie werden finden, daß man so hypothetische Dinge überhaupt nicht niederschreiben soll. Jeder zweite Satz hört mit den Worten auf: »annehmen zu dürfen das Recht zu haben glaube« oder »nicht ganz unwahrscheinlich zu sein scheint«. Der »Kleinkramer« schreibt jetzt seine Krähenbeobachtungen zusammen, was sicher eine sehr schöne Arbeit werden wird.

Mit den allerbesten Grüßen und Empfehlungen, auch von meiner Frau, Ihr ergebener und dankbarer

Konrad Lorenz

Altenberg 22/II.33

Lieber hochverehrter Herr Doktor!

Ich muß einiges mir interessant scheinendes berichten. Es ist mir jetzt zum ersten Male gelungen, einen alten Kolkraben an den Freiflug zu gewöhnen, nämlich den Ihnen bekannten, von Antonius gespendeten Ersatzmann für den gefallenen Roa. Am 12/II 33 ließ ich ihn frei, d. h. machte die Käfigtüre auf. Am 13. kam er abends heraus (bis dahin traute er sich nicht in die Nähe der schrecklichen, veränderten Tür), am 14ten morgens wurde er gesehen und war dann verschwunden. Am 15ten machte ich mir den Nachmittag frei und ging ihn suchen und sah ihn fliegen, in nicht allzugroßer Entfernung, nämlich nicht weiter weg, als daß er Rabenrufe aus unserem Garten hätte hören können. Am Samstag ging ich nun mit der Rabenfrau aus, ihn zu suchen. (Eine schöne Eigenschaft der Raben ist es, daß sie auch bei monatelanger Vernachlässigung ihr Verhalten zum Pfleger nicht ändern. Das ♀ war seit August 32 eingesperrt und wurde von mir kaum eines Blickes gewürdigt. Beim erstenmal Herauslassen verhielt sie sich nicht um ein Jota anders als früher immer!) Ich hörte plötzlich mein ♀ (ich meine die Räbin, nicht meine Frau) »fliegender Rabe« schreien, und da kam der Schönbrunner aus der Entfernung auf uns zu und landete, ohne mich zu sehen, beim ♀ auf einem Baum, etwa 25 m vor mir. Dann sah er mich und wollte fliehen, d. h. ging in Abflugstellung, aber ich feuerte geistesgegenwärtig ½ kg feingeschnittenes Roßherz von mir, drehte mich um und ging, mich überwindungsvoll nicht umsehend, ein gutes Stück weg. Als ich mich dann mit gemachter Gleichgültigkeit umsah, saßen beide Raben am Boden und fraßen. Als sie die Kehlsäcke vollnahmen und verstecken flogen, nahm ich etwas näher an den restlichen Herzstücken Aufstellung, und als der alte Mann dann um eine neue Ladung kam, landete er ohne weiteres vor mir auf dem Boden. Am nächsten Nachmittag kam er in den Garten und ließ sich füttern. Jetzt kommt er schon auf 5 m an mich heran und hält sich fast ausschließlich im Garten auf. Merkwürdig, aber sicher auch Ihnen nicht neu, ist nun Folgendes: Der Rabe ist gegen fremde Leute, die außen am Zaun entlanggehen, viel vertrauensvoller als gegen mich. Mich kennt er zwar schon als Futterquelle und kommt auf meinen Ruf aus der Entfernung, *aber* er läßt mich, auf einem bestimmten Baum am Zaune sitzend, nicht unter sich durchgehen, während er nicht einmal dünn wird, geschweige denn abfliegt, wenn Bauern mit Kindern und Hunden auf demselben Weg unter ihm durchmarschieren. Es muß ihm also das Interesse, das ich für ihn habe, wahrnehmbar und unheimlich sein. Jetzt versuche ich, schauspielerisch so vollendet wie möglich, Gleichgültigkeit zu heucheln, vor allem nie den fliegenden Vogel mit den Augen und mit Kopfdrehung zu verfolgen, das scheint er am stärksten zu merken. Bemerkenswert ist die geringe Fahrigkeit dieses alten Raben. Trotz seiner verhältnismäßigen Scheuheit ist er das Unfahrigste, was man sich vorstellen kann. Er flieht *nie* in blinder Panik und ändert nie einen einmal gefaßten Entschluß. Wenn er z. B. von einem Baum herunter auf mich zu abfliegt, kann man jede Wette eingehen, daß er bei mir landet. Damit steht er in ganz auffallendem Gegensatz zu jungen, entsprechend scheuen Raben, die auf die größere Entfernung auf den lockenden Futterspender »positiv reagieren« und auf ihn losfliegen, um dann in größerer Nähe Angst zu bekommen und abzuschwenken, und das unbegrenzt oft hintereinander wiederholen. Auch wenn er vor mir flieht, so trägt sein Gehaben den Charakter eines »geordneten Rückzuges«. Er wird dabei gar nicht ganz dünn und geht in einer Weise ab, die in mir ursprünglich die Vorstellung weckte, er sei jetzt *zufällig* abgeflogen und nicht vor mir geflohen. Leider haben die beiden Raben vorläufig gar nichts miteinander. Sie fliegen zwar zusammen und machen sogar schöne Flugspiele, aber von Balz ist keine Rede. Immerhin bin ich froh, wieder diese Flugspiele über dem Garten zu sehen und die schönen Rufe zu hören, die sie begleiten. Wer selbst Raben gehalten hat und seine Freude an diesen glänzenden, körperlich und geistig gleich regsamen Gesellen gehabt hat, wird sicher jeden verfluchen, der ihren Bestand sinn- und zwecklos mindert. *(So* kann ich fast die ganzen V. M.'s auswendig!)

Ich habe jetzt Silber- und Goldfasanenhähne sowie Pfauen freigelassen und nur dadurch einen Verlust gehabt, daß ein Pfau und ein Silberfasan von einem Hunde getötet wurden. Weggeflogen ist keiner. Glauben Sie, Herr Doktor, daß man Tetraonen freilaufend halten könnte? Ich könnte mir nämlich nicht allzu schwer welche verschaffen. Altgefangene Fasane werden ja mit der Zeit ganz zahm, wie verhalten sich Auerhähne? Meine drei Chrysolophushähne kommen *fliegend* zurück, wenn sie erschrocken losbrausen und ich glaube, es war das hauptsächlichste Bedenken, das Sie gegen Freilassen zahmer Haselhühner äußerten, daß die das nicht zusammenbrächten.

Gestern gab mir Prof. Versluys einen Sonderdruck eines Vortrages Demolls (Antrittsvorlesung in München 1932), betitelt »Der Instinkt«. Darin sagt Demoll sehr vieles, was mir vollkommen aus dem Herzen gesprochen ist, *aber* dann, o wehe, führt er als Beispiel für »Plasticität« der Instinkte eine Henne an, die nach dreimaligem Entenausbrüten nun auch Hühnerkücken ins Wasser führt und, wie die Armen nicht hineinwollen, sie hinein *wirft*. Ich kenne nun diese Henne schon irgendwoher aus der Literatur (Alverdes?) und nun hege ich die Hoffnung, daß Sie den Autor, nämlich den ursprünglichen, dieser Henne kennen. Da er so wirklich gescheite Leute wie Demoll irrezuführen imstande ist, gehört er unbedingt angenagelt. Wie ist das nun eigentlich mit dem *Führen* von jungen Enten durch Hennen? Ich sah nämlich immer nur die Enten untereinander zusammenhalten und kaum andeutungsweise der Henne folgen, die ihrerseits den Enten getreu nachlief. Dabei waren die Jungen gewöhnliche Hausenten, schon Hochbrutentenkücken verlassen eine

Cairina-Amme sofort, nämlich in einem Alter, wo sie unter einer artgleichen Brüterin noch im Nest bleiben. Cairina*mütter* töten Stockentenkinder, verteidigen sie aber, wenn man sie in die Hand nimmt. Man müßte diese Dinge einmal eingehend bearbeiten, gibt es nicht eine Arbeit von Heinroth »Über das Verhalten von Ammenvögeln zu artverschiedenen Jungvögeln«? Einen Sonderdruck dieser Arbeit hätte ich *zu* gern, wenn es sie gäbe!

Ich würde mich sehr dafür interessieren, was Sie zu meinem Flugaufsatz zu sagen haben. Wenn Sie einmal ein paar Minuten dazu Zeit fänden, eine Kritik zu äußern, wäre ich natürlich sehr dankbar. Ich weiß selbst schon Verschiedenes, was ich gerne noch ändern würde und eine *vorherige* Heinroth-Kritisierung hätte der Arbeit sicherlich viel geholfen. Bitte seien Sie aber nachträglich so unnachsichtig, wie Sie es vorher gewesen wären! Wenn es auch zu spät ist. Mit vielen, vielen Grüßen sämtlicher Lorenze Ihr sehr dankbarer
Konrad Lorenz

Beobachtet Altenberg, 25/II.33

Hochverehrter lieber Herr Doktor!

Als Ihr getreuer Schüler pflege ich nicht so leicht über Tiere zu lachen. Beim Anblick dieser Faschingsdienstag-Cairina aber doch. Die Deutung des im Bilde festgehaltenen Vorgangs überlasse ich Ihnen. Fehlt nur, daß sie hinten ein Ei fallen läßt, weil's vorn finster ist!

Viele Grüße Ihr ergebener

Konrad Lorenz

Berlin, den 23. III. 33

Mein lieber Freund und Kollege Lorenz!

Es drückt mich sehr, daß ich Ihnen noch nicht geantwortet habe, aber es kam so allerlei dazwischen, und man muß zu einem Briefe für Sie in besonderer Stimmung sein.

Ihre Vogelflugarbeit im Journal ist großartig!, was ich bei jeder Gelegenheit in zoologischen Sitzungen betont habe. Grade daß Sie den Hauptwert darauf legen, was eine Vogelart in flugtechnischer Hinsicht nicht oder nur schwer kann und also in ihrer wirklichen Freiheitsumgebung auch nicht braucht, ist so besonders anschaulich. Und ich hoffe nur, daß recht viele Leut sich Ihre Ausführungen auch wirklich zu Gemüte führen.

Über einzelne Punkte müssen wir gelegentlich, vielleicht im Herbste in Königsberg, noch näher sprechen, denn das führt brieflich zu weit.

Das Verhalten Ihres nunmehr freifliegenden Zookolkraben-Mannes habe ich mit Begeisterung gelesen und bin neugierig, wie er sich weiterhin verhalten wird. Auch hier im Zoo habe ich schon gesehen, wie Türkenenten-Weiber auf der Nestsuche in Starkästen gucken, ich kann Ihnen aber zu Ihrer Beruhigung versichern, daß sie dabei niemals Eier legen, so dumm ist selbst eine Cairina nicht.

Ich bemühe mich jetzt das 2. Mal, ein hier gelegtes Kagu-Ei auszubrüten, aber trotzdem ich das Paar selbst treten gesehen habe, sind die Eier leider unbefruchtet. So ein Kagu-Küken aufzuziehen wäre sicher des Schweißes der Edlen wert; Finkh in Australien hat das einmal gemacht und darüber etwas veröffentlicht, aber nicht mit der nötigen Fragestellung und im Vergleiche zum Cariama. Nach einer Dottergewichtsbestimmung von mir muß so ein Junges kein sehr entwickelter Nestflüchter sein und dürfte vielleicht in den ersten Tagen am Platze bleiben und von den Alten gefüttert werden.

Was machen Ihre Kormorane und Nachtreiher, brütet schon etwas davon?

Wie immer mit den herzlichsten Grüßen an Sie und die Ihrigen, insbesondere an Ihre verehrte liebe Gattin, bin ich Ihr neugieriger
Oskar Heinroth

Altenberg, 28/III bis 9/IV 33
Hochverehrter lieber Herr Doktor!

Es soll Sie um Gotteswillen nicht drücken, wenn Sie mal lang nicht antworten. Mein häufiges Beobachtungen-Mitteilen kann ich doch nur ausführen, wenn Sie sich *nicht* verpflichtet fühlen, auf jeden Wisch zu antworten. Höchstens kann es vorkommen, daß ich mich bei Stresemann erkundige, wie es Ihnen geht!

In der Flugarbeit weiß ich schon einige falsche Irrtümer. Z. B.: Wenn ein Vogel mit *höchster* Flächenbelastung, also möglichst schnell gleitet, so sieht er so

aus, und nicht, wie abgebildet so:

Letzteres ist nämlich mit der Bremshaltung des »Rodelns« gekoppelt, sieht also von der Seite so

aus. Bei größter Schnelligkeit konvergieren die Flügelspitzen scheinbar nicht nach hinten. Außerdem weiß ich noch so verschiedenes, aber keine ähnlichen Beobachtungsfehler.

Der Zookolkrabenmann ist keine reine Freude, weil er die Frau veranlaßt, tagelang mit ihm wegzubleiben. Er ist verhältnismäßig zahm, d. h. er kommt nahe an mich heran und frißt Hingeworfenes. Er balzt in letzter Zeit das ♀ heftig an, sie reagiert aber meist mit »err, err, err«, worauf er Federohren kriegt und die Stimmung ungemütlich wird. Leider habe ich nur *ein* (vollständig unterbelichtetes) Negativ von meinem alten Roa mit Federohren, den neuen ♂ in dieser Stimmung nahe genug ans Objektiv zu kriegen, ist natürlich ausgeschlossen. Von der »err, err«-Stellung habe ich ein halbwegs mögliches Bild. Interessant ist es, daß der ♂ schon vor 14 Tagen die innerste Handschwinge verloren hat. Ich halte es für möglich, daß meine Raben im Walde ein Nest bauen, nur weiß ich nicht, wo. Ich bin schon stundenlang mit dem ♀ (das mir immer noch »wie ein Hund nachfliegt«) im Wald herumgelaufen, um aus ihrem *Benehmen ent*nehmen zu können, wo sie am meisten zuhause ist, *aber* vergebens.

Die Nachtreiher bauen zwar *an* und sitzen *in* Nestern (ohne aber richtig zu Neste zu tragen), *aber* jeder einzeln in dem seinen, nur zwei, und zwar die kleinsten Vögel, sitzen go-ohkend und freundlich beisammen. Nach Verweys Fischreihern zu schließen hätte ich 7 ♂♂ und *ein* (noch dazu schäbiges) ♀!! Gibt es so viel Pech? (Ich habe nur 8 Nr. Im Herbst hatte ich 12. Einen ließ ich absichtlich frei, um zu sehen, wann und ob er wegfliegt. Tot aufgefunden 22/XII 32 10 km unter Budapest, nachdem er zwischen 7. und 10/XI. weggeflogen war. 1 starb aus unbekannter Ursache, 1 wurde von einem Kormoran getötet. Von 4 alten Nr., die Heck mir schenkte, fiel einer im Kampfe, nachdem er sich schon schön eingelebt und seinen Sitzplatz hatte, einer, der schönste und offenbar älteste, starb an Abmagerung, wohl eine Folge seines überaus langen Hungerns in der neuen Umgebung. Das soll nach Heinroth bei alt versetzten Reihern oft vorkommen. (Detta, die Zwergrohrdommel.) Das eine kann ich jedenfalls behaupten, entweder bauen bei Nr. auch die ♀ am Neste, *oder* ich hab 7, 1!

Die Kormorane habe ich seit Wochen ganz im Freien, bis jetzt ist aber erst zweimal (inzwischen) einer vom Teiche aus auffliegend über die Ihnen bekannte Fichtenreihe, die quer über den Garten steht, hinausgeflogen. Wenn dann so ein Anfänger im Fliegen hinter den Fichten plötzlich den Abgrund unter sich sieht, geht er sofort tiefer und benimmt sich dadurch die Möglichkeit, *über* die Fichten nachhause zu finden. Wohl aber kamen die 2 weggeflogenen wieder, d. h. sie landeten schließlich jeder unten auf der das Talende des Gartens begrenzenden Landstraße. Den ersten fing ich dort sofort nach seinem Niedergehen, beobachtete also nichts weiter, der zweite wurde von einem vorübergehenden Bauern gefunden, wie er am Zaune Einlaß suchend auf und ab lief, gegriffen und über den Zaun geworfen, worauf er sofort flatter-laufend den Garten hinaufeilte. Da man vom unteren Ende des Gartens aus von dem gewohnten »Gebiet« der Kormorane *nichts* sieht (wegen der Fichtenmauer), so ist das doch eine fabelhafte Leistung! Die Schwarzstörche benehmen sich seit einigen Wochen wie ein Paar. Sie begrüßen sich mit der wie der Beginn einer Weißstorchklapperstrophe aussehenden Bewegung und zischen, was ich für sicher der Wst.-klapperstrophe homolog betrachte. Hingegen hörte ich jetzt *einmal,* als der stärkere Storch sich gegen die Rabenfrau verteidigen mußte, ein nicht sehr lautes Klappern, etwa wie trrr, trrrrr, trrrrrrrrr. Dabei hielt der Schwarzstorch den Hals waagrecht vor und den Schnabel abwärts und sträubte das Halsgefieder in eigentümlicher Weise.

Es wurden nämlich die kopfnahen Halsfedern angelegt, die körpernahen gesträubt, daß ein querer Kamm entstand. Das Ganze entspricht wohl sicher dem einmaligen Schnabelklappen des Weißstorches, der ja dabei genauso dasteht (auch die Handgelenke in leichter Abflugbereitschaft ebenso senkt). Wenn man das jetzt veröffentlicht, sagen tausend Esel: »Also der Schwarzstorch klappert doch«, und man kann es ihnen nicht begreiflich machen, daß das ganz was anderes ist als das Klappern des weißen Storches, weder ana- noch homo-log! Eine große Rolle spielen bei den Ausdrucksbewegungen die Unterschwanzdecken, die dann bei gänzlich zusammengelegtem Steuer weit gefächert werden. Einfach prachtvoll ist das Fliegen eines übermütigen Schwarzstorches. Die Vögel machen fast noch öfter Rückenflüge als lustige Raben und gefallen sich in ganz unglaublichen Schwenkungen. Beim morgend- und abendlichen Sich-Ausfliegen fliegen sie buchstäblich nicht eine Sekunde lang geradeaus. Dabei landen sie scheinbar nie außerhalb des Gartens und haben nicht den unangenehmen Drang nach oben, der W-störchen eigen ist. Sie schlafen auch auf dem Dach des Reiherkäfigs, also gar nicht hoch. Sie gehen lebhaft im ganzen Garten herum, fressen aus der Hand, sind jederzeit einsperrbar, also in jeder Hinsicht die idealen Freiflugvögel. Es wäre ein Kinderspiel, Schwarzstörche an jeder beliebigen Stelle einzubürgern, vorausgesetzt, daß sie im Frühjahr wiederkommen, wenn sie wo gebrütet haben. Weißstörche kommen mit unserem Garten nicht zurecht. Wenn sie einmal das Hausdach als höchsten möglichen Schlafplatz entdeckt haben, fliegen sie »zum Herumgehen« lieber kilometerweit auf die Felder hinunter, als steil abwärts in den Garten, und dadurch verliert man sie aus der Hand und sie verscheuen. In allem diesem sind die schwarzen das angenehme Gegenteil. Sicher würde es viele wundern, daß der wilde Waldstorch soviel leichter zu domestizieren ist als »unser Storch«.

Leider hat sich der von Antonius gespendete Seidenreiher (offenbar durch Sitzen auf Metall) in einer der letzten Frostnächte die Füße erfroren. Er ist fast gestorben, erholt sich jetzt freifliegend langsam, hat aber vollständig steife Zehen, was nicht auffällt, wenn er auf der Erde steht, aber gräßlich aussieht, wenn er fliegt oder auf einem Aste steht: So ein Pech!

Im Reiherkäfig haust ein ♀ ♂ Brautenten, die *nicht amputiert* sind, nur hat das ♀ gestutzte Schwungfedern. Sie gehen dauernd in Flugstimmung am Gitter auf und ab und ich getraue mich nicht, sie freizulassen, obwohl sie wahrscheinlich *nach Verschwinden* des Gitters nur 2 m weit gehen würden, um sich dann zu putzen anzufangen.

Wir hatten jetzt zweimal das Vergnügen, Baron Uexküll, der in Wien zwei Vorträge hielt, bei uns in Altenberg zu sehen. Das ist einmal ein Psychologe und Philosoph vom Fach, der wirklichen Kontakt mit der Wirklichkeit, d. i. mit dem lebenden Tier hat. Dafür redet er aber auch meist von seinen Fachkollegen als »diese Hornochsen«. Sie wären sicher begeistert von ihm, und er von Ihnen. Ich habe ihm stundenlang Vorträge aus Heinroth gehalten und er war tief beeindruckt. Er hat nämlich nicht so ganz richtig erfaßt gehabt, wieviel für ihn Wichtiges über Vögel wirklich bekannt ist, vor allem war es ihm scheinbar teilweise neu, daß Vögel so lange und feste Triebhandlungsketten haben, über die es ja tatsächlich außer Heinroth verflucht wenig Literatur gibt.

An diesem Brief habe ich so lang geschrieben, daß sich inzwischen Folgendes ereignet hat: Da die Nachtreiher keine Fortschritte machten, ließ ich sie am 1. April aus. Nach einer Woche haben sie jetzt dann doch plötzlich zu bauen begonnen, und zwar auf der Ihnen bekannten Hängebuche. Es bauen zwei Paare, und zwar trägt nur ein Vogel von jedem Paar zu, der andere überhaupt nicht. Es wirkt ganz eigentümlich, daß der eine Gatte so voll Hintansetzung riesige sparrige Äste schleppt, die ihm beim Fliegen in den Flügelschlag kommen, daß man meint, er zerschlägt sich alle Schwungfedern, während der andere, äußerlich vollkommen gleiche Vogel nicht die geringste Spur von Zutragetrieb zeigt.

Die Dohlen sind schon stark in Fortpflanzungsstimmung. Ich bin sehr neugierig, wie sie sich verhalten, wenn mehrere Paare zugleich brüten, was ja heuer zum ersten Male der Fall sein wird. (Wenn's klappt.) In der letzten Lieferung Ihres Buches habe ich mit Begeisterung gelesen, daß Ihr Birkhahn »erstaunt war, was zu fressen zu kriegen«, wenn sehr schlechtes Winterwetter war. Ganz genau dasselbe zeigen nämlich Reiher, aber nicht so sehr bei Schlechtwetter als bei *Sturm*, bei dem sie normalerweise offenbar nicht fischen fliegen. Wenn man sie dann füttern will, wo sie grade sitzen, sind sie ganz appetitlos.

Mit sehr vielen Grüßen Ihr stets dankbarer

Konrad Lorenz

Altenberg, 21/V. 33

Hochverehrter lieber Herr Doktor!

Darf ich Sie bitten, mir zu schreiben, was eigentlich mit Prof. Stresemann los ist? Ich habe von Sassi höchst beunruhigende Dinge über seine Krankheit gehört und außer Ihnen habe ich ja niemanden in Berlin, den ich um Auskunft bitten kann! Hoffentlich geht es ihm wirklich schon etwas besser, wie Dr. Sassi mir versichert hat!

Hier in Altenberg ist gegenwärtig viel los, nur habe ich wegen Beruf und bevorstehendem Rigorosum kaum Zeit, die herrlichsten Beobachtungsgelegenheiten auszunützen. Die 2 überlebenden der alt nach Altenberg gekommenen Berliner Nachtreiher haben sich *nicht* bewährt. Nach anfänglicher Ortsgebundenheit waren sie dann immer seltener zu Hause. Einer blieb schließlich weg, der andere ist neuerdings etwas braver geworden. Die 6 übrigen der 12 von mir vor 2 Jahren aufgezogenen Nachtreiher aber entpuppten sich als 3 Paare und bauten 3 Nester, in deren zweien schon je 2 Junge sind. Das 3. Paar brütet noch. Die 2 ersten Nester sind auf der Hängebuche, das dritte in einem Kunstnest auf einem Kirschbaum nahe am Teiche. Die Nachtreiher fressen mir aus der Hand, wenn ich mit Fischen bewaffnet auf die Buche klettere und sie in ihren Nestern besuche. Es ist beim ersten (zahmsten) Paare höchst gefährlich, ein Junges aus dem Nest zu nehmen, da mir das ♀ ohne weiteres auf den Kopf fliegt und nach meinem Gesicht hackt. Interessant ist folgendes: Bei Paar Nr. 1 ist das ♀ zahmer, bei Paar 2 das ♂. Wenn ich nun die Buche zu entern *beginne*, so lösen beide Paare sich in dem Sinne ab, daß der zahmere Vogel die Verteidigung übernimmt!

Ich besitze ein Unicum: am Samstag, 6. Mai, schlüpfte im Anatomischen Institut im Thermostaten, in dem Vogelembryonen angebrütet werden, eine Taube aus einem Ei, das ich für ganz frisch gehalten und nicht geschiert hatte. Ich brauche aber nur ganz junge Embryonen und hätte die Taube in den Abort geworfen, wenn nicht unsere Institutszeichnerin mich angefleht hätte, ihr das reizende Tierchen zum Aufziehen zu überlassen. (Sie hatte aber *nie* einen Vogel aufgezogen.) Die Hoffnungslosigkeit dieses Beginnens glaubte sie mir nicht; daß Heinroth selbst es vergebens versucht hatte, machte ihr auch keinen Eindruck, da sie nie von ihm gehört hatte. Ich gab ihr das Vieh und ging, die Zeichnerin rief mir nach, womit sie es füttern solle, ich brüllte zurück »mit vorgekautem Topfen (= Quark)« und entfloh. Am Montag morgens ging ich zum Thermostaten, um die Eier drin zu wenden und zu lüften, dachte gar nicht mehr an die Taube, als mir diese, fast ums Doppelte gewachsen, entgegenwinselte. Jetzt ist sie 16 Tage alt, stark zurückgeblieben (sieht etwa 9tägig aus), ist aber bei gutem Appetit und wird wahrscheinlich leben bleiben. Was sagen Sie *da*zu?

Das Dohlendreieck hat so ein Nest, in jeder Mulde ein ♀ mit einem Jungen. Es war also doch ein Weibchenpaar. Jetzt sitzen immer 24 und 44 (= Rotgelb) *zugleich* und werden von dem ♂ allein abgelöst. Wie der Ärmste dann auf 2 Nestmulden gleichzeitig brütet, entzieht sich meiner Beobachtung. Da bei Dohlen der Mann ja nur minutenlang Dienst hat, schadet das den Jungen nicht.

Sonst gibt es noch junge Fasane und Enten, einen Wellensittich, der nur in Gesellschaft von *blauen Würfeln* aufgezogen wird, um festzustellen, ob er dann einen solchen anbalzt, einen Star und mehrere Spatzen. Letztere stehen jetzt *ernstlich* auf meinem Programm. Es ist höchste Zeit, daß dieser ethologisch so hochinteressante Vogel einmal freifliegend und zahm beobachtet wird. Mich interessiert vor allem die Angriffs- und Schimpfreaktion (Tschereng-Tschereng-Tschereng), die Spatzen gegen Eichkatzerln und Ähnliches bringen.

Dann hätte ich noch eine Frage an Sie, Herr Doktor, die ich *Uexküll* nicht beantworten konnte: Kannten Sie je einen Vogel einer *vollständig einzelgehenden* Art, ich will einmal sagen Amsel, Specht oder so was, der *den Menschen anbalzte?* Die Menschentiere, die ich nennen konnte, sind nämlich alle von nicht so unbedingt einsiedlerischen Arten.

Eben ist eine Lieferung des Ergänzungsbandes gekommen, was für mich immer ein Fest ist. Ich werde ganz traurig sein, wenn der 4. Band Heinroth vollständig ist.

Mit vielen, vielen Grüßen Ihr getreuer Jünger

Konrad Lorenz

Berlin, den 24. Mai 1933.

Lieber Kollege Lorenz!

Zunächst noch einmal meinen besten Dank für Ihr Schreiben vom 28. 3. bis 9. 4. 33, das ich, wie immer Ihre Briefe, mit großer Andacht gelesen habe.

Die Balzflüge der Schwarzstörche müssen ja herrlich sein.

Daß der Weiße Storch so Menschenvogel geworden ist, liegt eben wohl grade daran, daß er vom Neste aus nicht, wie es Ihre Schwarzen tun, zwischen Häuser und andere Hindernisse heruntergeht, denn auf diese Weise kann er nicht verscheucht werden und oben auf dem Dache ist er vor den Menschen als »Heiliger« Vogel leidlich sicher.

Uexküll habe ich vor vielen Jahren einmal ganz flüchtig kennengelernt, es freut mich, daß er durch Sie auch auf Vögel aufmerksam und darauf gestoßen worden ist, daß darüber in den einschlägigen Zeitschriften eine ganze Menge veröffentlicht wird.

Nun zu dem Brief vom 21. Mai.

Stresemann wurde plötzlich durch eine starke Blutung aus einem bisher unbekannten Zwölffingerdarmgeschwür bewußtlos, lag einige Wochen im Krankenhaus und dann zu Hause. Natürlich hat er in der ersten Zeit sehr stark abgenommen, und die Sache war sehr bedenklich. Ich höre aber heute, daß er sich mit dem Gedanken trägt, schon übermorgen wieder im Museum vorzusprechen, wo ihn Dr. Desselberger inzwischen vertreten hat. Hoffentlich übernimmt er sich nicht.

Hier vom großen Flugkäfig aus sollen jetzt auch Freiflugversuche mit Nacht- und Seidenreihern gemacht werden, hoffentlich geschieht dies mit Hilfe eines taubenschlag-ähnlichen Anhangs oben am Dache, damit die ein- und ausfliegenden Vögel nicht durch Besucher gestört und verscheucht werden können.

Soviel ich weiß, sind wiederholt von Taubenliebhabern Tauben aus dem Ei aufgezogen worden, ob es dann aber grade die kräftigsten Tiere werden, möchte ich bezweifeln, so etwas ergibt sich ja immer erst nach der nächsten Mauser.

Vor vielen Jahren haben, ich glaube im Kopenhagener Garten, ein Schwarzer und ein Weißer Storch sich gepaart und ein Gelege gemacht, das aber, sehr ärgerlicher Weise, gestohlen worden ist. Der Schönbrunner Fall steht also nicht vereinzelt da, ich bin natürlich auf das Ergebnis sehr neugierig. Werden die Jungen eine Klapperstrophe haben und was werden sie mit ihren Unterschwanzdecken machen?

Die Uexküll'sche Frage, ob Vögel einer vollständig einzelgehenden Art Menschen anbalzen, kann ich auch nicht beantworten. Sie meinen natürlich Formen, wo sich auch die Gatten des Paares nicht besonders gut leiden können oder wo gar keine Ehigkeit besteht. Es soll vorkommen, daß freilebende Auerhähne Menschen anbalzen, ich glaube aber eher, daß das Worgen, also die Angriffsstellung, damit verwechselt wird.

Zu meiner Trauer habe ich bemerkt, daß wir in einem Punkte so ganz und gar nicht übereinstimmen: Sie werden traurig sein, wenn der vierte Band Heinroth vollständig ist, ich aber werde ein Freudenfest geben! – Meine beiden alten Eiderenten-Mütter haben seit dem 15. und 17. Mai je drei und vier Junge, die sie diesmal völlig gemeinsam führen, ja, es darf sogar der Haupt-Mann Edda bis zu einem gewissen Grade dabei sein: wird sich älter, wird sich klüger. Dies wird wohl für freilebende Vögel auch zutreffen, und so erklären sich die Meinungsverschiedenheiten der einzelnen Beobachter über ein und dieselbe Art.

Am Sonnabend vor Pfingsten tagt der Verwaltungsausschuß der Vogelwarte Rossitten und findet auch die Jahresversammlung der Freunde der Vogelwarte ebendaselbst statt, und ich muß natürlich dort sein.

Nun viel Glück zu all Ihren Bruten! Indem ich hoffe, daß es Ihnen und all den verehrten Ihrigen gut geht, bin ich mit herzlichem Gruß Ihr

Oskar Heinroth

Altenberg, den 6/VI 33
Hochverehrter lieber Herr Doktor!

Vielen Dank für Ihren lieben Brief. Bin ich froh, daß es Stresemann wieder gut geht! Ich hatte nämlich schon ganz ernstlich Angst um ihn gehabt!

Ihre Erklärung für das Dachbrüten des Weißen Storches (im Gegensatz zum Schwarzen) halte ich für ganz sicher richtig. Der Weiße, der nur in einer Steile von 1 : 100 bergab fliegen mag, ist eben auf dem Dache eigentlich ganz weit weg, während der Schwarze, der gleich vom Nest auf den Boden hinunter kann, es als gräßlich empfindet, wenn da unter ihm Menschen herumkrabbeln. Den prächtigen Übermutflug der Schwst. halte ich eigentlich nicht für irgendwie geschlechtsbetont, wenn sie sie auch meist zu zweit ausführen. Vor einigen Tagen hatte ich übrigens schon Angst um die Vögel, da sie eines Abends ausblieben und erst am nächsten Nachmittag erschienen. Gewöhnlich fliegen sie genau von 8 bis $^{1}/_{2}$ 10 h vormittags und bleiben meiner Ansicht nach die ganze Zeit in der Luft, ohne draußen zwischenzulanden. Ich halte sie jetzt ernstlich für ein Paar: der bisher schwächere und zahmere Linksring ist jetzt auf einmal größer, glänzender und dickschnäbeliger als Rechtsring, auch hat er eine viel größere rote Brille, die bei dem anderen kaum angedeutet ist.

Beim Lesen des Nachtreihers in den V. M.'s habe ich mich gewundert, daß der vom Ei ab aufgezogene Nr. gegen den Menschen Abwehrstellung annahm, als er etwa 10–12 Tage alt war (»Nachdem er in dieser Zeit den Menschen einige Male abgewehrt hatte« usw.). Nun machen meine jungen Nr. »in dieser Zeit« *genau dasselbe gegen ihre Eltern.* Sie wehren sich angstvoll gegen den anfliegenden Vater (oder Mutter) und erst wenn er über ihnen steht, erkennen sie den hudernden Wärmespender. Das ist so zu erklären: Zu dieser Zeit hudern die Alten für gewöhnlich noch *dauernd und lösen sich ab,* wie auf Eiern. Erst in der 4ten Woche der Jungen, also erstaunlich spät, hören sie damit auf. Zwischen 16 – etwa 21 Tagen erwacht bei den Jungen das Begrüßen mit Go-óhk und zugleich das Reagieren auf das Go-óhk der Eltern. Ich möchte bezweifeln, ob sie dabei die Eltern *erkennen,* ich habe eher das Gefühl, sie würden *jeden* Nachtreiher, der sich mit Go-óhk legitimiert, als Elt anerkennen. Die Alten fliegen auch *niemals* das Nest direkt an, sondern landen *immer* auf einem Ast daneben (auch wenn das Nest flugtechnisch *ganz* leicht erreichbar ist) und klettern mit »Go-óhk, go-óhk, go-óhk, äwäwäwä« feierlich zu Neste. Ich wäre Ihnen *sehr* dankbar, wenn Sie diese ja immerhin nur an 2 Nestern gemachte Beobachtung (im 3ten waren die Eier unbefruchtet) an Flugkäfignestern kontrollieren würden, natürlich so ganz bei Gelegenheit im Vorübergehen.

Sonst habe ich an Zuchterfolgen zu verzeichnen: 7 Kücken von dem Essener Stockentenpaar, die aber alle wildfarbig sind, kein weißes darunter. Die Kücken sind aber auffallend verschieden, sowohl was Zeichnung, als was Größe anbelangt, was ja auch für Hausentenblut spricht. Dann gibt es noch 2 Bruten Goldfasane; eine Brut Silberfasane und leider auch die Dohlenbrut sind hingeworden. Ob bei den letzteren die Dreizahl der Eltern schuld war, weiß ich nicht. Ich brüte im Institutsthermostaten eifrig wendend, lüftend und benetzend auf 9 Gallinulaeiern, hoffentlich kommt was. Aus 63 aus Ungarn bezogenen Stockenteneiern erbrüteten 5 Hochbruten 3 gesunde Kücken. Immerhin etwas! Als Objekte für Artbewußtseins-Studien habe ich 1 Wellensittich, 1 Spatz, 1 Bussard, 1 Rotschwanz und 1 Star ganz jung aufgezogen. Der Star fliegt mir bereits im Garten nach und glaubt bestimmt, er sei ein Mensch.

Eben habe ich von Oberst v. Spieß, dem kgl. rumänischen Hofjagdmeister, einen Brief bekommen, worin er mir Seidenreiher verspricht.

Ich habe gestern 5 lebende Aspro bekommen, von denen ich morgen einen schicke. Vielleicht geht es, wenn nicht, will ich versuchen, die 4 restlichen zu übersommern (in dem Teich im Reiherwinterhaus) und im Herbst zu schicken.

Mit vielen lieben Grüßen Ihr dankbarer

Konrad Lorenz

P. S. Antonius bekam einen Stieglitz, Grünlingbastard, der in Ungarn mit einem Flug-Stieglitze wild gefangen wurde. Da möchte man doch die Vorgeschichte des Elternpaares erfahren!

Berlin, den 12. Juni 1933.

Mein lieber Kollege Lorenz!

Zunächst besten Dank für den Brief vom 6. Juni, der mir wieder sehr viel Wichtiges bringt.

Wie mir in diesen Tagen mein Freund Kracht aus Essen schrieb, hat ein Stockentenpaar dort wieder zwei weiße Junge (es waren drei, eins ist tot). Wenn Sie sie haben wollen, wenden Sie sich doch bitte an den Dr. Frommhold der Essener Vogelwarte, er gibt auch über die Verwandtschaft mit den Vorjährigen gern genauere Auskunft.

Den Aspro hatten Sie wohl nicht abgeschickt? Wir haben noch nichts von ihm gemerkt.

Hier ist dauernd kühles Wetter, das dem Versand günstig ist.

Anbei ein Zettel, der einen Hinweis auf eine ganz nette, kurze Arbeit enthält. Der Verfasser hat auch entsprechende Beobachtungen wie Sie gemacht, daß z. B. Dohlen sich über in der Hand gehaltene schwarze Gegenstände aufregen.

In den »Mitteilungen des Vereins sächsischer Ornithologen« ist ein Aufsatz von Wilhelm Meise, Dresden, über »Bewegungsgedächtnis und Nah-Orientierung des Haussperlings«, der sehr wichtig ist. So ganz traue ich der Sache nicht, denn ich halte einen Hausspatzen für gescheiter. Jedenfalls müssen Sie die Geschichte einmal durchlesen.

Meine sieben jungen Eiderenten gedeihen bisher gut, ich glaube, das kühle Wetter paßt ihnen.

Vorige Woche war ich zu zwei Sitzungen in Rossitten, wo es zwar sonnig, aber recht kalt und windig war. Auf dem Rückweg flog ich die 400 km lange Strecke Danzig/Berlin in nur zwei Stunden in 1500 m Höhe mit Rückwind. Wenn man die unzähligen, je nach dem Grundwasserstand in der Größe sehr wechselnden großen und kleinen Seen, toten Oderfluß-Arme, Kanäle usw. unter sich sieht, ist einem doch unklar, wie so ein nachts ziehender Taucher seine zuständige kleine See-Ecke jedes Jahr wieder herausfindet.

Mit vielen herzlichen Grüßen an Sie und die verehrten Ihrigen bin ich wie immer Ihr getreuer

Oskar Heinroth

Altenberg, den 18/VI. 33

Hochverehrter lieber Herr Doktor!

Die Asproren sind leider sofort gestorben, trotz reichlichen Durchflusses in einem großen Waschtrog. Ich hab' keine Ahnung, woran. Ich habe aber jetzt eine Asproquelle entdeckt, die auch im Herbst funktionieren wird, wo die Eingewöhnung und Versandbedingungen besser sind.

Vielen Dank für die Literatur-Hinweise. Der Spatzenmeiserich muß sofort her, da ich grade einen freifliegenden Jungspatzenmann habe, der geradezu taggescheit ist. Z. B. findet er prompt zu seinem im Garten stehenden Käfig zurück, wenn er mich verliert, und geht, genau wie eine junge Elster, plötzlich allein nachhause, wenn ich ihm zu weit weggehe!

Enten: Sie werden sich erinnern, Herr Doktor, daß ich immer behaupte, daß unsere hiesigen Stockenten anders, und zwar »wilder« seien als die norddeutschen. Nun habe ich bei Betrachtung der Schwimmentenkückenfußbunttafel mich immer gewundert, daß es mir entgangen sei, daß Stockentenkücken helle Streifen längs der Zehen haben. Nun bin ich in meinem Selbstvertrauen wieder gehoben: Meine 3 ungarischen St. hatten zuerst *ganz schwarze Ruder*, erst jetzt, im Alter von 18 Tagen, sieht man andeutungsweise die hellen Streifen entlang der Zehen. Die Essener Kücken haben genau die Farben Ihrer Bunttafel und außerdem viel hellere Schnäbel. Nun sind die Essener ja sicher nicht ganz reinblütig, aber der Unterschied der Kückenruderfärbung und noch einige andere Kleinigkeiten (wie

z. B. das weniger weibchenähnliche Erpelsommerkleid der nördlichen Enten) zeigen doch alle in der Richtung nach Hausente zu! Merkwürdig! Fand am Ende doch eine von Holland ausgehende Hausentendurchmischung statt? Bei der merkwürdigen größeren Virulenz der leicht »angehäuselten« Stücke könnte ich es mir vorstellen. Z. B. ist der alte Essener ♂ ungefähr doppelt so tätig beim Vergewaltigen wie meine Donau-Reinblüter!!

Meine 9 Stockentenkücken habe ich nun doch dazu gebracht, daß sie mir eifrig und unbedingt nachlaufen, wie kleine Gänse es tun. Das Kolumbusei liegt darin, daß man dauernd leise quaken muß. Dann glaubt das Kalb, man sei die Kuh. Wenn ich auf längere Zeit zu quaken aufhöre, glauben sie, ich sei gestorben und man hört gleich »das Pfeifen des Verlassenseins«. Es ist *das erste Mal*, daß es mir gelang, Stockenten zu »führen«, und ich schiebe den Erfolg nur auf geduldiges Quaken während der Pfingstfeiertage.

Die Schwarzstörche waren in letzter Zeit immer weniger zuhause, einmal waren sie 2, einmal 3, einmal 4 und einmal *einer allein* 2 Tage weg. Da bekam ich es mit der Angst und habe sie heute in den Käfig gelockt, was sofort und schmerzlos gegangen ist. Da sie ein wirkliches Paar zu sein scheinen, will ich nicht riskieren, daß sie mir jetzt abhanden kommen. Sie sind nicht in Zugstimmung, haben aber jetzt nach dem Abflauen der heurigen infantilen Fortpflanzungsstimmung zuhause nichts verloren und wenn sie soviel auswärts sind, ist doch die Gefahr des Geschossenwerdens sehr groß.

Die älteste Nachtreiherbrut muß nächster Tage ausfliegen. Ich bin sehr neugierig, inwieweit sich die Eltern dann noch um ihre Kinder kümmern. Ich glaube, viel mehr, als nach Verwey die Fischreiher es tun. Ich soll von Frh. v. Spieß einen ganzen Haufen Seidenreiher kriegen. Hoffentlich klappt es. Mein letzter Sr. ist nach fast 6wöchentlicher Abwesenheit wieder da! Mit vielen herzlichen Grüßen sämtlicher anderer Lorenze Ihr getreu ergebener

Konrad Lorenz

Altenberg 17/VII 33

Hochverehrter lieber Herr Doktor!

Vielen Dank für die Zeitungsausschnitte. Mit Bastian Schmid

stehe ich schon seit einiger Zeit in Sonderdruck-Austausch. Ich kann seine Sachen sehr gut leiden, weil sie *wahr* sind, nur vermisse ich immer gewisse Fragestellungen biologischer Art. Wenn wir von irgendeinem Vieh irgendeine neue und sonderbare Verhaltensweise sehen, so ist doch immer die erste Frage: »Wozu gehört das im Freileben?« Der Sprachaufsatz läßt auch einiges vermissen: So haben Enten ausgesprochen einen angeborenen Mutterlockton, Cairinas *verlieren sofort* eine Stockentenamme, unter der sie geschlüpft sind, Stockentenkücken eine Cairinaglucke. Sie können den neuen Mutterton aber *lernen*, z. B. wenn *wenige Junge* einer Art zunächst den *Zieh*geschwistern nachrennen, die ihrerseits auf den für sie richtigen Mutterton folgen. Wenn einer schreibt: »Tiere lernen« (tun, verstehen oder sonst ein Prädikat) usw., so ist das *auch schon* falsch, weil es lauter grundverschiedene reale Einzelfälle und keine abstrahierbare Regel gibt. Also: Entenkücken verstehen primär ganz sicher *nicht* den Hennenlockton, können ihn aber lernen. Das Reagieren auf den Hennenwarnlaut glaube ich nicht recht. Wenn jemand so eine Beobachtung so ganz beiläufig herausschreibt, so liegt mir immer der Gedanke nahe, daß der Betreffende sich über deren Bedeutung nicht im klaren und der Fälsche der daraus zu ziehenden Folgerungen nicht bewußt ist. So entnehme ich aus der Henne von Lloyd Morgan, die erst Enten führt und dann Hühnerkücken ins Wasser geworfen haben soll, Beistrich, nicht, Beistrich, daß die Henne *doch* so was tut, sondern, daß man auch einem berühmten Psychologen kein Wort unbesehen glauben darf. Oder glauben *Sie* das dem Mann auf seine Autorität hin??

Ich habe jetzt meine Vögel eine Woche lang ganz verlassen, um mich »*mit Gewalt*« auf das »Philosophicum« vorzubereiten, das Hauptrigorosum hatte ich am 4/VII erledigt (einstimmig Auszeichnung) und hatte 11 Tage Zeit, um zum Geisteswissenschaftler zu werden. Wenn man, wie wir, den H. sapiens als das, was er ist, als besseres oder meinetwegen bestes Säugetier auffaßt, so kommt man sich wie ein Trottel vor, wenn man auf einmal den Hirnmist eines ebensolchen Tieres *auswendig* lernen soll, z. B. die Monadenlehre von Leibniz. So ein Vieh! Daß *der* Mann die Integralrechnung erfunden hat, ist allerdings noch weniger glaubhaft wie die Morganhenne. Vorgestern habe ich also auch das hinter mich gebracht, der Philosoph war milde, der Psychologe fragte viel, aber freundlich und intelligent, beide gaben mir eine Auszeichnung. Jetzt habe ich es Schwarz auf Weiß!

Meine Stockenten waren während meiner philosophischen Abwesenheit verwildert und wollten nichts von mir wissen. Ich legte mich heute vormittag zwischen sie, während sie auf der Wiese schliefen, und quakte leise eine Stunde lang. Als sie dann langsam in Weitergehstimmung kamen, quakte ich lauter und ging voran, und siehe da, sie kamen hinter mir drein. Ich ging den halben Vormittag mit ihnen und grub ihnen Regenwürmer aus, und jetzt haben sie laut geweint, als ich sie verließ, um diesen Brief zu schreiben. Daß sie sich von einem Mutterersatz führen lassen, der 10tägige Pausen macht, während der sie ganz selbständig sind, ist doch unglaublich. Ich hätte nie gedacht, daß man *überhaupt* Stockenten bis zum Flüggewerden führen kann, geschweige denn unter solchen Umständen. Das Geheimnis ist aber *nur* das geduldige Nachahmen des Muttertons bei den kleinen Kücken (wenn sie größer sind, kann man auch Menschenlaute von sich geben, ohne daß sie glauben, man sei gestorben). Der größere Erpel beginnt gegen mich böse zu werden und kriegt manchmal das »Nackenzittern vor dem Vorstoß«, zu letzterem rafft er sich aber noch nicht auf. Wenn ich mich auf der Wiese ins Gras lege, so legen sich die Enten gerne *auf* meine Hände und an meine Arme, so wie sie sich sonst aneinanderkuscheln. Wenn ich weggehe, rufen die Weiber unter ihnen häufig schon das »quegegegeg«.

Gestern habe ich meine 12 jungen Seidenreiher ausgelassen und auf *einmal* waren alle 12 ganz hoch in der Luft, mir ist das Herz in die Hosen gefallen. Es sind aber alle wieder zurückgekommen. Ich habe jetzt 7 eingesperrt und 5 heraußen.

Mir wurden vor einiger Zeit ein kleiner Eichelhäher und 2 Turmfalken gebracht. Ich hatte mit den Vögeln nichts im Sinne, da ich diese Arten nie richtig zum Freifliegen gebracht hatte. Ich stellte alle 3 in einem Kunstnest im Hof auf und ließ sie von dort ausfliegen und siehe, diesmal ging es. Die Falken sind dann namensgemäß auf den Turm übersiedelt und haben mich in meinem Zimmer ausfindig gemacht. Zum Entsetzen meiner Kleinvögel und meines Kauzes kommen sie zum Fenster herein auf meine Schulter geflogen. Da sie nie in einem geschlossenen Raum waren, sind sie gänzlich fensterdumm und ich muß sie daher immer verhindern, zu dem *geschlossenen* Fenster zu fliegen. Von dem Nachtreiherpaar mit den ältesten Jungen fehlt seit einer Woche das ♀ und ein Kind. Die Jungen des zweiten Paares sind beide da und viel zahmer, *weil das Nest viel tiefer stand!!* Die Schwarzstörche habe ich eingesperrt, da sie schon verflucht selten zu Hause waren! Mit vielen, vielen Grüßen, auch von meiner Frau, Ihr philosophisch vertrottelter

Lorenz

Berlin, den 22. Juli 1933.
Mein lieber, verehrter Dr. med. et phil. Lorenz!

Zunächst meinen Glückwunsch zur Philosophie. Ich hatte es nicht für nötig gehalten, zünftiger Philosoph zu werden, und es ist auch so gegangen. Aber nun sind Sie mir doch über, denn Sie wissen nicht nur wirkliche Philosophie, sondern auch den früheren philosophischen Quatsch, den ich nicht so beherrsche.

Ihr Brief war wieder mal ein Genuß und bringt mir vieles Neue. Ich bin neugierig, wie sich die Stockenten späterhin zu Ihnen verhalten werden, ich möchte meinen, daß sie bei weiterer Beschäftigung mit ihnen bedingungslos zahm bleiben.

Die Ansicht, daß die norddeutschen und holländischen Stockenten oft so ein ganz klein wenig hausentenmäßig sind, trage ich schon lange in meinem Innern, habe sie aber nicht so recht zu äußern gewagt. Wir müssen uns darüber einmal ausführlich mündlich unterhalten, insbesondre, ob wirklich ganz reine, dauernd in Gefangenschaft weitergezüchtete Stockenten zur plumpen Hausenten-Mutation neigen.

Auch im hiesigen zoologischen Garten werden Versuche mit dem Freifliegenlassen von Seidenreihern gemacht, ich kann aber noch nicht sagen, mit welchem Erfolge. Die ganze Sache ist sehr ungeschickt angepackt worden, und ich verspreche mir nicht viel davon.

Was machen eigentlich Ihre Kormorane? Und wie geht es Ihren Raben?

Wir sind jetzt von der Vogelwarte Rossitten aus dabei, größre Mengen von Störchen, d. h. etwa 160–200, nach Süd- und Westdeutschland sowie nach Holland zu verfrachten, und neugierig, ob diese Oststörche zu Weststörchen werden.

Haben Sie keinen Vortrag für die Jahresversammlung der DOG in Königsberg/Rossitten vom 30. September bis 4. Oktober 1933? Inzwischen verbleibe ich, wie immer, mit herzlichem Gruß an Sie und den besten Empfehlungen an die verehrten Ihrigen Ihr getreuer
Oskar Heinroth

Altenberg 29/VII 33

Hochverehrter lieber Herr Doktor!

Vielen Dank für Ihr freundliches Schreiben. Ich bekam es im Spital, da ich eben an Blinddarm operiert werden mußte. Ich bin schon wieder gesund und zuhause. Meine Stockenten kennen mich noch und sind bedingungslos zahm. Man kann sie z. B. während der Fütterung packen und auf den Schoß nehmen, ohne daß sie ihr Fressen unterbrechen. Leider steigen mir Zweifel auf, ob die Essener ♀ nicht von einem Hauserpel begattet wurden, denn die 6 Kinder sind jetzt schon verflucht groß, gegenüber den 3 ungarischen Stockenten. Interessant war übrigens die Brutgeschichte dieser Kinder der Essener Mutter: Etwa zur Mitte der Brutzeit wurde die Ente durch einen Pfau von ihrem Nest vertrieben. Das Nest lag *zwischen* dem Goldfasankäfig und dem Tennisplatzgitter. Die amputierte Ente fiel über die Mauer auf den Tennisplatz hinunter und konnte von dort nicht weg, blieb die Nacht über dort. Als ich sie des Morgens befreite, ging sie nicht gleich aufs Nest, sondern erst am Abend dieses Tages. Daraufhinauf verzögerte sich das Schlüpfen um ungefähr eine Woche. (Leider habe ich keine Aufschreibungen.) Dann, als ich schon nichts mehr erwartete, waren eines Abends fast alle Eier gepickt. Am nächsten Morgen waren die 4 am weitesten gepickt habenden Kücken tot. Ich schälte sie aus und fand geschlossene Näbel und vollkommen blutleere und fast trockene Eihäute. Da schälte ich die 7 restlichen Kücken einfach heraus, wiewohl sie kaum gepickt hatten und siehe da, alle waren punkto Nabel und Eihäute schlüpfreif und blieben alle leben (bis auf ein viel später gestorbenes). Ich möchte meinen, daß die Kälteschädigung von den Embryonen unter Wachstumsverzögerung überwunden wurde, die Schalenhaut aber während der langen Zeit zu hart und trocken wurde, so daß sie rein mechanisch das Schlüpfen hinderte.

Bei den Kormoranen hat sich eben jetzt, da Sie danach fragen, etwas ereignet: Am Samstag, dem 15., war einer der 4 (einer war schon vor 3 Wochen verschwunden, nämlich der eine, dem ich einen Flügel beschnitten hatte und der nach Ausmauserung der Lücke ungeschickter als die anderen flog) Kormorane verschwunden, und zwar der »Kleine Zahme«, der mir wegen seiner wanzengleichen Frechheit verhaßt und wert zugleich war. (Er pflegte leise und unbemerkt nach meinen Zehen zu tauchen, wenn ich watend die Entenkinder auf den Teich führte.) Am Sonntag traf ich auf der Donau einen sehr hoch fliegenden Kormoran, der aber auf mein Tanzen und Schreien nicht reagierte, vielleicht weil er mich nackt nicht wiedererkannte. Am Donnerstag, dem 20., sah ich ihn überm Haus kreisen. Er versuchte wohl 20 mal einzufallen und nahm seinen Entschluß immer wieder zurück. Kormorane scheinen besonders schlecht bremsrütteln zu können. Am Wasser brausen sie furchtbar weit dahin, und bei Baumlandungen unterfliegen sie tiefer als irgend ein anderer Vogel. Trotzdem verstehe ich nicht, daß es einem K. mehr Schwierigkeiten macht, in unserem Garten zu landen, als etwa einer Graugans. Es tut es aber! So mußte ich damals, noch dazu mit eben zu brodeln beginnendem Wurmfortsatz, zusehen, wie der K. immer müder wurde und sich schließlich mit weit offenem Schnabel keuchend donauwärts niedergleiten ließ. Ich habe vor kurzer Zeit in Schönbrunn einem dortigen alten K. zugeschaut, wie er auf etwa 10 m Waagrechte auf einen mindestens 4 m hohen Ast flog und kann jeden Eid leisten, daß meine das *nicht* können. Warum aber? Gesund sind sie, die Federn, die sie jetzt haben, haben nie einen Käfig gespürt, und mehr wie ganz frei kann man einen Vogel doch nicht lassen. Ich hatte unbedingt den Eindruck, daß das Mißlingen der Landung hauptsächlich auf Muskelschwäche beruhe. Am Samstag, dem 22., war der K. aber dann doch wieder da, warum es jetzt gegangen war, weiß ich nicht.

Meine 12 jungen Seidenreiher sind gesund und schön und den Umständen angemessen auch zahm, sie fressen wenigstens alle aus der Hand, was mein alter Seidenreiher nicht tut. Sie sind alle richtig eingeflogen, waren alle schon hoch in der Luft (einmal auch in Panik alle auf einmal, entsetzlich) und sind gegenwärtig alle eingesperrt. Die Nachtreiher sind leider zum großen Teil weggezogen. Ich hatte vor dem Blinddarm schon diesbezügliche Ahnungen gehabt und ein ♂, ein ♀ und ein Junges in den Käfig gelockt. Während meiner

Krankheit sind alle noch freien bis auf ein ♀ und 2 Kinder verschwunden. Ich behaupte aber, daß sie wiederkommen, wenn sie nicht verunglücken. Ich habe also jetzt nur 6 von 11 St.

Dann hätte ich noch eine Frage an Sie, Herr Doktor! Könnten Sie mir irgendeine Adresse sagen, wo man *Mantel- oder Silbermöwen* bekommen könnte? Meine heurigen Bemühungen, aus Holland Kücken zu bekommen, sind umsonst gewesen. Hingegen kann mein Freund alte Vögel bekommen, der Händler verlangt aber 15 Gulden für *einen,* und das kommt mir zu teuer vor, wo doch Silbermöwenjunge auf dem Memmert gegessen werden.

Etwas Neues habe ich inzwischen zugelernt und erfahren. Ich habe einen etwa 20 cm langen Wels (Silurus glanis) in dem Becken, in dem die Zwergtaucher waren, eingewöhnt, und dieser Wels *beißt.* Ob Sie's glauben oder nicht. Wenn man ihn in die Seite boxt, dreht er sich um, packt, was er packen kann, schüttelt einmal kräftig, läßt aus und flieht. Die Fluchtreaktion ist geradezu gekoppelt mit dem Beißen, wenn man das Vieh nicht gerade von hinten reizt. Da ich das mit dem Wels natürlich sehr oft probiert habe, ist es zu einer Art Wutzahmheit gekommen: Wenn man ihn zu oft reizt, »kriegt er einen Zorn« und *flieht überhaupt nicht mehr,* sondern beißt wieder und wieder nach der Hand. In so einem Fall wird er schwarzweißscheckig, für gewöhnlich ist er ganz hellgrau (Marmorbecken fast weiß, kein Bodengrund). Ich habe niemals mit einem Fisch ähnliches erlebt, es wäre mir wichtig zu wissen, wie sich Ihre großen Siluri im Aquarium verhalten? Beißen die auch? Mich hat die Sache sehr aufgeregt, da ich Brehms Angaben über das Beißen von Anarrhichas lupus nie recht geglaubt habe.

Mit vielen, vielen Grüßen Ihr ergebener

Konrad Lorenz

Berlin, den 21. August 1933.

Mein lieber Herr Kollege!

Daß ich über die Meldung Ihrer Blinddarm-Geschichte einen ziemlichen Schreck bekommen habe, können Sie sich denken, aber Ihr Brief vom 29. 7. klingt wieder so lustig und zuversichtlich, daß ich bestimmt hoffe, daß Sie nun ganz wohlauf sind.

Ihr Bericht über das verspätete Schlüpfen Ihrer Enten durch lange Abkühlung ist sehr einleuchtend.

Wollen Sie sich wegen Silber- und Mantelmöwen nicht einmal an Portielje wenden (Amsterdam, Zoologischer Garten)? Für Silbermöwen-Junge ist es jetzt schon ein bißchen spät, die Beförderung vom Memmert ist sehr umständlich. Sollte nicht Mohr jun. in Neu-Ulm auch so etwas beschaffen können? – Wie Sie wissen, haben wir hier sechs etwa 7jährige, jungaufgezogne und jetzt recht große Welse, und diese müssen ab und zu zum Entkarpfenlausen herausgefangen werden, wobei sie zwar um sich schlagen, aber nicht beißen. Will einer den andern aus einer Höhle verdrängen, so schnappt er bisweilen nach ihm.

Von den hier freigelassenen Seidenreihern finde ich immer nur sehr wenige, d. h. gewöhnlich nur einen, es sollen aber drei noch vorhanden sein. Die geringe Ortstreue liegt vielleicht daran, daß die herauszulassenden Vögel eine ganze Weile recht unglücklich untergebracht waren, so daß sie verscheuten.

Hier im Zoo gibt es jetzt eine Menge, z. Teil sehr kleiner Kolibriarten, die sich sehr gut halten. Tachyeres, die Dampfschiffente, verfolgt Mitbewohner ihres Teichs, so wie es Biziura und die Schellente tun, unter Wasser und jagt dadurch großen Schrecken ein.

...
Oskar Heinroth

Altenberg, 2. Sept. 33

Hochverehrter lieber Herr Doktor!

Über meinen Blinddarm hätten Sie sich wirklich nicht beunruhigen brauchen! 8 Tage nach der Operation war ich wieder gesund zuhause, und heute spüre ich die Narbe überhaupt nicht mehr.

Das Beißen des kleinen Welses erkäre ich mir jetzt schon anders: Er beißt nämlich nur, wenn er hungrig ist. Er scheint durch das Leben in dem deckungslosen Marmorbecken etwas abgestumpfte Fluchtreaktionen bekommen zu haben und daher eher zum Zuschnappen zu kommen, als normal wäre. Wenn er wirklich hungrig ist, frißt er aus der Hand, und zwar schwimmt er auf ziemliche Entfernung auf sie los, und zwar durchs Auge geführt. Er tut es nämlich nur, wenn ich eine blinkende Laube schwenke. Eigentlich sind Fische doch wesentlich klüger als irgendwelche Amphibien. Im Schwarzsee (bei Kitzbühel in Tirol, wo wir eben waren) sind sämtliche Fische, u. a. Döbel, Rotfedern, Lauben, Brachsen und Ellritzen, so zahm, daß sie nur meterweit ausweichen, wenn man mit lautem Platsch mitten unter sie ins Wasser springt und einem *sofort* aus der Hand fressen, wenn man ihnen eine Semmel vorhält. Das tun aber auch *große* Stücke, z. B. gut zwei Spannen lange Döbel. Wie lange würde es nun dauern, bis diese Fische normal scheu würden, wenn man beginnen würde, diesen bisher fischerlosen See zu befischen?

Die Möwenanfrage hatte ich natürlich sowieso für nächstes Jahr gemeint. Ich hätte mich an Portielje gewandt, hörte aber von Antonius, daß er (ich glaube irgendwie mit dem neuen Direktor zerstritten) nicht mehr am Amsterdamer Zoo sei, was mir sehr leid tat. Ich werde es also mit Mohr versuchen, danke vielmals.

Die abwesenden Nachtreiher scheinen sich doch nicht so ganz weit wegbegeben zu haben, denn vor einigen Tagen ist wieder einer eingetroffen, der seit 15. Juli weg war. Die Paare scheinen in keiner Weise zusammenzuhalten, denn ich hatte bis dahin eben von jedem der 3 Paare einen Vogel daheim. Dieser letzte Rückkömmling fraß sofort nach seiner Ankunft aus der Hand und ließ sich leicht in den Käfig führen, wo er von seinem eigenen Kind angegriffen wurde. Er besiegte es jedoch. Von Erkennen keine Spur. Es fehlen noch ein ♂ und ein nicht zu ihm gehöriges ♀ und ein Jungvogel. Leider muß ich frei nach Morgenstern sagen: Es gibt ein Gespenst, das frißt Seidenreiher. Der eine heurige, den ich frei gelassen hatte, verschwand plötzlich und ich lege meine Hand ins Feuer, daß er nicht allein weggeflogen ist. Zu denken gab mir, daß ich gerade in diesen Tagen Wanderfalken gesehen hatte, genau wie voriges Jahr, als der reizend zahme, vor Jahren stammende Garzettus verschwand. Die übrigen 11 jungen und den einen alten Seidenreiher lasse ich bis nächstes Frühjahr eingesperrt. Sie sind immerhin alle so gut eingeflogen, daß sie »es« sich so lange merken werden. Hoffentlich hebt dann nächstes Jahr ein großes Brüten an.

Über die aufgezogenen Enten ist nachzutragen, daß die Kinder der Essener Ente wirklich zweifellos von einem *Hoch*bruterpel oder von dem sibirischen Lockerpel stammen. Bis zum Schwingenwachstum waren sie nicht oder kaum größer als die 3 Reinblüter, erst dann machten sie sehr plötzlich einen gewaltigen Wachstumsruck. Erwähnen muß ich noch, daß auch die Erpel zur Zeit des Stimmwechsels eine Zeitlang das Signal Quegegegeg, »kommt, hier sind auch Enten«, von sich gaben!! Später nicht mehr. Alle sind gegen mich bedingungslos zahm und merkwürdig klug. Wenn man von dem »mechanischen Talent« der Rabenvögel absieht, so muß man sagen, daß so eine Ente nicht viel dümmer ist. Vor allem fehlt ihr die unglaubliche, alles Neue ablehnende Starrheit des erwachsenen Rabengeistes. Ein älterer Rabe wird doch nie zahmer, geht nie in ein Zimmer, das er nicht jung kennengelernt hat, nie einem Menschen zu, den er nicht aus seiner Jugend kennt. So eine Ente lernt aber nie aus. Ich habe die Enten eben in das Speisezimmer gelockt und den zahmsten reinen Erpel auf den Eßtisch der Kinder gesetzt (zu deren Gaudium). Der Erpel war vorsichtig fluchtbereit, beruhigte sich aber bald. Man stelle sich vor, wie ein Rabe auf so ein Gewaltstückchen reagieren würde!

Von meinem Spatzen muß ich noch berichten, daß er *nicht* schilpt. Ich zog drei kleine Spatzen auf, die höchstens 3–4 Tage alt waren. Sie lebten zunächst im Anatomischen Institut. Mit etwa 10 Tagen wurden sie weichknochig, daß man die langen Knochen zu Halbkreisen biegen konnte. Ich fütterte daraufhin Vitakalk, worauf einer hin-, die anderen innerhalb weniger Tage wieder hart wurden. Von diesen tötete ich den einen, weil er von mehreren in der weichknochigen Zeit erlittenen Brüchen schiefe Beine hatte, den anderen (den jüngsten der dreie), ein ♂, behielt ich und nahm ihn knapp vorm Ausfliegen nach Altenberg. Dort flog er dann bis zu meiner Erkrankung zusammen mit einem Star frei, an den er sich zunächst sehr anschloß, so sehr, daß er gegen mich zurückhaltender wurde.

Obwohl er nun doch reichlich unter seinesgleichen war, sang er, wie ein Star »dichtet«, und seitdem er nicht mehr sperrt, habe ich kein Schilp mehr von ihm gehört. Der Spatz ist vollständig gesund und hat tadellos gemausert (noch nicht ganz fertig). Seit er mausert, hat er nicht mehr gesungen und schweigt wie das Grab. Neugierig bin ich, was er sagen wird, wenn er fertig gemausert haben wird, stumm kann er doch nicht bleiben! Man müßte einmal an so einem nicht angeborenen Lockton wirklich genau experimentell ausforschen, *wann* das Vieh ihn lernt und wie lange es dazu braucht. Das Verrückte ist doch, daß das Bettelschilpen doch für uns fast derselbe Ton ist wie das erwachsene Schilpen. Man möchte meinen, das Vieh müßte »mich selbst nachmachen«! Spottet seiner selbst und weiß nicht wie. Ich werde nächstes Jahr eine Spatzenserie aufziehen, die ich in verschiedenem Alter aus dem schilp-freien Institut nach dem laut schilpenden Altenberg bringen werde. Meine armen Eltern werden weinen, wenn in gänzlich verschiedenen Zimmern einsame Spatzenkäfige eingerichtet werden!

Mit wirklich großer Freude habe ich mich in der letzten Lieferung Ihres Buches gelesen. Mehr noch als die ehrende namentliche Erwähnung hat mich das eine gefreut, daß Sie die schönen Sätze über »Hie Hirn, hie Bürzeldrüse« in Ihr Buch aufgenommen haben, die Sie seinerzeit mir in unserem Zwergtaucher-Briefwechsel geschrieben hatten. Das gab mir so ein angenehmes Gefühl des Mitgeholfen-Habens-wenn-auch-nur-ein-wenig! Danke vielmals!

Ja richtig! Im letzten »Zoologischen Garten« war ein Aufsatz von Lederer über Varane, den Sie *unbedingt lesen müssen*. Wenn alles, was drinsteht, wirklich wahr ist, sind diese klügsten Echsen wesentlich klüger als die dümmsten Vögel. Ich habe plötzlich heftig Lust, mir Varane oder auch Krokodile anzuschaffen, wenn nur das Heizen billiger wäre!

Mit vielen, vielen Grüßen bleibe ich wie immer Ihr ergebener
Konrad Lorenz

Altenberg, den 18. IX. 33
Hochverehrter lieber Herr Doktor!

Durch eine größere Wolkenverschiebung in unserem Institut ist mir jetzt doch die Möglichkeit gegeben, nach Königsberg zu kommen. Ich bin nämlich nicht mehr Vorlesungsassistent, sondern Leiter des ersten Präpariersaales, der erst im November eröffnet wird. Die Sache hat sich erst heute entschieden, vorher war ich mit der Unmöglichkeit meiner Königsbergfahrt ganz abgefunden und muß jetzt in letzter Stunde alles vorbereiten. Vor allem möchte ich Sie, Herr Vorstand, um Auskunft bitten, ob die Deutsche Reichsbahn überhaupt, und wenn ja, auch auswärtigen D.O.G.-Mitgliedern Ermäßigungen gewährt, und wenn ja, wie man sich um solche bewirbt. Ferner habe ich aus Wut und Schmerz, nicht kommen zu können, die Einladung verbrannt und weiß gar nicht, wann man wo sein soll!! Was ich aber von Sassi oder Steinfatt erfahren kann. Zu Hilfe!!!! Ich fahre jedenfalls am 29ten September weg, vorausgesetzt, daß mir die Visumbeschaffung nicht mißlingt.

Entschuldigen Sie diese verspätete Belästigung. Ich kann aber nichts dafür, bis heute früh war es gänzlich unwahrscheinlich, daß der neue Vorlesungsassistent angestellt wird und ich weg kann.

Mit vielen, vielen Grüßen Ihr aufrichtig wiedersehensfreudiger

Konrad Lorenz

Berlin, den 2. November 1933

Lieber Herr Kollege!

Das Paket und Ihren Koffer haben Sie inzwischen wohl erhalten?

Ich hoffe, daß es Ihnen, den Ihrigen und Ihren Pfleglingen gut geht und bin, wie immer, Ihr getreuer

Oskar Heinroth

Altenberg, den 7. XI. 33

Hochverehrter lieber Herr Doktor!

Vor allem vielen Dank für den Koffer, um den sich die Familie schon ernst gesehnt hat. Die glühenden Kohlen in Gestalt der vor Abgang des Kofferdankes angekommenen Photos brennen mich heftig. Meine Entschuldigung ist nur, daß außer verschiedenen anderen, aber ebenfalls ernsten Unannehmlichkeiten die Agnes sehr krank war (Grippe – Pneumonie, inzwischen ganz gesund), und ich schreibe so furchtbar ungern traurige Briefe! Bitte verzeihen Sie mir diese Ungezogenheit!

In Altenberg ist der Jahreszeit entsprechend nichts Neues los. Eine unheimliche (paratyphusähnliche) Seuche durchgeisterte meinen Vogelbestand und *raffte* ausgerechnet: 1 Jagdfasan, 1 Zwerghuhn, 1 Cairinus (alt), 1 Seidenreiher und leider auch den alten Zirkus-Kolkraben Jakob *dahin*. Die Kormorane sah ich vorige Woche von der Eisenbahn aus um 7 h morgens sichtlich zielgerichtet den Strom hinunterfliegen, und zwar bei Höflein. Als sie bei meiner Rückkunft aus Wien entgegen meinen Befürchtungen wieder daheim waren, sperrte ich sie ein. Sie wohnen jetzt im großen Wasservogelkäfig in Schönbrunn. Dort werden sie zwar verscheuen, ich hoffe aber, daß sie im Frühjahr, nach Altenberg zurückversetzt, die alte Zahmheit wiederbekommen. (Ich habe wegen der vielen Seidenreiher keinen Platz für die Kormorane.) Die Seidenreiher frieren schon sehr, ich ringe die ganze Zeit mit mir selbst, was schlechter für sie ist, sie ins Winterquartier zusammenzupferchen oder sie weiterfrieren zu lassen? Ich glaube doch, letzteres!

Dann habe ich noch eine *Frage*! Bastian Schmid beschreibt in seinem Buch über »die Sprache der Tiere« das Legegackern der Hühner ausgesprochen als *geschlechtsgebundene weibliche* Äußerung. Er hat *keine Ahnung,* daß das ein Warnlaut ist! Nun möchte ich wissen: gackerte Ihre jungaufgezogene Bankiwahenne »lege«? Meine wildfarbige Zwerghenne schlich nämlich nach dem Legen immer ganz heimlich (wie jeder Erdbrüter) vom Neste! Da ich in meiner Arbeit auf die beiden verschiedenen Warnlaute der Bankiwastämmlinge zu sprechen komme, wäre ich für die Angabe sehr dankbar. Im übrigen lesen Sie Bastian Schmid, wenn Sie sich mal etwas ärgern wollen!

Mit nochmals vielem Dank (wie stets!) Ihr ergebener
Konrad Lorenz

Altenberg 11/XI 33
Hochverehrter lieber Herr Doktor!

Ihre Bemühungsbereitschaft in der Möwenfrage häuft glühende Kohlen! Danke vielmals! Mir liegt selber an den *Möwen* riesig viel, die ich kriege, da sie eine von mir nie gehaltene Gruppe sind. Und an den Sturmmöwen liegt Antonius viel, da er keine hat. Mir ist es *ungeheuer* lieb, ihm einmal was zuliebe tun zu können, da ich sehr viel von ihm habe, wie Kormoran-Überwinterung, ständige Umtauschmöglichkeiten scheuer Vögel gegen gleichartige zahme. Ich hoffe sogar, daß er gegen Sturmmöwen mit alten (jungaufgezogenen) Mantel- und Silbermöwenzuchtpaaren herausrückt.

Dann habe ich schon wieder eine Frage: Sie beschreiben in Ihrem Buch das Verhalten des Waldkauzes, der, in den Zoo versetzt, sofort verscheute, obwohl er in der Wohnung durch nichts einzuschüchtern war. Haben Sie nun jemals *in der Nacht* mit diesem Vieh »gesprochen«? Ich habe nämlich eben wegen Fledermausanschaffung meinen Kauz vorgestern ins Freie verbannt. Dort ist er geradezu wütend scheu, auch gegen mich, wenn ich ihn am Tage besuche, und bohrt verzweifelt in finstere Winkel. *Nachts* ist er aber so zahm, wie er je im Zimmer war. Im Zimmer fühlte er sich offenbar auch des Tags als »in der Höhle befindlich« und im Freien kennt er nichts als das Bestreben, ins Dunkle zu fliehen, obwohl doch Waldkäuze im Freien sonst nicht so sehr dunkelheitsgebunden sind.

Ich habe von meiner Frau zum Geburtstag 3 weitere Dohlen bekommen, so daß ich also jetzt 4 solche Weißlinge habe. Vielleicht kann man sie züchten! Die Dohlen sind jetzt durchweg aalglatt und gesund, im Gegensatz zum Vorjahre, wo es eine Mauserstörung gab (A-Vitaminose wegen zu vielen Eingesperrtseins?), so daß nur ein Paar, oder vielmehr ein Dreieck brütete. Das wird nächstes Jahr hoffentlich besser!

Dann habe ich noch eine Frage, die ich in meiner Arbeit aufwerfe: Gibt es einen Brutschmarotzer, der die Pflegegeschwister leben läßt und bei verschiedenen Vogelarten schmarotzt? Ich möchte nämlich meinen, daß der Parasit *entweder* die anderen Kinder entfernen, *oder* sich deren Brutpflege-Auslösern anpassen *müsse*, wie die Widavögel die Astrildenjungen kopieren, um ebensogut gefüttert zu werden wie sie! Das kann er aber natürlich nur bei einer oder nah verwandten Arten! Wie ist das beim Häherkuckuck, bei Molothrus etc.?

Mit nochmals vielem Dank Ihr Sie auch weiterhin mit Fragen zu belästigen beabsichtigender, aber aufrichtig ergebener

Konrad Lorenz

P.S.-Brief

Eben kam Ihr lieber Brief! Ich bin natürlich *sehr erschüttert* vom Tode des Ehrenvorsitzenden, der mir immer einen sehr großen Eindruck gemacht hat. Ich muß aber sagen, daß ich mir und allen, denen ich wohl will, nur wünschen kann, in diesem Alter *so* zu sterben.

Meine Frage über Brutparasiten hat sich puncto Molothrus durch die Arbeit von M. M. Nice im J. f. O. beantwortet, wenigstens zum Teil. Ich hätte nie gedacht, daß ein Vogel nicht doch die arteigenen Auslöser viel besser beantwortet als die des Parasiten. Oder hat Molothrus einen *Melospiza-Sperrachen?*

Die Legegacker-Nachrichten legen mir den Gedanken nahe, daß es sich da um eine ähnliche Reaktion handelt wie das abendliche Amseltieken. Man warnt, wo man *nicht* schläft oder brütet. Das *Fliegen* vom Nest bringt doch eine deutliche Parallele zu den Amseln, die nach dem aufgeregten Tieken immer *weit* wegfliegen!

Mit nochmals vielem Dank und vielen Grüßen Ihr

Konrad Lorenz

Berlin, den 11. November 1933.

Lieber Herr Kollege!

Soeben trifft Ihr Brief ein, und ich muß Ihnen leider sofort die traurige Mitteilung machen, daß unser neuer Ehrenvorsitzender Hartert in der vergangnen Nacht einer Blutung aus einem Magengeschwür erlegen ist. Leider kann ich an der Bestattung nicht teilnehmen, da ich nächste Woche in mehreren Städten Ostpreußens dienstlich zu tun habe. Hoffentlich ist Ihre kleine Agnes über das Schlimmste hinweg, und ich wünsche ihr jedenfalls eine recht baldige und vollständige Gesundung.

Ich bedaure lebhaft das Wegsterben so vieler Ihrer Pflegebefohlenen durch eine Seuche: Ich kenne so etwas aus dem hiesigen Zoologischen Garten. Ihren Seidenreiher-Schmerz kann ich Ihnen nachfühlen, die Sache verläuft hier ebenso. Die Tiere leiden doch recht unter der Kälte, die kräftigen scheinen sich dann aber allmählich daran zu gewöhnen, ich würde es an Ihrer Stelle so lange darauf ankommen lassen wie möglich.

Ich selbst kann Ihnen von dem Legegackern der Bankiva-Henne nicht viel sagen, denn ich hatte die meinige nicht lange genug, und sie verlegte, da sie kein Nest hatte, ihre paar Eier überall herum; ihre Triebhandlungen waren also gestört. Wenn ich mich recht erinnere, waren Ansätze für ein Legegackern vorhanden, ich sprach daraufhin soeben mit unserem Fasanenwärter Schwarz und erfuhr folgendes: Bankivas und deren Halbblüter verlassen das Nest nach dem Legen anscheinend meist heimlich und, wenn man sie völlig frei hält, fliegend. Dann erst beginnen sie mit dem Legegackern, das aber bei ihnen nicht das lange Gackgackgackgackgackgaack der Haushenne ist, sondern der viel kürzere, abgebrochne Schreckruf der Bankivas, und in diesen stimmt dann die ganze Familie, also auch der Hahn, wie dies ja beim Haushahn auch üblich ist, ein. Wie ich an andrer Stelle schon ausgeführt habe, ist das Legegackern wirklich eine Art Angstruf und wird auch von den Artgenossen so gedeutet.

Mit vielen herzlichen Grüßen an Sie und die Ihrigen in Eile Ihr
Oskar Heinroth

Berlin, den 21. November 1933.
Lieber Herr Kollege!

Anbei ein Durchschlag einer Karte an Antonius, leider ist nur eine Sturmmöwe bei den 5 oder 6 Heringsmöwen.

In der Nacht habe ich nie mit dem weggegebenen Waldkauz verkehrt, kann Ihnen also auch keine Auskunft über die Wieder-Erkennungsfrage geben.

Auf die Nachzucht Ihrer weißen Dohlen bin ich sehr neugierig.

Zu der Brutschmarotzer-Angelegenheit sei bemerkt, daß der Häher-Kuckuck in die Nester von Elstern und Nebelkrähen legt. Soviel ich weiß, sind die Jungen zunächst nebelkrähenartig gefärbt, aber fragen Sie lieber darüber noch einmal bei Stresemann an. Bei dieser Art werfen ja die Jungen ihre Stiefgeschwister nicht heraus, und es werden oft mehrere Häherkuckucke in einem Hähernest mit mehreren Hähern aufgezogen. Bei der Kleinheit des Kuckucks im Vergleich zur Krähe macht es den Alten wohl nicht viel Mühe.

Über die Sperr-Rachen von Molothrus und ihre Farbanpassung an die Jungen andrer Vögel weiß ich leider nichts. Oder sind die amerikanischen Vögel vielleicht so dämlich, daß sie nichts merken?

Die Legegackerei der Wildhühner in Nestferne entspricht wohl sicher dem Amselschlag-Tixsen.

Hoffentlich geht es Ihrem Töchterchen wieder ganz gut?

Mit vielen herzlichen Grüßen an Sie und die verehrten Ihrigen, bin ich wie immer Ihr getreuer
Oskar Heinroth

Berlin, den 8. Dezember 1933.
Mein lieber Kollege Lorenz!
Ich wüßte gern, ob die Möwen gut in Ihre Hände gelangt sind; zurückgekommen sind sie jedenfalls nicht und die Bahn hat auch keine Meldung darüber gemacht.
Zugleich schicke ich Ihnen ein Heft des »Naturforschers« und bitte Sie um Ihr Urteil über die Seiten 330/34.
Mit vielen herzlichen Grüßen an Sie und die Ihrigen stets Ihr
Oskar Heinroth

Altenberg 10/XII 33
Hochverehrter lieber Herr Doktor!
Es ist ungemein gemein, daß ich Ihnen noch nicht für die Möwen gedankt habe, die gut und tadellos angekommen sind. Antonius hat eine solche Freude über die Sturmmöwe, daß er mir jungaufgezogene *alte* Silbermöwen-Brutpaare für einige der Heringsmöwen eintauscht, die er bisher nur in einem Exemplar hatte. Für mich ist also durch Ihre und Schüzens Freundlichkeit etwas erreicht, was mich sonst jahrelange Arbeit und beträchtliches Geld gekostet hätte! Danke vielmals!
Ihr Artikel im Naturforscher zeigt aufs schönste Ihre durch jahrzehntelanges Komponieren von Behälter-Aufschriften geübte Fähigkeit, dem sogenannten »Fernerstehenden« *das* einzubläuen, worauf es *ankommt*. Ich kann mir nicht vorstellen, daß irgend jemand etwas, was Sie geschrieben haben, *nicht* verstehen sollte, obwohl es sich doch eigentlich um recht komplizierte Dinge handelt. Vor allem aber freut es mich, daß Sie wieder einmal öffentlich betonen, daß man gewisse Dinge in der Feldbeobachtung *nicht* sehen kann, ebenso daß es darauf ankommt, daß der Beobachter Erfahrung haben muß und weiß, wie ein *unnormales* Tier aussieht. Wieso können das Letztere übrigens so ungeheuer *wenige* Leute beurteilen? Antonius hat z. B. bei Vögeln kaum Sinn dafür, ob ein Stück gesund oder krank ist. Stresemann meinte einmal, Sie und ich könnten das wegen unserer medizinischen Vorbildung besonders gut. Für mich trifft das aber sicher *nicht* zu, vielmehr habe ich den »Sinn für's Gesunde« schon als Junge an

Aquarienfischen entwickelt, die ich sehr früh erstaunlich richtig behandelt habe.

Meine Vögel sind jetzt alle gesund, besonders die Reiher sind in bester Form. Ich stelle fest, daß die Nachtreiher wesentlich verträglicher sind als im Vorjahre, und zwar aus folgendem Grunde: Es bleiben gewisse Reste von Fortpflanzungsstimmung im Winter erhalten. Z. B. sagen sie jetzt das Go-óhk, das eigentlich Begrüßung ist, aber auch ein Friedensflehen sein kann, wenn der Vogel nahe an einem andern vorüber muß, der ihn bedroht. Das Go-óhk war vorigen Winter *nie* zu hören, die Jungvögel eines Nestes sagten es nur bis etwa zu einem Alter von einem Jahre zueinander (was sicher abnorm lange ist, da sie im Freien wohl bald auseinander kommen!). Dann war es bis zur Brut nie zu hören. Das friedeflehende Go-óhk bringt es mit sich, daß die Platzverteilungsstreitigkeiten im heurigen Winterquartier viel milder waren als je.

Die 11 Seidenreiher verhalten sich ethologisch *ganz* anders als die Nachtreiher. Der »Stammplatz« spielt eine viel geringere Rolle; es gibt eine Rangordnung, die so fest ist, daß z. B. der 2½jährige Sr. einen Schwächeren auch *an dessen Platz* verprügeln kann, was bei Nr. gänzlich undenkbar wäre. Es haben sich einzelne Stücke zusammengetan, die etwas zueinander sagen, das dem Go-óhk der Nr. genau homolog ist, höher klingt und statt dem angehängten äwäwäwä (unter Kopfschütteln) ein angehängtes Schnabelklappern unter Kopfschütteln hat. Der 2½jährige Sr. hatte sich im Sommer schon ausgesprochen mit den Jüngeren ausgesöhnt, flog »angebunden« mit ihnen und verfolgte sie nicht. Im Winterquartier aber waren sie ihm plötzlich wieder »neu« und er ist ganz böse gegen sie. Die Ethologie der Sr. ist sicher viel verwickelter als beim Nr., die Sr. *haben* sicher, abgesehen vom Nest, *viel mehr miteinander*. Das Sich-Kennen oder Nicht-Kennen spielt bei ihnen fast dieselbe Rolle wie bei Enten! *Hoffentlich* brüten sie 1934 schon!!

Mein Spatz macht jetzt haarklein alles, was der Ihre tat. Ich bin Mauer und ♀ zugleich. Der Vogel *schilpt nicht* (!), sondern sagt mühsam ein paar Startöne, die er sehr unvollkommen nachahmt. Ganz unglaublich ist der geringe Trieb zur Gefiederschonung dieses Vogels. Er bohrt sich mit *Gewalt* unter meinen Arm ein und entschlummert dort eingeklemmt, wenn ich abends noch länger schreibend am Schreibtisch sitze und er frei ist. Ich verstehe aber jetzt genau, *warum* der Spatz zum Schmarotzer des Menschen werden konnte: Einfach deshalb, weil er um soviel klüger ist als *alle* gleichgroßen Vögel, sogar einschließlich der kleinen Papageien. Käfigtürlernen, Umwegaufgaben und überhaupt Räumliches lernt er schneller als ein Rabe, ferner fürchtet er sich weniger blind vor Unbekanntem als andere Vögel, ist aber eigentlich immer fluchtbereit und sichert eigentlich *immer*. Eine recht große Rolle spielt wohl auch die Soziologie, nämlich erstens die Verträglichkeit der Männer, und zweitens das »Tscherengengengeng«, das ich ausgesprochen für eine »Schnarrreaktion« halte (und das übrigens mein nichtschilpender Spatz vollbrachte, als einmal mein Hund ins Zimmer kam). Ich will nächstes Frühjahr mehrere Spatzen freifliegend halten. Vielleicht kommt was heraus!

Meine Schwarzstörche scheinen doch ein Paar zu sein. Sie sagen »chju, chju« (unter Schnabelaufwerfen – Homologon der Weißstorchklapperstrophe) zueinander und tun Unglaubliches mit dem Unterschwanze. Sie haben aber beide solche Schnäbel, der eine mehr, der andere weniger.

Da aber ganz sicher alle Jungen so aussehen, so hoffe ich, daß die Oberschnabelwölbung nur bei ganz alten ♀♀ auftritt.

Als ich das »♂« in den Winterkäfig trug, begegneten wir meinem Hund, den der Storch prompt *anklapperte,* so daß ich jetzt zum zweitenmal einen Schwst. klappern gehört habe. (Das erstemal gegen einen Raben.) Das Klappern ist ganz schnell, wie bei Reihern, und klingt etwa wie ta, ta, trrrrrrrr tat, tat (etwa 1½ Sek lang). Dazu wird das Halsgefieder so:

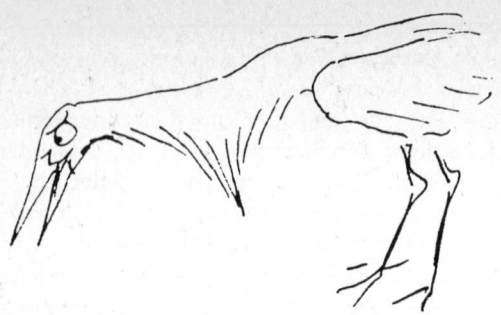

frisiert und die Flügel fluchtsprungbereit angehoben. Das ganze = dem einmaligen Schreckklapp*en* des Steißworches, wie ich letzthin auf der Schreibmaschine schrieb, ähnlich.

Ihr Aufsatz im Naturforscher hat mir wieder einmal zum Bewußtsein gebracht, wie unglaublich weit die Parallelen zwischen Ihnen und mir gehen! Bis zum Anatiden-Aufziehen als kleiner Junge! Durch diese geradezu mathematische Gleichheit der Anschauungen und Auffassungen habe ich das *unglaubliche Glück*, die Erfahrungen eines Älteren *restlos* verwerten zu können, was doch sonst zwischen zwei Menschen kaum je vorkommt! Sonst gehören doch die Kenntnisse eines einzelnen zum größten Teile doch nur *ihm* selbst! Wenn ich aber *irgend* etwas von *Ihnen* gehört oder gelesen habe, so ist das so, als hätte ich die betreffende Beobachtung *selbst gemacht*. Ich kann es dann auch genausowenig vergessen! Ich *verfüge* daher über *Ihre* wissenschaftlichen Erfahrungen, soweit sie mir durch Rede und Schreibe überhaupt überliefert wurden, und dadurch bin ich durch Ihre Hilfe um Jahre älter und reifer geworden, ohne entsprechend zu altern. Für diesen »Vorsprung vor dem Alter«, den ich nur Ihnen verdanke, werde ich Ihnen *immer* dankbar sein.

Mit vielen, vielen Grüßen Ihr getreuer

Konrad Lorenz

(Tirol?) Weihnachten 1933

Hochverehrter lieber Herr Doktor!

Vor allem nehmen Sie bitte meine herzlichsten Glückwünsche zu Ihrer Heirat und übermitteln Sie sie auch bitte an Ihre Frau Gemahlin. Da ich diese Dame ja kenne, habe ich die Berechtigung, Sie zu beglückwünschen! Ebenso überbringe ich Ihnen hiermit die Glückwünsche meiner sämtlichen Familie, von Agnes bis Großpapa!

Wir sind hier gegenwärtig auf einer sehr netten Weihnachtsskitour, wo der Leib geschunden und der Geist ausgeruht wird! Als Lektüre habe ich nur eine tierpsychologische Arbeit mit, die Ihnen sehr viel Interessantes bringen dürfte. Ein Mann namens Brückner untersucht da die Vorgänge bei der Auflösung einer Hühnerfamilie. Gar nicht schlecht, abgesehen von einigen Fehlern durch Nichtbeachtung von Domestikationserscheinungen, die aber nicht gerade sinnstörend sind. Die Sache findet sich in der Zeitschrift für Psychologie, Bd. 128, H 1 bis 3, 1933. Falls es Ihnen nicht leicht zugänglich ist, schicke ich Ihnen gerne das Exemplar, das ich mir verschafft habe. Es ist schrecklich schade, daß diese glänzende Untersuchung nicht z. B. an Goldfasanen unternommen wurde. Da hätte der Mann viel Besseres herausgekriegt. Aber diese Psychologen haben eben kein Herz für Biologie!

In Altenberg habe ich kurz vor meiner Wegfahrt den Kaiseradler steigen lassen. Er hat eine ausgesprochene Tendenz zum Zurückkommen. Er fliegt nämlich nie weit geradeaus, sondern versucht nach einigen 100 m Fluges umzudrehen und nachhause zu kommen. An der Art und Weise, wie ihm das von Fall zu Fall verschieden mißlingt, kann man so recht sehen, wie abgrundblöd so ein königliches Vieh ist. Der Pernis ist himmelhoch klüger als so ein Adler.

Mit den allerbesten Wünschen zum Weihnachtsfest und zum neuen Jahr wie immer Ihr getreuer Jünger

Konrad Lorenz

Berlin, den 4. Januar 1934.

Mein lieber Freund und Kollege Lorenz!

Nehmen Sie und all Ihre verehrten Ihrigen zunächst unsern innigen Dank für die so freundlichen und gutgemeinten Glückwünsche zu unsrer Paarbildung und zu 1934! Hoffentlich haben Sie im neuen Jahre recht viel Erfolg mit all Ihren Zuchten und keine Krankheiten in der Familie.

Ihre beiden inhaltsreichen Briefe, die wieder alles in so drolliger und dadurch grade anschaulicher Weise schildern, haben mir und meinen nächsten Freunden viel Freude gemacht, die Sache mit dem abgrundblöden Adler ist gradezu zum Totlachen. Ich kann mir das »königliche Vieh« so recht vorstellen, denn in Rossitten war auch ein Kaiseradler, der, wenn man ihn frei ließ, im besten Falle auf den nächsten Busch flog und sich dann nicht wieder heruntertraute. Ihre Beobachtungen über die Seidenreiher und die Schwarzstörche und die Bestätigung über meine Haussperlingsbeobachtungen habe ich mit Freuden gelesen, und es ist mir eine innre Befriedigung, daß Sie den kleinen Aufsatz im »Naturforscher« gutheißen, Sie bestärken mich in meinem Gefühl, daß auch Berufszoologen kränkelnde oder behinderte Tiere nicht von wirklich gesunden, sich regelrecht benehmenden zu unterscheiden wissen.

Hier im Zoologischen Garten ist ein prächtiges Saiga-Paar eingetroffen, das ja immerhin zu den Seltenheiten gehört. Hoffentlich rennen sich die Tiere in ihrer Steppendummheit nicht die Köpfe ein, wie dies hier früher schon geschehen ist. Auch ein sehr schönes Paar junger sibirischer Tiger ist neu.

In der nächsten Ornithologensitzung am Montag, dem 8. 1. 34, will ich, da ich keinen andern Dummen als Vortragenden gefunden habe, über »Schaustellung lebender Vögel« sprechen, schade, daß Sie nicht dabei sein können, denn Ihr Urteil wäre mir besonders wichtig. Wie immer mit vielen Grüßen Ihr getreuer

Oskar Heinroth

Berlin, den 5. Januar 1934

Lieber Kollege Lorenz!

In meinem gestrigen Briefe vergaß ich, Ihnen zu sagen, daß ich die Brückner'sche Hühnerarbeit recht genau durchgelesen habe und dasselbe von ihr halte wie Sie. Auch ich bedaure die Verschwendung von Mühe und Arbeit auf einen doch recht ungeeigneten Gegenstand, oder der Verfasser hätte doch wenigstens mehrere Vogelarten zum Vergleiche heranziehen können.

Wir haben hier dauernd ungefähr 0–2° bei geringer Schneedecke.
Mit herzlichem Gruß stets Ihr

Oskar Heinroth

Berlin, den 25. Januar 1934

Mein lieber Kollege Lorenz!

Der »Stieglitz als Schöpfer« hat, wie Sie aus beiliegendem Schriftzeug ersehen, weite Kreise gezogen. Ich finde die Ansichten von Erhardt im allgemeinen ganz verständig, wenn ich auch seinen Ausführungen in der »Zeitschrift für Psychologie« nicht restlos beipflichten kann.

Indem ich hoffe, daß es Ihnen und den verehrten Ihrigen gut geht, bin ich, wie immer, mit bestem Gruß, auch von meiner Frau, Ihr

Oskar Heinroth

Altenberg, 27. 1. 34

Hochverehrter lieber Herr Doktor!

Vielen Dank für den Erhardt-Brief, den Brückner-Sonderdruck und den Meisen-Unsinn. Ich kann dem hinzufügen, daß in Hempelmanns Tierpsychologie genau derselbe Schnitzer zu lesen steht: Es wird das Verhalten von Meise und Amsel gegenüber fettgefüllten und an Schnüren aufgehängten Nußschalen verglichen und der Meise das Festhalten mit dem Fuß als Intellektleistung angekreidet.

Lorenz hat in seiner noch unveröffentlichten Arbeit »der Kumpan in der Umwelt des Vogels« im 2. Kapitel, Beistrich, »Arbeitsmethode«, das *Experiment ohne Kenntnis des Instinktsystems der untersuchten Art* als *wertlos* gebrandmarkt und an dieser Stelle *sowohl* die Hempelmeise *als* den schöpferischen Bierhahn als abschreckende Beispiele angeführt. Erhardt ist in seinem Brief doch viel zu milde und Brückner hat wieder in der kurzen Arbeit *den* Unsinn stehen, die anderen Vögel des Fluggebauer hätten den Stieglitz *nachgeahmt*, was doch auch wieder von einer unglaublichen Unkenntnis der wirklichen Fähigkeiten eines Vogels zeugt. Die Leute *kennen* eben keine Tiere. Das Fußdraufsetzen des Stieglitzes kenne ich übrigens *nur* von dem einzigen Fall, wo der Vogel von der Mittel- und Hauptblüte einer Distel aus die Nebenblüten, ich meine halt Fruchtstände, abermtet.

Für diesen einen Sonderfall ist die Bewegungsweise eben offenbar da, der Zeisig hat sie nicht. Übrigens hab' ich jetzt gerade in dieser Hinsicht eine Kuriosität, nämlich ein Kanarien♀, das Salatstücke unter den Fuß nimmt und dann davon frißt. Das Vieh glaubt dabei aber Nest zu bauen. Da es kein Nistmaterial hat, sucht es abgerissene Salatstreifen an Zweigen zu befestigen, wobei bekanntlich auch Kanarien mit dem Fuß drauftreten. Dabei frißt das Vieh aber dann doch vom Salat. Wenn man diese Mechanik der Triebhandlungen einem »Psychologen« so darlegt, glaubt er wahrscheinlich nicht, daß ich das so wissen kann.

Mein Bruterpel ist kurz vor Weihnachten weggeflogen, weil seine Frau »verschwunden« war, die typische Reaktion auf unaufgeklärtes Verschwinden von Kameraden, wie es ja auch Dohlen so ausgesprochen haben. Ich hatte nämlich den Befehl gegeben, wegen der großen Kälte die Cairinas in einen Stall zu locken. Als ich spät am Abend nachhause kam, meldete mir die Resi, sie habe die Brautente auch mit drinnen. Ich sagte »sofort wieder auslassen, sonst fliegt das ♂ weg«, aber als wir das im Morgengrauen des nächsten Tages taten, *war* er schon verschwunden. Vor einigen Tagen schrieb Schüz um die (bei mir immer) rückständigen Beringungslisten, da eine Rückmeldung da sei. Dann stellte sich heraus, daß der Erpel bei einer guten Bekannten von uns zugeflogen war, die ihn sich ungern, aber doch wegnehmen ließ. Sehr interessant war die Begrüßung der Aixgatten. Sie begrüßten sich nämlich gar nicht, wie Stockenten oder Gänse es getan hätten, sondern das ♀ hetzte sofort wütend gegen den ihr besonders verhaßten weißen Essener Stockerpel, und der Mann trug der feierlichen Gelegenheit insofern Rechnung, als er dem Hetzen dies eine Mal Folge leistete. Haben Sie übrigens Aix sponsa, die verlobte Ziege, in Ihre Sammlung von Wider-Erwarten-

Zusammengenähten usw. aufgenommen? Mir ist die Schönheit dieses Namens nämlich eben erst aufgefallen! Mit der Bitte, mich Ihrer Frau Gemahlin recht sehr zu empfehlen, Ihr stets getreuer
Konrad Lorenz

Berlin, den 30. Januar 1934
Mein lieber Kollege Lorenz!
Ihr wieder so drollig anschaulicher Brief hat uns wie immer viel Freude bereitet. Die »Hempelmeise« und der »schöpferische Bierhahn« sind ja herrlich! Die Geschichte von der Canariensie (sprich sächsisch: Canarien-sie) und dem Brautentenpaar war mir ebenso wichtig wie lehrreich.

An die verlobte Ziege habe ich früher auch schon gedacht, und es erregte meine tiefste Trauer, als dann im British Katalog die Brautente als Lampronessa sponsa aufgeführt wurde und Aix nur für die Mandarinenente Geltung hatte; aber vielleicht hat es sich wieder geändert, und das wäre sehr erfreulich.

Anbei ein Durchschlag eines Briefes an den Oberförster von Leipzig, Sie ersehen wohl alles Nötige selbst daraus. Ich hatte auch wegen des kurzen, gradezu bemähnten Halses den Eindruck von Hausenten-Beimischung. Wie ist es übrigens mit der Nachzucht der weißen Essener Enten bei Ihnen gewesen? Und wie verpaart sich der weiße Erpel in diesem Jahre?

Mit vielen herzlichen Grüßen von Haus zu Haus stets Ihr getreuer
Oskar Heinroth

Altenberg 13/II 1934
Hochverehrter lieber Herr Doktor!
Vielen Dank für den Entendurchschlag. Nun weiß ich nicht, ob ich Ihnen im Trubel der Tagung Folgendes erzählt habe: der Herr v. xxx (Name vergessen), der im Blutgericht unter dem lauten Gesange

„Ἡ ψυχὴ ἔρχεται εἰς οὐρανον ἰουχαι,
τὸ σῶμα δὲ μενεῖ ἐν τὸ καραπαι,"

Papierservietten verbrannte (Sie wissen wohl noch, wer das war?) Beistrich, erzählte mir, er habe mal in Belgien Enten im Fluge geschossen, die grau mit weißem Vorderhals waren, worauf ihm ein Belgier, »Mon dieu, mes canards!«, ins Gesicht fuhr. Vor einiger Zeit war im »Vogelzug« unter dem Titel »Hausenten als Zugvögel?« eine ungarische Mitteilung über Abschuß einer und Gefangennahme einer zweiten Ente berichtet worden, die genau der Beschreibung der belgischen Flugenten durch Herrn von $\Psi\iota\chi\eta$ entsprachen!

Mein weißer Erpel lebt noch, er kümmerte im Vorjahre dauernd (in Folge der Gleichgewichtsstörung, der seine Brüder zum Opfer fielen) und hat 1933 überhaupt *nicht* (!) gemausert. Daß er noch lebt, betrachte ich als ein Naturwunder. Dabei geht es ihm scheinbar langsam immer besser! Übrigens: Wenn das Licht in bestimmtem Winkel einfällt, hat er rotleuchtende Augen! Haben weiße Hausenten das je?

Die Seidenreiher berechtigen zu den schönsten Hoffnungen. Sie sind fast fertig vermausert (nur Rückenschmuckfedern noch kurz) und daher blütenweiß mit dunkelgrauen Flügeln.

Es stimmt also, daß der Sr. im ersten Jahre das volle Prachtkleid kriegt. Ich muß gestehn, daß meine früheren Sr. das nie getan haben, weil es ihnen im Winter immer zu kalt bei mir war. Daß die Mauser normal ist, geht daraus hervor, daß a) die jungen Nachtreiher ebenso, b) die alten Nr. *und der* alte Sr. im Sommer und jetzt nicht gemausert haben. Die alten Sr. und Nr. kriegen im Winter nur die Kopf-Fadenfedern, die die Nr. jetzt alle fertig haben, der alte Sr. noch gar *nicht*.

Ich kriege jetzt dank Ihrer und Schüzens Möwenbemühungen aus Schönbrunn 3 ♀♂ prächtige, zahme, jungaufgezogene, etwa 6jährige Silbermöwen. Diese brüteten im Vorjahr im Wasservogelflugkäfig, der recht groß ist und können alle fliegen. Wie glauben Sie nun, daß ich sie eher züchte, wenn ich sie fliegendermaßen in den Ihnen bekannten, leider kleinen Reiherkäfig stecke, oder wenn ich ihnen die Flügel stutze (oder Gänseklammern anziehe) und frei im Garten laufen lasse? Wie übel nehmen *zahme* Möwen plötzlichen Verlust der Flugfähigkeit? In Schönbrunn fliegen sie so gut wie nie! Bitte, Herr Lehrer, wie soll ich's machen?

Von meinen in Schönbrunn lebenden 4 Kormoranen haben *3* das volle Prachtkleid, obwohl laut Angabe des Berliner Ibishauswärters nur *2* es dürfen! Die Tiere sind in herrlicher Form und werden mit Blitz und Knall zu bauen anfangen, wenn ich sie zuhause freilasse. Sie treten sich bereits! Leider friert mein Teich immer noch unaufhaltsam zu, so daß ich nichts freilassen kann. Ich habe jetzt durch Zufall einen Graugansert, den mir Antonius vor Jahren schenkte, und der mir zu Fuß (!) (amputiert) durchgegangen war, zufällig bei einem nicht allzu fernen Jäger-Bauern gefunden und mangels zwingender Besitz-Beweise *gekauft,* u. z. samt inzwischen angetrauter Hausgans-Gattin, die klein und leicht ist. Da er seine vorherige (verschollene) Graugänsin nie eines Blickes, geschweige denn eines Triumphgeschreies gewürdigt hat, so ist der Wechsel nur von Vorteil. Unglaublich, was so ein brünstiger Gansert aus sich macht! Wie schwer er sich aus purer Protzerei das Gehen macht! Und da halten *Sie* sich über Homo♀♀ auf, die sich beim Gehen mit einer Hand den Hals zu, und mit der anderen eine Tasche halten? Der Gansert muß sich bei jedem Schritt um 90° nach rechts und links drehen, damit er was gleich sieht! Er laßt es sich eben was kosten, damit man sieht, er hat's dazu! Obwohl ich ja jetzt wohl Halbblüter kriegen werde, möchte ich doch leidenschaftlich gerne reine Graugansküken. Glauben Sie, daß ich den Zoo nochmals anbetteln darf? Heck wird bald glauben, wir *essen* seine Vögel! In prächtiger Verfassung sind sämtliche Dohlen heuer, es hebt sicher ein großes Brüten an, sie jüpen morgens ohrenbetäubend aus meinem einen Nachtkästchen heraus. Manchmal erfolgt mitten in der Nacht ein Jüp-Ausbruch. Sonst ist noch zu erwähnen, daß mein im Garten angehängter zahmer Waldkauz eines *Nachts* mit Butz und Stingel aufgefressen wurde, u. z. eindeutig von einem Vogel; da es hier keine Uhus gibt, also von einem *Waldkauz!* Morgen mittag essen wir unsere Tante, wenn das so weiter geht!

Mit den allerbesten Grüßen von Käfig zu Käfig, Ihr sehr ergebener

Konrad Lorenz

Berlin, den 20. Februar 1934.

Mein lieber Kollege Lorenz!

Vielen Dank für Ihre Schilderungen vom 13. 2. Sollte der griechische Mann im Blutgericht mit den Flugenten nicht vielleicht Herr von Roy, Berlin-Grunewald, Salzbrunnerstr. 29, gewesen sein? Schreiben Sie doch ruhig an Direktor Dr. L. Heck wegen Graugansseiern oder Küken. Er hat Beziehungen nach Schwerin und anderwärts, wo es wirklich wilde Graugänse gibt. Hier im Garten scheint kein Paar wirklich ganz rein zu sein. – Ich würde Ihren brüten sollenden Möwen je einen Flügel schneiden (vielleicht die inneren 8 Handschwingen) und sie frei halten, dann sind Sie mit der Besetzung Ihres Flugkäfigs nicht so gebunden, denn so ein Möwenpaar kann recht eklig werden. – Hier brüten auch amputierte Möwen mit Erfolg. – Wie hat denn der wilde Waldkauz den zahmen von der Fessel losgekriegt? – Auch ich grüße Sie von Käfig zu Käfig.

Stets Ihr

Oskar Heinroth

Berlin, den 9. März 1934

Lieber Kollege Lorenz!

Wie ich soeben vom Zoologischen Garten durch Herrn Dr. Steinmetz höre, ist der Brief an den Gänse- und Milanmann als unbestellbar zurückgekommen. Die Unterschrift unter dem Brief war nämlich derartig unverschämt unleserlich, daß kein Mensch sie entziffern konnte. Vielleicht schreibt nun der Verkäufer einen bitterbösen

Brief an den Zoo, daß man ihm nicht geantwortet hat, und dann ist die Unterschrift vielleicht leserlicher: Er drückt dann in seiner Wut vielleicht mehr auf die Feder.

Mit vielen herzlichen Grüßen *Ihr*

Oskar Heinroth

(Altenberg, undatiert)

Hochverehrter lieber Herr Doktor!

Her mit den vier Graugänsen. Was kosten sie? Vielleicht nimmt der Mann Türkenenten in Zahlung. Er kann haben, so viele er will. Auch eine *wohl* sicher ♂ Saatgans kann er haben, ev. im Tausch gegen 1 Graugans ♀. Hoffentlich kommt der Aspro, den ich heut schicke, lebend an! Er ist »besser« als alle, die ich bisher kriegte. Soll ich noch Schrätzer besorgen? Jetzt wäre die beste Jahreszeit. Was sagen Sie zu dem Silbermöwen-Unglück? In Altenberger Aufwinden kommt eben noch alles mögliche in die Luft, was im ebenen und baumumstandenen Berliner Zoo gar keinen Versuch macht. Dabei konnten so gestutzt nur die ♀♀ hochfliegen, beide ♂♂ konnte ich fangen, halte aber Zuchterfolge für recht unwahrscheinlich.

Seit vorgestern sind die Nachtreiher frei. Die Paare kennen sich *nicht* und ♀ ♂ haben Angst voreinander wie vor fremden Reihern!

Könnte ich die Saatgans bzw. Türkenenten an den Zoo Bln. schicken? Daß der Mann sie dort abholt? Einen zahmen oder jungen Milan möchte ich auch haben, das scheint der einzige wirklich gut freifliegende Raubvogel zu sein. Entschuldigen Sie bitte das Papier, ich habe kein anderes hier.

Viele herzliche Grüße Ihr ergebener

Konrad Lorenz

Wien, 21. III. 34

Hochverehrter lieber Herr Doktor!

Vielen Dank für den Entenbrief. Alle meine Verdächte gegen die Reinblütigkeit eurer deutschen Stockenten werden da ja wundervoll bestätigt. Ich meine dabei gar nicht, daß solche Einzelfälle, wie bei jenem zoologischen Garten, so viel ausmachen, sondern daß das Entenreservoir, aus dem auch der Lieferant jenes Gartens seine Mischlinge bezog (Nordsee!), natürlich dauernd unreine Enten auswirft. Wenn ein Hochbruterpel von Bremen nach Ulm und belgische Zierenten nach Budapest fliegen, so genügt *ein* solches Zentrum von der Nordsee vollständig zur Erklärung der von mir behaupteten Verschiedenheit.

Bitte zu beachten, daß ich die Verschiedenheit sah und behauptete, *bevor* ich von diesen Möglichkeiten eine Ahnung hatte. Erinnern Sie sich, daß ich bei meinem ersten Besuch in Berlin einige Stockenten als nicht ganz rein ansprach, die sicher aus freier Wildbahn stammten? Ein Merkmal, auf das ich *bewußt* erst durch Ihren

Antwortbrief, dessen Durchschlag Sie beilegten, aufmerksam wurde, ist die Schnabellänge! Meine ungarischen Reinblüter haben vielleicht $1/3$ längere Schnäbel als die Essener Weißlingeltern und deren heurige Kinder (die beide leider wildfärbig sind.) Nun möchte ich aber eines wissen: Wieso sind diese in kurzer Zeit erwerbbaren Domestikationsmerkmale *so* dominant? Die Kreuzungen zwischen Hochbruterpel und der Essener Ente unterscheiden sich nur für den genauesten Kenner überhaupt von Hochbrutenten (wirkliche, nicht zu dunkle Wildfarbe, eingezogen*erer* Bauch, größere Fluglust). In der Größe stehen sie kaum hinter letzteren zurück. Außerdem sind die cetaris paribus *zahmer* und weniger fahrig als die reinen Nachkommen des Essener Paares, diese wiederum zahmer als die mit ihnen aufgezogenen, auf die Stunde gleichalten Reinblüter aus ungarischen Eiern. Daher halte ich es für sehr möglich, daß sich gerade die wilden Kreuzungsenten auf Parkleben und Fütterung durch den Menschen spezialisieren! Übrigens halte ich den Beweis in den Händen, daß *ein* Entengelege von *zwei* Vätern befruchtet sein kann. Die Essener Ente erbrütete 1933 7 St. Junge. Davon kümmerten anfangs drei, eines starb, vier gediehen. Die zwei sich erholenden gekümmert habenden waren nun zunächst kleiner und ich glaubte, sie seien das nur wegen ihrer Vorgeschichte. Als sie aber gesund und groß wurden, zeigte sich, daß diese zwei reine Essener, die anderen vier aber Hochbrutbastarde waren! Vertauschung von Eiern ist auszuschließen, die alte Essenerin hat im selbstgebauten Nest selbst gebrütet, ich habe jeden Tag ihr Legen kontrolliert und, um Hundefraß zu verhindern, jeden Tag ihr Ei gezeichnet, weggenommen und durch ein Hochbrutentenei ersetzt und erst nach Brutbeginn die richtigen Eier ins Nest getan. Geirrt habe ich mich sicher *nie* dabei.

Die Nachtreiher haben schon Nester, und zwar *dieselben* Paare wie im Vorjahre *ganz andere* Nester! Die Paare fanden sich *ohne(!) eine Andeutung* der ganzen Werbezeremonien eine *Woche vor* Wahl des Nestplatzes. Das am frühesten beginnende Paar (Rechtsrot ♂, Grüngrün ♀) zog kosend und Bauzeremonien tätigend im ganzen Garten umher. Mitte voriger Woche setzten sie sich auf einer kleinen Fichte auf dem Wasser-Reservoir-Hügel im rechten oberen Gartenneck fest, und zwar keine 3 m über dem Boden. Inzwischen hatten sich die anderen Paare gefunden und bezogen Nestplätze in den höheren Etagen *derselben* kaum mannesarmstarken Fichte. Die unteren Nester werden gräßlich beschissen werden! Der Nestplatz ist so blöd und unerwartet, daß Alverdes mit seiner »Unvoraussagbarkeit« jubeln würde, der arme Tor! Meine vier Kormorane waren nach ihrer Rückkehr von Schönbrunn sofort zahm und eingewöhnt, flogen die alten Wege und saßen auf den alten Plätzen. Dann aber war das geschlechtsreife Paar plötzlich fort. Und zwar sind die Ludern, wenn meine Meinung richtig ist, zum Brüten zu anderen Kormoranen, deren ja hier oft welche vorüberkommen, übersiedelt. Offenbar genügen 4 K, von denen 2 noch dazu unreif sind, *nicht*, um die Tiere sich »als Kolonie« fühlen zu lassen. Mir ist sehr leid um die schönen Tiere.

Was mich selbst betrifft, so bewegen mich große Dinge: Der Psychologe Bühler hat mir gewisse Aussichten gemacht, meine Dozentur beschleunigt, und *mein* tierpsychologisches Kollegium in den Lehrplan für *seine* Studenten aufgenommen, wodurch dieses Kolleg von Anfang an sehr groß sein wird. Da ich eine derartige Verpflichtung *neben* der Anatomie nicht mehr übernehmen kann, werde ich am 1. Oktober das Anatomische Institut verlassen und zu Bühler siedeln, *obwohl* die Aussicht auf eine bezahlte Stelle dort eine Frage von einer ganzen Reihe von Jahren ist. Trotzdem glaube ich diesen Sprung ins Leere tun zu sollen. Schließlich bringe ich es ja doch *nur* in der Psychologie wirklich zu etwas und da *nur*, wenn ich mich dem ausschließlich widme. Ich werde eben Versuchstiere halten müssen, die billig zu erhalten sind. Eine Spatzen- und Webervogelsoziologie muß ja ohnehin einmal aufs Korn genommen werden! Wenn also auch jetzt Schmalhans Futtermeister wird, so bin ich doch über die Entscheidung sehr froh, denn zwei Herren zu dienen bin ich tatsächlich bis zur Erschöpfung müde. Entschuldigen Sie bitte das verdreckte Papier, ich habe eben etwas Zeit, aber gerade kein anderes Pergament. Mit vielen Grüßen und Empfehlungen an Ihre Frau Gemahlin Ihr ergebener

Konrad Lorenz

Altenberg, 5. April 34 (?)
…Seitdem ich gestern die ersten 2 Seiten dieses Briefes schrieb, hat sich was ereignet, was mir sowohl aus altru- als aus egoistischen

Gründen sehr gegen den Strich gegangen ist: Antonius wurde Knall und Fall aus irgendwelchen politischen Gründen seines Amtes enthoben. Er war mir immer ein treuer Freund und Förderer, dessen Absetzung ich sehr zu beklagen haben werde. Weiß Gott, wer sein Nachfolger wird. Ich weiß nämlich in Österreich überhaupt niemanden, der seine Stelle ausfüllen könnte, außer vielleicht Weidholz, und der hat einen anderen Beruf. Unter den untergeordneten Angestellten Schönbrunns ist keiner, der überhaupt einen Tau von Zoologie hat, auch nicht der sehr nette und nicht dumme Kiderle. (»Assistent«.) Vor seinem Abgang vermachte mir A. noch eine weibl. Silbermöwe, eine zahme Elster und vier wohl sicher befruchtete Seidenreihereier, die ich unter Tauben gelegt habe. Ich hoffe noch, daß die Untersuchung gegen Antonius im Sande verläuft, aber es scheint wenig Hoffnung auf seine Wiedereinsetzung zu bestehen.

»Wissenschaftlich« wollte ich Ihnen noch berichten: Voriges Jahr zog ich zusammen mit den 9 Stockenten 4 Cairinas auf. Von diesen leben heute 1 ♂ und 2 ♀ (das zweite ♂ ging nach Salzburg ans Vogelhaus). Der hier befindliche Erpel tritt *nur* Stockenten, das heißt das Mischverhältnis 9 : 4 genügte, ihn »auf Stock« statt »auf Cairina« zu prägen. Es ist dringend notwendig, die Prägung einmal in ihren quantitativen Bedingungen *messend* zu studieren. Ein unerklärbares Wunder ist es übrigens, daß der Cairinus weiß, welche von den Anas die Weiber sind. Warum versucht er nicht die Erpel zu treten? Es muß da überartliche ♀-Merkmale geben, die angeboren sind, und *nicht* in der Farbe liegen, denn die ist ja bei Cairina gleich und von Anas ♂ und ♀ gleich weit verschieden. Daß übrigens für Anas-Männer die Färbung ein wichtiges Weibchen-Merkmal ist, geht daraus hervor, daß manchmal der weiße Stockerpel von anderen Erpeln wie eine Ente gejagt und vergewaltigt wird.

Von meinen Kormoranen sind gerade die zwei Älteren plötzlich abgefahren. Ich glaube tatsächlich deshalb, weil sich 4 Kormorane nicht »als Kolonie fühlen« und anderswo Anschluß suchen. Als ich daraufhin die zwei jüngeren K. einsperrte und fürderhin nur auf 1 Stunde täglich heraus ließ, kam es zu folgendem Verhalten: Ich ließ sie hungrig heraus, wollte, sie sollten abfliegen und kreisen. Sie hingen aber klettenhaft an mir. Da führte ich sie in den obersten Gartenwinkel und lief bergab vor ihnen her, worauf sie hochflogen und kreisten. Als sie nach einiger Zeit einfielen, lockte ich sie in den Käfig und füllte sie an. Am nächsten Tag ließ ich sie heraus, lief an den gestrigen Abflugplatz und rief sie dort, um sie, wie gestern, zum Fliegen zu veranlassen. Sie aber flogen gleich von dort, wo sie grade waren, hoch in die Luft hinauf, kreisten lange, fielen ein und liefen dann *nicht zu mir*, sondern an den gestrigen Futterplatz *in den Käfig* und sagten dort das typische »So gib schon her«, obwohl ich *20 m weiter oben* auf dem gestrigen Abflugplatz stand. Genau das gleiche schnelle Erfassen einer Futter*platz*-Dressur steht in meinem Tagebuch von vor 3 Jahren über meinen allerersten Kormoran verzeichnet, war aber von mir seitdem als »Beobachtungsfehler« abgelehnt worden. Also doch! Wahrscheinlich ist das *die* Eigenschaft, die den K. veranlaßt, auf das Boot des Fischers zurückzukehren. Er glaubt eben, man kann nur dort fressen.

Mein Freund Hellmann hat einen fliegenden Hund, der *im Zimmer fliegt!* Ich kriege das Vieh, wenn er davon genug hat. Ich bin sehr neugierig drauf!

Bitte empfehlen Sie uns *recht sehr* Ihrer Frau Gemahlin und schreiben Sie einmal, was Sie von meinem Verlassen der Anatomie denken! Ist das unverantwortlich, oder hätte ich sollen?

Mit vielen, vielen Grüßen wie immer Ihr getreuer Jünger
Konrad Lorenz

P.S. Zingel habe ich trotz ausgesetzter Prämien keinen mehr gekriegt. Daß der eine *lebend* angekommen ist, ist ja ermutigend und wir werden den Versuch wiederholen. Die Viecher haben allerdings aparte Methoden, hinzuwerden. Die 6 Stück, die ich im Vorjahre hatte, starben teils auch an so einer »Schrecklähmung«, teils wurde ihnen ganz plötzlich der Schwanz, von hinten her beginnend, nekrotisch, wobei eine scharfe Grenze das lebende, durchscheinende von dem milchtrüben nekrotischen Gewebe trennte. Ich hätte so gerne Ihnen einen Z. verschafft, weil ich (abgesehen von den bekannten ethischen und Erfahrungswerten) punkto Tierbeschaffung so unglaublich in Ihrer Schuld stehe!

Berlin, den 9. April 1934.

Lieber Kollege Lorenz!

Zunächst besten Dank für Ihre beiden Briefe vom 21. 3. und vom 5. 4., die wir wieder mit großer Andacht gelesen haben. Die Sache mit Antonius hat uns sehr erschüttert und geht mir recht nahe.

Wenn ich Ihnen einen rein gefühlsmäßigen Rat geben soll, so gehen Sie in die Psychologie, und zwar in die vergleichende natürlich. Professor Krüger war in Ihrer Angelegenheit am Freitag Abend bei uns, und Stresemann sowohl wie ich wollen Ihr künftiges Privat-Dozententum natürlich sehr unterstützen.

Daß Sie Sperlingsbeobachtungen vorhaben, begrüße ich sehr und bin neugierig auf Ihre Erfolge. Es wundert mich, daß Ihre Seidenreiher noch nicht brüten, denn hier gibt es anscheinend schon Junge.

Besten Dank auch im Namen des Aquariums für Ihre Zingel-Bemühungen. Die Tiere scheinen doch recht empfindlich zu sein, im Gegensatz zu den Schrätzern, die sich ausgezeichnet halten.

Hier vor'm Haus brütet eine Amsel seit einer Woche auf 5 Eiern. Es ist beobachtet worden, daß der Hahn gelegentlich für kurze Zeit ablöst. Meine Eiders sind noch wenig unternehmend. Der Zoo hat vor kurzem die wirkliche Wildform von Cygnopsis cygnoides bekommen, in Gestalt von zwei Stücken, die ein Paar sein können: Keine Spur von Höcker, langer, breiter schwarzer Schnabel, im wesentlichen Saatgansgestalt und Färbung, aber brauner Aalstrich auf dem Hals. Soweit ich Stimme gehört habe (die Tiere sind wenig lebhaft), erinnert sie an die Hausform, ist aber wenigstens vorläufig lange nicht so laut und gacksend. Ich bin auf die weitere Entwicklung neugierig.

Mit vielen herzlichen Grüßen Ihr getreuer

Oskar Heinroth

Altenberg, 7. VII 34

Hochverehrter lieber Herr Doktor!

Ich habe in Holland einen Züchter besserer Anatiden kennengelernt, dessen Methoden Sie akut interessieren würden. Er heißt Schuyl und ich nehme an, daß Sie ihn nicht kennen, weil Sie doch sonst sicher was über ihn verlautbart hätten. Das psychologisch

Verrückte an seiner Zuchtmethode liegt darin, daß er jedes Paar amputiert in einem geradezu winzigen Gelaß hält. Quer durch den Garten geht ein etwa 1½ m breiter Graben, der durch Querwände in etwa 1 m breite Behälter zerteilt wird. Zu der Wasserfläche von 1 x 1½ besitzt jede Kiste noch einen ½ m Streifen schlammiges Ufer. Grundriß:

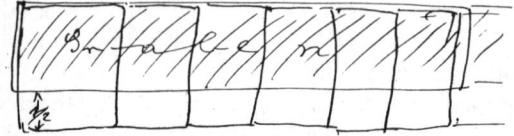

Die Gelasse sind aus morschen Brettern roh zusammengenagelt. Das Wasser ist Grundwasser, das nur 15 cm unter der Grasnarbe steht. In diesen elenden Kisten brüten: Sämtliche einheimischen Tauchenten (minus Schell-), Anas falcata, versicolor, bahamensis, usw. w. w. *sparsa* (!). Sämtliche erdenklichen »Krick«enten, (denn man nennt sicher eine ganze Menge so, die eigentlich ganz woanders hingehören, die ich aber nicht kenne, circa 10 Arten!) Braut-, Mandarinenten als billigen Wasserartikel in Menge, mehrere Pfeifentenarten, ebenso dendrocygna, und eine Menge, was mir jetzt nicht einfällt. Neuseeländische und gemeine Casarcas rennen frei herum. Der Mann sagte interessanterweise: die *»braucht«* man nicht einsperren, die brüten *»auch«*, wenn man sie frei herumrennen läßt. Es scheint, daß in diesen winzigen Boxen die Tiere *aus Mangel an äußeren Reizen* sehr nervenberuhigt und »raumzahm« werden. Es hatte buchstäblich jedes Paar heurige Junge; aber nicht bei sich, denn der Kerl nimmt die Eier knapp vor dem Schlüpfen weg und dann unter eine Zwerghenne. Dann werden die Hennen mit Kücken in Miniaturausgaben der vorher beschriebenen Kisten (schmälerer Graben parallel zum größeren) gesperrt, wo sie im Schlamm stehend hudern müssen. Merkwürdigerweise waren *kleine* Tafelentenkücken bei dieser Behandlung erstklassig trocken (wasserfest). Schuyl sagt, sie werden ganz im Anfang *naß*, was sie bei Schlüpfen unter der Ente nicht würden, aber nach wenigen Tagen dauernd schwimmfähig. Daß diese Stallzucht bei kleinen, deckungs-süchtigen Enten zweckmäßig ist, kann ich noch zur Not verstehen, daß er aber

Schwarzhalsschwäne, Schwarze Schwäne in etwas größeren, verhältnismäßig aber fast *noch* kleineren Kisten züchtet, ist toll! (Paare mit heurigen Jungen, kleine *Herden* unverkaufter älterer!) Wie ich wieder bei Moneten bin, kaufe ich dem Mann Casarcas ab.

Ich habe jetzt Gottseidank 3 zahme, heurige, reinblütige Graugänse von Schönbrunn eingetauscht, d. h. ich bekomme sie erst nächster Tage.

Negatives ist auch zu berichten, mein fliegender Schwarzstorch ist nicht wiedergekommen. Es war also Ihre und Ihrer Offiziere Mühe umsonst, was mich besonders kränkt. Soll ich das flügelhängende Weib zurückschicken? Wenn ja, wohin? Von den Möwen hingegen ist zu berichten, daß jetzt schon zwei von ihnen fliegen und musterhaft dableiben. Ich hoffe, daß dieser ideale Zustand von Dauer ist. Es scheint, daß sich Möwen sehr fest in einmal erfolgreich gewesene Futterdressuren verrennen und dann nicht aus ihnen heraus können. (Ihr Bericht in den V. M's. über nach Sommergastverreisung verhungerte argentati, Schüz im letzten J. f. O.) Da die Möwen gratis zu ernähren sind, weil man Fischhäute und -därme bei der Nordseefischerei A. G. gegen ein kleines Trinkgeld umsonst wegtragen kann, will ich als dritte Kolonie Möwen starten. Portieljes Arbeit ist ja sehr schön, ich möchte aber doch noch mehr wissen und gehen geht es doch sichtlich leicht. Ich kriege im Frühjahr aus Schönbrunn noch 2 Silbermöwen, habe dann also 1 Herings-, 1 Mantelsilberkreuzung und 5 Silbermöwen, die sich hoffentlich durcheinander heiraten werden. (Ich war tief befriedigt von B. Stegmanns Möwenarbeit im letzten Journal, nämlich von der Tatsache, daß fast alle Larusse eigentlich dasselbe sind! Daß Mantel- einerund Silber- + Heringsmöwen andererseits was Verschiedenes sind, glaub' ich ihm, aber ich war ganz verzweifelt, wie ich den L. fuscus britannicus für Silbermöwen gehalten hatte). Ich halte eine Möwenuntersuchung wegen der billigen Ernährung für einen guten Gedanken. Wenn ich nächstes Jahr zur Psychologie übersiedle, werde ich mich ja stark einschränken müssen. Bis dorthin wird aber die Nachtreihersiedlung hoffentlich so zugenommen haben, daß man sie unbesorgt ungefüttert lassen kann. (Ich füttere ja nur wegen Zahmerhaltung, nicht wegen Ernährung!) Die Gänse kosten ja so gut wie nichts, alles andere (außer den paar Dohlen) wird *aufgegessen*. Programm ist also: Möwen, Graugans (wegen Prägung etc.)

und ev. *Spatz*, unter Berücksichtigung von Webervögeln. Wenn Sie, Herr Doktor, gerührt von der Tatsache, daß mir damals im British Museum (als Sie bedauernswert, aber tapfer an ältlichen Schellfischen kauten), im letzten Ojenblicke noch die 40 RM eingefallen sind, Beistrich, eventuell von Schüz gefangene Silbermöwen schikken *sollten*, bin ich dankbar im 3ten Grade, direkt notwendig ist es aber nicht, ich werde ja hoffentlich das Vorhandene züchten, nur schneller ginge die Sache. Hoffentlich vergesse ich aber im Falle, *daß* Sie was schicken, nicht, Ihnen das Geld zurückzugeben, – – (am letzten Tage des IX. internationalen Ornithologenkongresses in Rouen!)

Eine helle Freude hätten Sie an dem gegenwärtigen Stand der Nachtreihersiedlung. Höchst wichtige Dinge weiß ich eben erst, seit ich wieder da bin, weil niemals früher die Jungen mehrerer Nester *zugleich* da waren. Sämtliche 8 Altvögel sind wesentlich zahmer, alle (mit Ausnahme des zugeflogenen ♂) fressen aus der Hand. Dem ist wohl zuzuschreiben, daß a) die Nester der 2ten Brut viel weiter herunten stehen, herrlich zum Beobachten, b) die Jungen viel zahmer sind, wozu schon das niedere Nest viel beiträgt. Die 4 Nester hatten

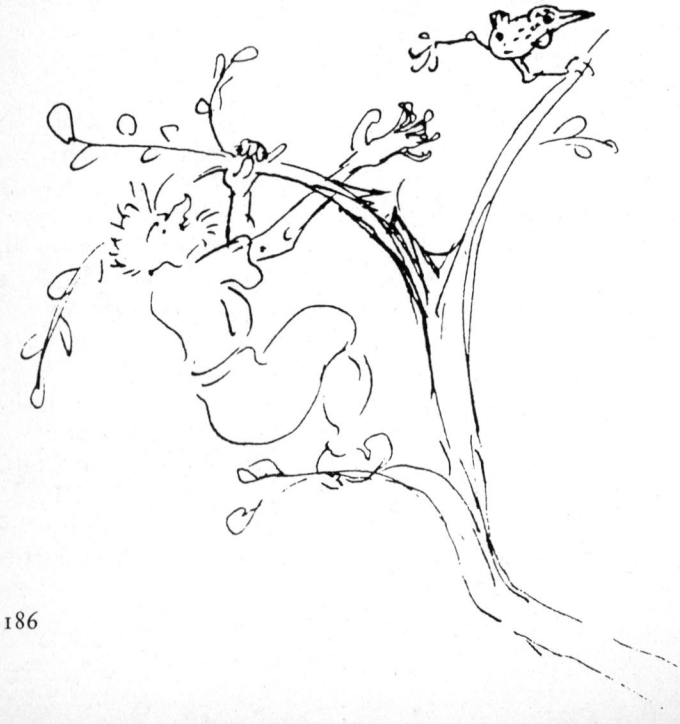

2, 2, 1 und 1 Junge, von denen 2,2 und 1 flügge sind. (2 und 1 leider unberingt, vor meiner Abreise zu klein, nach meiner Rückkunft aus »technischen Gründen« (wie Schüz sagen würde), nicht mehr zu fangen.

Nach Abbruch eines zu dünnen Astes gab ich die Sache auf, obwohl mir bei dem Hinzukommen unberingter *fremder* Vögel das Beringtsein *aller* hier gebürtigen sehr am Herzen liegt.

Die Jungen wimmeln nun durcheinander und ich konnte feststellen, daß a) die Jungen *jeden* ausgefärbten Nr. bettelnd bedrängen, also wohl ihre Eltern *nicht* kennen (ganz wie ich schon früher meinte, Elterntier ist, wer am Nest, und zwar an unserem Nest, »go'óhk« sagt, sonst kein individuelles Merkmal); b) sind diese wahllos herumkeckernden Kinder »sakrosankt« und können sich alle erdenklichen Gebietsüberschreitungen leisten, ohne von einem Altvogel angegriffen zu werden. Sehr interessant ist dabei das Benehmen der letzteren, sie möchten nämlich einhacken, und können im letzten Augenblick nicht, sie wollen Wuttöne sagen, aber diese kommen nur ganz leise und gepreßt heraus. Zum Schluß fliegen sie regelmäßig mit Angstquaken weg. Auf diese Weise hat ein Junges der ersten Brut ein besonders starkes ♂, Rechtsgrau (nicht sein Vater!), von dessen langangestammtem Platz auf dem Baumstrunk im Teich vertrieben. Seit einiger Zeit fängt der Alte wieder an, den Platz zurückerobern »zu wollen«. Immer wieder geht er mit in den Nakken geworfenem Kopf auf den Jungen los.

Dieser nimmt zwar Defensivhaltung ein, geht aber nicht böse zur Attacke über, denn die Jungen sind auch nach Aufhören der Bettelreaktionen zum Angriff (gegen Altvögel) nicht geneigt, nur *fürchten* sie sich vor keinem alten Nr. Daraufhin geht der Alte bis fast zur Berührung der Schnäbel vor, worauf normalerweise Gegeneinander-in-die-Höhe-Fliegen erfolgen müßte. Erstaunlicherweise erfolgt aber gar nichts. Das alte ♂ bleibt wie angegossen stehen, immer in Drohstellung. Plötzlich zieht er dann einen Fuß unter die Seitenfedern und droht so in Ruhestellung, was unglaublich widerspruchsvoll und komisch wirkt. Oder aber, noch komischer, er dreht sich urplötzlich um 180° um und setzt sich mit dem ungeschützten Rücken gegen den in *Schnabelreichweite* drohenden Jungen zur Ruhe. Das sieht so verächtlich aus und heißt: Ich gestehe, ich kann nicht scharf schießen, du aber erst recht nicht!

Ich bin sehr gespannt, wie und wann diese Hemmung, nach Jungvögeln zu stoßen, endgültig aufhört. Dabei kämpfen aber die Jungen verschiedener Nester untereinander ganz ernst!

Bitte Herr Doktor, grüßen Sie Ihre Gemahlin recht sehr von uns. Meine Frau bedauert sehr, keinen Abschied nehmen haben zu können. Sie hat sichtlich Dankbarkeitskomplexe, ausgelöst durch psychische Aufrichtung nach Kofferverlust. Ihre Frau wird sich erinnern, wann das war! (im Zug Oxford–London).

Mit den herzlichsten Grüßen von Käfig zu Käfig wie immer Ihr
Konrad Lorenz

Altenberg 29/VIII 34

Hochverehrter Vater aller Anatiden!

Als solchen muß ich Sie wieder einmal mit Fragen bedrängen: Erstens: Haben Sie jemals gesehen, daß Stockerpel männliche Artgenossen, die nicht im Prachtkleid waren, vergewaltigen wollten? Oder Anas-obscura-♂? Zweitens: Wie verhalten sich *weiße* Enten unter sich in bezug auf die Fremdeweibchenvergewaltigungsreaktion? Vergewaltigen sie ♂?

Zu diesen Fragen komme ich auf folgende Weise: a) Ich hatte früher einen wildfarbigen Hauserpel, der alles vergewaltigte, was nicht Prachtkleiderpel war. b) Wurde der Frommholdsche weiße Stockerpel wiederholt von meinen anderen Erpeln getreten. c) Habe ich eben eine sehr schöne Arbeit gelesen (von Prof. Huxley geliehen), die ein Mann namens Bradley über die Paarung von Echsen geschrieben hat. Bei diesen Viechern, auch bei den nach Geschlechtern am meisten verschiedenen Arten, hat das Prachtkleid der ♂♂ auf das ♀ überhaupt keinen Einfluß. Das ♀ hat eben keine Antwortreaktion auf das Gehaben des ♂, kommt ihm bei der Paarung nicht entgegen, wird rein vergewaltigt (mit ganz wenigen Ausnahmen, z. B. Iguana). Das ♂ seinerseits vergewaltigt alles, was nicht auf seine Imponierstellung in gleicher Weise antwortet, also neben richtigen ♀♀ auch schwache, narkotisierte, tote, kranke ♂♂. Dieses Verhalten ist das genaue Gegenteil von demjenigen von Labyrinthfischen, Chromiden und vielen Vögeln, wo alles, was nicht spezifisch *weibliche* Auslöser »kann«, als Männchen behandelt, d. h. geprügelt wird. Der Eidechsen-Autor ergeht sich natürlich dann in falschen Verallgemeinerungen, vermutet, daß auch bei Vögeln »die Prachtkleider« nur für die anderen ♂♂ da seien usw. (Er weiß offenbar nicht, daß ohne Penis keine Vergewaltigung möglich ist.) Gerade bei den Enten, wo eine echte Vergewaltigung nach Reptilienmuster vorkommt, hatte ich aber schon, bevor ich Bradleys Arbeit gelesen hatte, so was Ähnliches vermutet und wäre Ihnen für Mitteilung Ihrer Für- und Gegen-Beispiele sehr dankbar.

Gestern sah ich bei einer Cairina die Reaktion zum Umdrehen auf den Rücken gefallener Kücken!! »Von einer wildfarbigen Zwergentenmutter sah ich einmal, wie sie ein etwas mattes Kücken, das auf den Rücken gefallen war, durch Unterschieben des Schnabels umdrehte« (Heinroth). (So was kann ich immer auswendig, auf jede Situation etwas Passendes!!) »Eine für eine Anatide unerhörte Leistung!« Im Gegensatz zu Heinroth glaube ich aber jetzt, daß es doch eine für diesen Fall vorgesehene *Triebhandlung* ist: Die Cairina machte die Unterschiebe- und Lupfbewegung schon, als sie sich anschickte, zu dem etwa 1 m entfernten Kücken hinzugehen, also lange, bevor sie es wirklich berührte. – Das sieht doch stark nach Auslösung einer vorgebildeten Sache aus?! Was meinen *Sie?*

Dann vergaß ich letzthin Ihnen zu schreiben: Bei dem bewußten holländischen Eenden-queeker sah ich Nettium brasiliense freifliegend und kann Ihre, aus den glänzenden Handschwingen gezogene, Folgerung bestätigen, daß dieses Vieh langsamer schlägt als andere Enten. Es fliegt gar nicht wie eine Ente, sondern wie eine Baumente, setzt sich auch so reiherartig weich nieder. Hat es nicht überhaupt leiseste Anklänge in der Richtung Herbstente?

Zu der Beobachtung von dem beim Zungenschlucken erbrechenden Cairinus: Ich sah zwei ♀♀ zusammen Zungenschlucken, da hörte die eine auf und pickte der anderen nach dem Schnabelwinkel, aus dem aber, soviel ich sah, nichts herauskam. Ich kann solche verrückte, verbindungslose Tatsachen nicht leiden! Selbst wenn man sie sofort niederschreibt, glaubt man 8 Tage später nicht mehr dran!

Ich habe jetzt endlich 3 zahme (junge) Graugänse, von denen leider 2 amputiert sind, Gottseidank aber nicht die ganze Hand. Wenn ich sofort nach der Rückkunft nach Schönbrunn gegangen wäre, hätte ich sie noch unamputiert gekriegt! Interessanterweise klebten sie in Altenberg am ersten Tag wie kleine Kücken an mir, ich konnte weit mit ihnen spazierengehen. Im Augenblick, wo sie sich auskennen gelernt hatten, gingen sie nicht mehr mit.

Ohne tieferen Sinn, nur aus Freude am Aufziehen, nahm ich vor einiger Zeit einen noch nicht ganz trockenen, verklammten jungen Flußregenpfeifer heim. Er kann jetzt schon fliegen und erfreut mich durch Zahmheit. Als ganz kleines Kücken ist der Vogel aber wirklich reizend.

Entschuldigen Sie die Fragenbelästigung und empfehlen Sie mich recht sehr Ihrer Frau Gemahlin. Viele herzliche Grüße und vielen Dank im vorhinein. Ihr ergebener

Konrad Lorenz

Altenberg 6. X. 34

Hochverehrter lieber Herr Doktor!

Ich hab jetzt einen unverletzten Zingel, den ich zusammen mit einem aus der Donau stammenden Amiurus und einem ebensolchen Silurus in dem bewußten Becken im Gartenzimmer *einzugewöhnen* versuche. Da die Viecher ja tatsächlich aus purer Verrücktheit hinwerden, besser, »aus im Zentralnervensystem eintretenden Funktionsstörungen« zugrunde gehen, nützt vielleicht eine »Eingewöhnung« vor dem Versand wirklich etwas.

Eigentlich möchte ich Sie gerne bitten, daß Sie sich das Ms. des »Kumpans« mal kritisch ansehen, wage es aber nicht recht, weil die Sache so sehr dick geworden ist. Es ist so viel Heinroth drin, daß eine kleine Redigierung durch den eigentlichen Urheber der meisten Ideen sehr wünschenswert wäre. Sie werden ganz sicher sagen, daß ich zu viel Selbstverständliches breittrete! Das Wort »selbstverständlich« erfordert aber die Frage: »Wem?« Den Fachpsychologen ist nämlich *nichts,* was mit Tieren zusammenhängt, selbstverständlich, weil sie meist außer Möpsen und Kanaris nie ein lebendes Vieh gesehen haben. Nun kann ich mich krank ärgern, wenn besagte

Fachpsychologen den Arbeiten von z. B. Schjelderup-Ebbe mit ersterbender Hochachtung begegnen, Arbeiten, in denen nichts Wesentliches steht, was Sie nicht in der dritten, bestenfalls vierten Gymnasialklasse hätten niederschreiben können! (Wenn es Ihnen nicht *schon damals* zu selbstverständlich vorgekommen wäre?!) Dies zur Entschuldigung der Selbstverständlichkeiten!

Ich habe in bargeldlosem Tauschverkehr gegen eine größere Zahl Cairinen und Goldfasane ein Paar alte und 3 heurige Nilgänse erworben, die mich durch ihre ungeheure Angriffslust erheitern. Interessanterweise hat sich ein dreieckiges Hackverhältnis zwischen meinem alten Graugansert, meinem Vater und dem Nilgansert herausgebildet. Der Nil- hat den Graugansert verprügelt, letzterer verfolgt den Hofrat in ähnlicher Weise mit seinem Haß, wie die klassische Casarca-Frau seinerzeit Sie. Wenn der *Nil*gansert irgendeine Ente prügelt, so sucht mein Vater voll »Gerechtigkeit« ihn zu vertreiben, was ihm auch gelingt. Im nächsten Augenblick hängt ihm aber der *Grau*gansert an den Waden und läßt an dem ehrwürdigen Gelehrten die Wut aus, die er gegen den gefürchteten Nilgansert aufgestapelt hat. Sie würden Tränen lachen!

Punkto der Frage über Anas-obscura-Balz, die ich in meinem letzten Brief tat: Ich habe inzwischen einen Amerikaner (Townsend) gelesen, der für diese Art ein *Imponierfliegen* der ♂ ♂ beschreibt, da er aber im gleichen »Papier« die Stockerpelbalz ungeheuer falsch beschreibt, hätte ich gerne *Ihre* diesbezüglichen Beobachtungen kennengelernt. Es würde mir sehr gut gefallen, wenn die prachtkleidlosen Obscuri irgendein Plus an Balzgehaben gegenüber den bunten Stockerpeln aufzuweisen hätten. Oder »geht es auch so?«

Mein Flußregenpfeifer hat *immer* noch das Weiß im Nacken, aus Erstlingsdunen bestehend. Gehört sich das nun so, oder kümmert der Vogel? Aussehen tut er glatt und gesund und ist durchaus lebhaft. Er hat genau dasselbe spielende »Einem-Raubvogel-Ausweichen« wie Schwarzstörche, Nimmersatte etc., d. h., er springt ohne jeden Anlaß hakenschlagend und flügelflatternd auf einem ganz kleinen Fleck hin und her und sagt dazu Warnlaute. (Schnabelklappen bei Störchen entsprechend.)

Bitte, Herr Doktor, empfehlen Sie uns beide recht sehr Ihrer Frau Gemahlin. Mit vielen Grüßen Ihr ergebener

Konrad Lorenz

Berlin, den 11. Oktober 1934

Lieber, verehrter Herr Kollege Lorenz!

Zunächst einmal besten Dank für Ihre drei Briefe vom 7. 7., 29. 8. und 6. 10. und für die Mühe, die Sie sich für uns mit der Eingewöhnung des Zingels, des Amiurus und des Silurus geben. Hoffentlich glückt die Sache und die Tiere kommen gut hier an.

Ich würde mich sehr freuen, wenn ich Ihr Manuskript möglichst bald einmal für einige Zeit zur Einsicht bekommen könnte. Wir gedenken nämlich, wenn es mit den Devisen klappt, in etwa einer Woche über München, Triest nach Rovigno zu reisen und uns dann weiter nach Lussin und Ragusa zu begeben. Dabei hätte ich schön Zeit, Ihrer Arbeit näher zu treten.

Mit Ihrer Ansicht, daß dem Fachpsychologen das Benehmen und Verhalten auch der gewöhnlichsten Tiere durchaus nicht etwa selbstverständlich ist, haben Sie recht; ich habe mir das wiederholt durch den Kopf gehen lassen.

Ich fürchte, daß Sie an den Nilgänsen noch Schreckliches erleben werden: Ich mußte vor Jahren ein Paar, das ich freifliegen ließ, schließlich abschießen, da es sogar in Hühnerställe und hochgelegene Taubenschläge eindrang und dort alles totschlug.

Über die Balz von A. obscura kann ich Ihnen leider nichts sagen, es waren immer nur einzelne amputierte Paare unter dem Entengewimmel des oberen Waldschänkenteichs, und sie haben sich da nicht weiter betätigt.

Daß Limicolen, also auch Regenpfeifer, oft nicht recht ausfärben, ist nichts Ungewöhnliches. Wenn der Vogel gut durch den Winter kommt, holt er das Versäumte sicher noch nach.

Auf dem hiesigen sogenannten unteren Waldschänkenteich, wo regelmäßig Peking- und Weiße Zwergenten gehalten werden, habe ich nie gesehen, daß weiße Erpel und Enten sich untereinander verwechseln oder von wildfarbigen Rouen dem Geschlecht nach falsch angesprochen werden. Ich habe auch nie bemerkt, daß ein Cairinamann einen weißen oder sonst irgendwie gefärbten Anas-Mann vergewaltigen will. Wenn ich mich recht erinnere, hatte ich einmal beschrieben, daß hier freifliegende Mandarinen-Erpel einen gleichfalls freifliegenden Fleckschnabel-Erpel A. poicilorhyncha treten wollten, sie taten das auch mit Fleckschnabel-Weibchen, und hier wird wohl bei der Ähnlichkeit der Poecilorhyncha-

Geschlechter eine Verwechslung seitens der Mandarinen-Erpel vorgelegen haben.

Ganz anders ist wohl folgendes aufzufassen. Ein Peking-Entenpaar schritt zur Paarung, woran sich ein einzelner weißer Höckergansert (Cygnopsis) so aufregte, daß er nach mehrmaligem Halseintauchen auf den tretenden Erpel stieg und ihn tatsächlich begattete, so daß es also zum Hängen zwischen dem Gansert und Erpel kam, während die darunter weggleitende Ente leer ausging.

Ihre Bemerkungen über Nettium-torquatum sind mir wichtig. Ich habe daraufhin die in meinem Besitz befindlichen Knochentrommeln und Luftröhren angesehen, mußte aber feststellen, daß sie denen der Krickentengruppe durchaus ähneln und nichts Gemeinschaftliches mit den so ganz aus der Reihe fallenden aller Dendrocygna-Arten haben.

Daß eine Cairina-Mutter ihr umgefallenes Junges umgedreht hat, ist eine große Leistung, so etwas scheint also doch bei Anatiden öfter vorzukommen, nur sind sie zu dumm, ihre in ein Loch gefallenen Kinder herauszuziehen. Sie sehen darin einen Beweis für eine vorgesehene Triebhandlung, daß die Ente die Unterschiebe-Bewegung schon etwa einen Meter vor dem umgefallenen Küken machte. Meine Frau ist, was sie selbst angeht, anderer Ansicht. Wir hatten nämlich 4 Wochen kein Mädchen, und da mußte sie selbst kochen, was sie seit langem nicht getan hat. Wenn sie nun am Küchentisch arbeitete und auf dem Herd sich plötzlich etwas Wichtiges ereignete, so erwischte sie sich dabei, daß sie schon beim Gehen zum Herde die Bewegungen machte, die erst dort Zweck hatten. Ist dies eine vorgesehene Hausfrauen-Triebhandlung? Natürlich nicht, sondern im Eifer des Gefechts hantiert man schon, ehe man den Gegenstand dazu erreicht hat.

Im Londoner Zoo beobachteten wir noch folgendes. Der in der Systematik sehr schwer unterzubringende Scheidenschnabel (Chionis) kratzt sich nicht wie die Regenpfeifer, Singvögel usw. hinter dem Flügel herum und auch nicht mit etwas vom Körper abgehaltenem Fuß vorn herum wie Enten, Reiher und andre am Kopf, sondern der Fuß fährt zum Kratzen blitzschnell zwischen Körper und Flügelbug, also auch gewissermaßen vornherum nach dem Kopfe. Ich habe lange gebraucht, um das genau festzustellen. Im selben Flugkäfig hauste ein Glanz-Gansert (Sarcidiornis) flugfähig und auch eine Dampfschiff-Ente (Tachyeres), die in ihn maßlos verliebt war. Flog er auf einen Baum, so stellte sie sich darunter und knarrte sehnsüchtig empor, flog er etwa 20 m weiter weg auf die Erde herunter, so rannte sie, was sie konnte, zu ihm und heftete sich an seine Fersen. Er ging auch auf die rundliche Person zu, »hatte sich«, wie es ein Glanz-Gansert eben tut, beknabberte schließlich ihren Kopf und Hals, sie legte sich hin, und er begattete sie ganz richtig. Wie mag so ein Glanz-Dampfschiff-Gansentenkind aussehen? Ich habe den Eindruck, daß Tachyeres wohl ehig lebt, was Sarcidiornis offenbar nicht tut, »aber es geht auch so«.

Von meinen jungen Eiderenten habe ich einige an den Baseler Zoologischen Garten verkauft, und sie sollen in diesen Tagen weggehen. Ein dem Amputieren entgangenes Weibchen will ich fliegen lassen, es ist mit »Zoo 16« beringt. Vorläufig hält sie sich noch völlig an ihresgleichen.

In der Hoffnung, daß es Ihnen und den Ihrigen gut geht, bin ich mit herzlichem Gruß, auch von meiner Frau,
Ihr stets ergebener

Oskar Heinroth

N. B. Wie Sie wissen, mache ich Brieftauben-Versuche. Welche Erfahrungen haben Sie mit Ihren Feldflüchtern? Finden sie z. B. ohne weiteres auf kürzestem Wege aus Wien zurück, wenn Sie sie im Auto dorthin bringen? Und haben Sie sie überhaupt schon einmal auf kürzere oder weitere Entfernung verfrachtet? Haben Sie entsprechende Dohlenversuche?

Altenberg 6/XII (1934?)
Hochverehrter lieber Herr Doktor!

Wenn Sie von Ihrer Erholungsfahrt zurückkommen, lauert auf Sie bereits der Kumpan, den Prof. Stresemann Ihnen übergeben wird. Meine Absicht, Ihnen diese Schreibe schon vor Ihrer Abreise zu schicken, scheiterte daran, daß ich das Zeug noch einmal durchlas, einen Fehler fand und zu korrigieren begann. Dann geht es immer wie mit einer Zahnkaries: Kaum fangt der Kerl an einer morschen Stelle zu kratzen an, ist die Wurzelbehandlung schon da!

Ich habe schon wieder eine Frage: Kannten Sie je eine »Männchen-spielende« Cairina-Frau? Oder überhaupt ein Weibchen-Paar dieser Art? Ich kann mir nämlich nicht vorstellen, daß eine Cairina ♀ hinter einer anderen herjagt! Außerdem: Kannten Sie je ein Stockenten-Weibchenpaar, dessen »Männchen« die Vergewaltigung fremder ♀♀ wie ein richtiger Erpel durchführte? Ich nämlich nicht. Mir wäre es wichtig, ob es das gibt, da ich eben im Kapitel »der Geschlechtskumpan« eine bestimmte Ansicht entwickle, nach der die Vergewaltigung eines nicht reagierenden Partners vom männlich eingestellten ♀ *nicht* ausgeführt werden dürfte.

Ich bin brennend neugierig auf Ihre Kritik meiner Mache, und nicht ganz ohne Furcht. Nächsten Sonntag erscheint der »kleine Kramer« bei uns, muß aber innerhalb 24 Stunden das Land verlassen. Dem scheint es in Rovigno recht zu behagen!

Mit vielen herzlichen Grüßen und vielem Dank für Ihre Kritik-Bereitschaft, Ihr ergebener

Konrad Lorenz

Berlin, den 11. Dezember 1934.
Lieber Kollege Lorenz!

Soeben kommt Ihr Brief vom 6. 12., der aber erst am 10. 12. abgestempelt ist, und es freut mich, wieder etwas von Ihnen selbst zu hören. Am vorigen Sonntag war Stresemann bei uns zu Tisch, wir haben natürlich auch über Sie gesprochen. Es wäre großartig, wenn Sie den Zoo in Schönbrunn bekämen. Was würde da alles umherfliegen! Ich sehe ordentlich die Kondore über Wien kreisen und die Fregattvögel die Donau auf und ab segeln, die dann auf Ihr Geheiß in Ihrem Amtszimmer im Zoo erscheinen.

Auf Ihre Kumpanarbeit bin ich nun wirklich neugierig. Ich hörte übrigens in Rovigno von Kramer, daß er sie auch bereits kennt.

Es ist mir ganz dunkel in Erinnerung, daß sich freifliegende Cairina-Weibchen miteinander einließen, ob es dabei zu einer sogenannten wirklichen Paarung kam, weiß ich nicht mehr. Natürlich stürmt dabei nicht die eine hinter der anderen her und sucht sie zu vergewaltigen, sondern die Annährung des einen Weibchens an das andre wird von letzterem als eine Art Greifversuch aufgefaßt, und es drückt sich dann wie vom Erpel erfaßt nieder. Anas-Weibchen vergewaltigen ihre Geschlechtsgenossinnen nie, sondern treten sie nach vorheriger Paarungsaufforderung. Es geschieht also alles ganz in Ihrem Sinne.

Im Münchner Zoo sah ich einen Mischling von großem weißen Hausgansert und Höckerschwänin, da er aber nicht erregt war, konnte man nicht viel an ihm beobachten.

Uns geht es gut, es ist jetzt viel mit Vorträgen und Vorsitz zu tun. Bei den Eiderenten ist zum Teil Hochbetrieb.

Mit vielen herzlichen Grüßen von Haus zu Haus stets Ihr getreuer
Oskar Heinroth

Altenberg 20/IV 35
Präscriptum: Durch Schlamperei 8 Tage in der Tasche getragen, statt aufzugeben!

Hochverehrter lieber Herr Doktor!

Vielen Dank für die Möwen. (In 5 Minuten gehe ich auf die Bahn sie holen). Ich muß heuer wirklich ernstlich versuchen, *junge* Silbermöwen zu kriegen! Eine Möwenkolonie *muß* nämlich werden, schon weil ihre Erhaltung (durch Fischabfälle von der Deutschen Nordseefischerei A. G.) nichts kostet (Gratistransport durch das Lastauto meines Schwiegervaters). Ich habe Ewigkeiten nichts von Ihnen gehört. Ich fürchte, Sie haben eine vernichtende Kritik des Kumpans auf dem Herzen und Mitleid verhindert Sie, selbe auf mich herniederprasseln zu lassen, so daß sie Ihnen die »Schreibreaktion blockiert« (2 Fremdwörter!).

Ich brüte auf 21 (befruchteten!) Grauganseiern. Nächsten Donnerstag sollen die ersten kommen. Auf 9 St. sitzt eine Pute, auf 8 eine Hausgans, 4 hat ein Hendelzüchter in seinem Brutkasten. Die Pute macht nie Brutpausen und wendet die Eier kaum je. Daher werfe ich sie täglich aus dem Nest, wende die Eier und befeuchte sie und das Nest. Die Sache kommt mir so immer noch viel trockener vor als ein richtiges Wildgansnest je sein kann. Leider »tun« meine Nilgänse immer noch nichts. Wann »sollen« Nilgänse Hochzeit machen? (Außerdem, was geschieht, wenn man Nilgänse, Alopochen, mit Orinokogänsen, Chenalopex, kreuzt? Kommen dann 25% Nil-, 25% Orinoko-, 25% Schneegänse (Chen Chen) und – entsetzlich – 25% junge Eisfüchse (Alopex) heraus, die das ganze wieder zusammenfressen???)

In Schönbrunn gibt es eine offenbar ♂liche Orinokogans, die ausschließlich 2 Anseranas anbalzt (durch Losrennen auf Scheingegner und darauffolgendes Triumphgeschrei), diese Art hat wohl die »übertriebenste« Triumphgeschrei-Zeremonie sämtlicher Anatiden. Man fürchtet geradezu, der Kerl fällt nach hinten um.

Im extremen Fall kommt der Schwanz *zwischen* die *Füße!*

Wenn der Zoo *übertrieben* viele junge Nachtreiher erzeugt hat und sie abschießt, möchte ich gern die Transportkosten tragen, nur um sie beringt in meiner Kolonie auszusetzen und wegziehen zu lassen. Vielleicht kommt doch der eine oder der andere wieder! Von den 10 wegfliegen gelassenen Nr. ist bis jetzt keiner wieder da (außer 4 rückgemeldeten Ringfunden!). Durch den Tod 2er ♀♀ brüten jetzt nur 2 Paare bei mir. Ich hoffe aber noch auf Wiederkünfte, da voriges Jahr die fremden Nr. gerade zurecht zur *2ten* Brut der zahmen eintrafen, letztere heuer aber noch nicht einmal Junge haben.

Ich habe eine ¾-Stock-¼-Hochbrutente auf einem befruchteten Gelege sitzen, dessen Vater aller Wahrscheinlichkeit nach der pervers-geprägte Cairina-Hengst ist! Richtig! Ich habe doch voriges Jahr als Gegenversuch 1 Stockentenkücken mit 12 Cairinas aufgezogen. Unglücklicherweise wurden gerade von dieser Schar im Herbst 6 St. gestohlen, darunter der junge Stockerpel. *Aber* jetzt stellt sich heraus, daß der eine aus dieser Kückenschar hervorgegangene Cairinus *auch* nur Stockenten tritt! Außerdem: von den im Vorjahr von Gänsen geführten Cairinas gibt es auch noch 1 ♂. Der arme Kerl rennt verzweifelt hinter Grau-(und Nil-!)Gänsen her, die er aber natürlich nie einholt. Diese Cairinas scheinen sich auf so ziemlich alles andere lieber zu prägen als auf die richtige Art. Ich werde jetzt mal einen hühnertollen Cairinus herstellen! Den Gänsefreund will ich im nächsten Jahr mit seiner gewesenen Ziehmutter zu kreuzen versuchen. Glauben Sie, *geht das?* Die Gans ist nämlich auch cairinafreundlich gesinnt, adoptierte z. B. spät im Herbst ausgefallene C-Kücken, als die »ihren« schon erwachsen waren! *Poll* führt Anser × Cairina an, also versuch ich's!

Bitte grüßen Sie Ihre Frau Gemahlin recht sehr von uns!

Sehr fröhliche Ostereier wünscht Ihnen Ihr alter

Konrad Lorenz

P. S. *Leben die Zingel?* Jetzt hab ich noch den einen Ehrgeiz, Ihnen mal *Streber* zu verschaffen. Diesen Fisch habe ich noch *nie* gesehen. Ich durchmustere alle toten Zingel auf einen Streber, aber bis jetzt umsonst.

Altenberg, 26ter September 1935

Hochverehrter lieber Herr Doktor!

Vor allem danke ich Ihnen auf das herzlichste für Ihre großzügige Erlaubnis, Ihre Werke in Schrift und Bild zu verwerten! Mit dieser Erlaubnis ausgestattet fordre ich mein Jahrhundert in die Schranken! Ganz besonders in englisch sprechenden Ländern. Ich glaube, selbst Sie unterschätzen noch, wie sehr sich die Engländer, d. h. die gescheiteren unter ihnen, sehr ernst und auch mit richtiger Fragestellung mit solchen Problemen herumschlagen, die uns, oder besser gesagt Ihnen seit der dritten oder höchstens vierten Gymnasialklasse keine Probleme mehr sind. Ich habe mich da verschiedentlich schon mit Ihren Kenntnissen ganz ungeheuer dicke gemacht. Z. B. hat da Prof. Huxley vor einiger Zeit einen Brief an mich gerichtet, mit der Frage, ob Zeremonien, die aus Handlungen mit ursprünglich anderer Bedeutung hervorgegangen sind, wie etwa das Halseintauchen mancher Anatiden aus dem Pflanzenheraufholen, oder die zeremoniellen Verlobungsbewegungen des Tölpels (die Huxley damals im Film zeigte) aus Nestbaubewegungen, Beistrich, diese Ableitung erst im individuellen Leben erfahren, oder schon in dieser fertigen Form ererbt werden. Da konnte man endlich einmal eine bestimmte Antwort geben. Die Frage zeigt aber so recht, wie notwendig dieser (meiner Meinung nach höchst ernst zu nehmende und bedeutende) Biologe *Ihre* Kenntnisse hätte! Um sie aber durch ein genaues Studium der V. M.'s zu erwerben, ist er aber eben doch zu »English«! Eben solchen Leuten Heinroth'sches Wissen in englisch-verdaulicher Form zu bringen, halte ich für eine dankbare Aufgabe. Erstens ist es verdienstlich, diesen recht hochmütigen Leuten zu zeigen, daß wir auf diesem Spezialgebiete ausgesprochen *mehr* können als sie, zweitens hoffe ich, daß auch finanziell was dabei herausschaut!

Ihre weisen Ratschläge über die Art der Abfassung werde ich mir tief hinter die Ohren schreiben! Die von Ihnen für Beckenaufschriften seit langem erprobte Verfassungsweise ist eben das Rechte, jedenfalls kann man sich nicht oft genug vorsagen, daß nichts, aber auch gar nichts, als selbstverständlich vorausgesetzt werden darf!

Trotz mißlicher Finanzlage der Station Altenberg wird die Anatidenhaltung in nächster Zeit einen Aufschwung erfahren. Ich verfüge nämlich seit neuestem über einen wirklichen Teich! »Wirklich« heißt so viel wie unbetoniert und mit einem durchfließenden Bach. Dieses Wunder verdanke ich einer Intelligenzleistung, die des Schimpansen Sultan von Wolfgang Köhler würdig gewesen wäre. Seit ungefähr 25 Jahren wünsche ich mir aus Anatiden-Gründen einen Bach im Garten. Ebensolang huldigte ich dem Glauben, daß die höchste mir zugängliche Stelle des Dorfbaches um mindestens drei Meter tiefer läge als die tiefsten Teile unseres Gartens. Heuer im Gebirge drängte sich mir bei Betrachtung von Bachableitungen zu Mühlrädern so oft die optische Täuschung des bergauf fließenden Wassers auf, daß ich am ersten Tage nach meiner Rückkunft vom Urlaub zur Wasserwaage griff und die Sache einmal ausmaß. Mit dem Ergebnis, daß eine horizontale Rinnenleitung vom höchstmöglichen Punkte des Baches hoch genug in unseren Garten eintritt, um den ganzen unteren Garten unter Wasser zu setzen. Ich habe diese Rinnenleitung unter ganz unglaublichen Schweißausbrüchen eigenhändig gebaut, unter heftigen Verbrennungen ersten bis vierten

Grades geteert und dann mit meinen letzten Kräften und dick verbundenen Händen einen Teich gegraben, der vorläufig etwa 12 m lang und 2 m breit ist. Es war ganz unglaublich, mit welcher Gier sämtliche Entenvögel sich auf dieses rinnende Wasser stürzten. Alle schwimmen dauernd, was sie in der betonierten Jauchegrube im oberen Garten nie taten! Die Gänse badeten bereits, als der Teich erst vier Spatenstiche groß war, und überschütteten mich Grabenden mit Schlammwasser. Martina kam mir über die Tapezierernägel, mit denen ich die Teerpappe der Rinnenleitung innerhalb des Gartens an Pflöcken befestigte, und fraß schadlos etwa 20 dkg davon. Es war sehr aufregend. Jetzt mache ich noch einen zweiten, über 100 Quadratmeter großen Teich, terrassenförmig unter dem ersten, zweifle aber, ob das schwächliche Rinnsal ihn auch ganz vollhalten kann. Im Frühjahr aber, wo die Sache ja am wichtigsten ist, hat der Bach viel mehr Wasser, da geht es sicher! Teils freue ich mich kindisch über diese unvergleichliche Lebensraum-Verbesserung meiner wichtigsten Tiere, teils ärgere ich mich, daß ich das Ganze nicht schon vor 20 Jahren gemacht habe. Das Ganze kostet mich, außer Schweiß, keine 100 Schilling, der betonierte Teich oben hat sechsmal soviel gekostet! Jetzt kann ich auch bessere Sachen, wie Tauchenten etc. halten, was bisher ganz unmöglich war.

Die Gänse sind ungemein erfreulich. Martina geht immer noch alle Abende die Treppe herauf in mein Zimmer und fliegt morgens aus dem Fenster. Eigentlich ist so eine Gans im ganzen genommen doch viel klüger als ein Rabe. Vor allem fehlt die dem Raben eigene blödsinnige Festlegung an das in der Jugend Gewohnte. Ein Rabe wird mit jeder Veränderung seiner Lebensbedingungen, Behausung etc. etwas scheuer, und zwar irreversibiliter ac irreparabiliter. Er wird unter gar keinen Umständen im Alter zahmer oder auch nur »wieder zahmer«. Einer Graugans fehlt diese Starrheit. Es wird ja auch eine altgefangene Gg. ganz zahm, während der Rabe im gleichen Fall nie kapiert, daß man ihn nicht zu fressen beabsichtigt. Ich könnte auch im Falle eines Umzuges Martina ganz sicher mitnehmen und anderswo eingewöhnen, was doch bei einem Raben gänzlich ausgeschlossen wäre. Auch rechne ich den Gänsen die Lernfähigkeit hoch an, die sie in bezug auf das Einfallen zeigen. Meine Gänse leisten da täglich etwas, was sie weder angeborenermaßen können (in der Tat sind ja fast die Hälfte der Vögel an dieser Aufgabe gescheitert und haben sich verflogen), noch auch in ihrem natürlichen Lebensraum je müssen. Man muß gesehen haben, wie die braven Tiere bei ungünstig stehendem Winde aus einer Höhe von mehr als 10 m lotrecht herunterrütteln. Es kommt mir furchtbar »viel verlangt« vor, daß eine Gans *über* einem Loch zwischen zwei hohen Bäumen ganz abbremsen soll, um sich rüttelnd lotrecht in dieses Loch hineinsinken zu lassen!

Heute hatte ich im Schönbrunner Tiergarten ein Erlebnis, das so recht Wasser auf Ihre Mühle war. Ich stehe da vor einem Gehege, in dem Rothalsgänse, schwarze Casarcas und zwei Arten Chloëphagas sind, also lauter bessere Leute. Fragt mich eine kleine dicke Frau, die neben mir steht: »Entschuldigen der Herr schon, daß i frag, aber is dös Geflügel aa zum *Genießen?*« Ich kläre sie über Zuträglichkeit und Kostenpunkt von Rothalsgänsebraten auf. Zweite Frage: »Ja aber warum hat man denn dann hier diese Viecher?« Ich mache sie aufmerksam, daß auch die anderen Tiere des Gartens, z. B. Seehunde, Löwen, Elefanten auch nicht zu Speisezwecken gehalten werden, rufe damit nur Staunen hervor! Im übrigen sind die Schönbrunner Verhältnisse trostlos. Vor wenigen Tagen machte der Hofrat Schloßhauptmann dem Inspektor Raab, der immer noch Antonius vertritt, in seiner Eigenschaft als jetziger Vorgesetzter ernste Vorhaltungen, daß er die Jaguare verschwenderisch füttere, da sie ganz offensichtlich viel fetter seien, als der daneben wohnende Gepard. Buchstäblich wahr und verbürgt. Gut kann das werden!!
Herzlichst Ihr alter Schüler

Konrad Lorenz

Altenberg 18ter Dezember 1935
Hochverehrter lieber Herr Doktor!

Vor allem drückt es mich, daß ich Ihnen noch immer Geld schuldig bin, für Möwentransporte! Wenn ich darf, möchte ich es Ihnen aber noch bis Februar schuldig bleiben, weil ich dann nach Berlin komme und zu diesem Zwecke viel billigere Mark kriegen kann. Machts was??

Ich habe mit Hilfe der Österreichischen Lichtbildstelle begonnen, einen Tierfilm zu drehen, betitelt »Gesellschafts- und Familienleben der Tiere«. Im wesentlichen besteht dieser aus einer Sammlung von auslösenden Zeremonien, also Sammlungen von Bettelreaktionen, von Begrüßungszeremonien etc. Auf diese Weise komme ich zu einem sehr schönen Demonstrationsobjekt, ohne dabei die Filmstelle übers Ohr zu hauen, denn tierisches Gesellschaftsleben besteht ja wirklich zu neun Zehnteln aus solchem Zeremoniell. Unter dem, was wir bis jetzt (wir arbeiten erst seit ungefähr zwei Monaten dran) an vorführungsfähigem Film aufgenommen haben, befindet sich das Triumphgeschrei der Nilgänse, Betteln und Füttern von Nachtreiher, »Edel«reiher und Löffler (letztere beide vom Neusiedlersee, von meinem Freunde Seitz aufgenommen), ferner, was Sie am meisten freuen wird, etwa 30 m Film vom Gesellschaftsspiel (und etwa 5 m vom Hetzen) der Stockenten. Durch den Film bin ich auf einige kleine Einzelheiten draufgekommen, die mir neu waren. Ich habe jetzt das Gesellschaftsspiel der Erpel bis in *ganz kleinste*, arteigen festgelegte Einzelheiten beschrieben und ja auch im Film und einigen gewöhnlichen Fotografien festgelegt. Jetzt habe ich folgenden weiteren Plan: Ich will jetzt das Gesellschaftsspiel der nächstverwandten Enten, also obscura, poecilorhyncha, superciliosa zum Objekte eines ebenso minutiösen Studiums machen, dann will ich Bastarde dieser Arten ziehen, und bei ihnen ein intermediäres Verhalten studieren. Nun möchte ich Sie, Herr Doktor, fragen, ob Sie glauben, daß dabei was herauskommt. Ich kann mir vorläufig nicht vorstellen, daß ein Poecilorhyncha-Mann das Heck-Hochreißen, das der Platyrhynchus in beiliegendem Foto ausführt, in derselben Weise hat, weil er doch da hinten »nichts Besonderes« an Ringelfedern und schwarz-weißen Mustern angebracht hat! Das Ellenbogen-Anheben hat er ja wohl, denn die breiten grauen Ellenbogenfedern hat er noch mehr, als der Platyrhynchus. Nach dem Amerikaner Boase soll der Obscurus noch ein besonderes Imponier*flattern* haben, bei dem seine rotgelben Ruder, sein einziger »bunter Punkt«, über der Wasserfläche erscheinen. Nun möchte ich Bastarde aller dieser Formen in ihrem Balzgehaben dahin untersuchen, ob je einer etwas »herzeigt, das er nicht hat«, ob es also vorkommt, daß z. B. das Heckhochwerfen *ohne* die dazugehörigen Strukturen vererbt wird.

Ich habe von einem in Wien verunglückten ostindischen Tiertransport um einen billigsten, auf Verzweiflung des Importeurs begründeten Preise eine Anzahl sterbender Honigsauger gekauft, von denen ich tatsächlich vier St. Cinnyris spec. am Leben erhalten habe. Einen davon habe ich in Schönbrunn gegen ein Paar Anas poecilorhynch eingetauscht, die übrigen drei möchte ich gern dem Berliner Zoo im Tausch gegen irgendwelche Anatiden (Casarca ferruginea, Kolbenenten oder so was, vor allem natürlich superciliosa etc.) andrehen, denn mein schöner neuer Durchflußteich schreit geradezu nach einer würdigeren Besetzung!

Ich komme also wirklich im Februar nach Bln, wo ich am *17. in den biologischen Abenden in Dahlem* einen Vortrag »Zur Kritik der Begriffsbildung des Instinktes« singen werde. Nun wollte ich Sie fragen, ob irgendwann um den 17. II. 1936 herum irgendeine Zusammenkunft der D. O. G. ist. Wenn ja, dann würde ich auf alle Fälle meinen Graugansfilm und die vorhandenen Auslöser-Filme mitbringen, um sie gegebenenfalls vorzuspielen. Soll ich? Wenn ich schon in Berlin bin, möchte ich doch möglichst viel Lärm machen.

Eine reine Freude sind immer noch die Graugänse. Seit Anfang August ist keine mehr abhanden gekommen und das Einfallen geht jetzt, seit im unteren Garten der 15 mal 20 m große Teich da ist, ganz wesentlich leichter. Ich will nächstes Jahr nochmals so einige 20 Stück aufziehen, von der Sorte kann man nicht genug haben. Ich möchte eine ganz genaue Soziologie der Graugans herausbringen, schon um Schjelderup-Ebbe, Katz, Brückner und den übrigen Haushendelmaiern zu zeigen, wie anders die Geschichte wird, wenn man ein undomestiziertes Tier hernimmt.

Ich wäre Ihnen sehr dankbar, wenn Sie mir ganz unumwunden sagen würden, was Sie von meinem Entenvorhaben halten. Es wird natürlich nichts herauskommen, was nicht im wesentlichen in Ihren »Anatiden« steht, darüber bin ich mir klar. Was ich mit dieser Mikromikro-Beschreibung einer Instinkthandlung bezwecke, ist eigentlich nur, einmal den Ungläubigen zu zeigen, bis in *welche* Einzelheiten solche Handlungen festliegen und vererbt werden, ferner wie sie sich bei ganz nah verwandten Arten, deren Bastarde unbegrenzt fruchtbar sind, verhalten. Die Frage ist nur, ob diese Arten überhaupt Verschiedenheiten im feinsten Gehaben zeigen, eine Frage, die Sie in den Anatidenbeiträgen ja eigentlich verneinen. Bis Sie mir aber mit Bestimmtheit brieflich das Gegenteil versichert haben, hoffe ich noch auf kleinste, für Ihre Anatidenarbeit zu unwesentliche, instinkttheoretisch aber doch noch verwertbare Abweichungen!

Grade bei der Abfassung des Drehbuches zu meinem Kurz-Kulturfilm (Sprich KUKU) habe ich wieder einmal so recht gewünscht, Sie in erreichbarer Nähe zu haben. Es wäre Ihnen sicher eine Menge wesentlich gescheiterer Gedanken gekommen. Wenn ich darf, schick' ich Ihnen mal eine Abschrift zur Kritik. Wie sehr es notwendig ist, das Selbstverständliche noch und nochmals zu sagen, kam mir erst letzthin bei einer Vorführung des Gänsefilms zum Bewußtsein, wo der wesentliche Zuschauer bis zum Schluß geglaubt hat, daß »Graugänse« eine zahme Gänse-*Rasse* seien, und erst in den letzten Bildern, wo der Keil hoch am Himmel vorüberzieht, durch eine Frage verriet, daß er nicht wußte, daß das *wilde* Gänse seien! Daher war der ganze Film an ihm angeprallt, denn daß zahme Gänse einem Faltboot nachschwimmen, ist doch für so jemanden ganz selbstverständlich!

Bitte grüßen Sie Ihre Frau Gemahlin recht herzlich von uns! Mit den besten Weihnachtsgrüßen von Teich zu Teich, wie stets Ihr alter
Konrad Lorenz

P. S. Dieser Brief wurde durch kurzes Abliegenlassen insofern von den Ereignissen überholt, als ich auch die restlichen Cinnyris glücklich verkauft habe, sie also nicht nach Bln. mitbringe. Eine vorgestern im dichten Nebel verflogene Graugans leistete etwas meiner Ansicht nach sehr Bemerkenswertes, indem sie *zu Fuß* über die sonst gemiedene Dorfstraße nachhause marschierte und vor dem Tor Einlaß begehrend trompetete!

Berlin, den 4. 1. 36.
Mein lieber verehrter Kollege Lorenz!

Ihren Brief vom 18. 12. habe ich erst gestern nach einem 10tägigen Aufenthalt in Thüringen hier in Berlin vorgefunden und mich sehr darüber gefreut; allerdings wußte ich schon von Hartmann, daß Sie am 17. 2. in Dahlem sprechen werden und gedenke es so einzurichten, daß Ihr Vortrag zugleich für die D. O. G. als Hauptsitzung gilt; die Fachsitzung würde ich dann eine Woche früher legen. Nun liegt uns Ornithologen natürlich sehr an Ihrem Graugans-Film und an den Auslöser-Filmen, und ich muß nur wissen, wieviel Zeit diese in Anspruch nehmen, um mich mit Hartmann darüber ins Einvernehmen zu setzen. Sollten Sie schon am 10. 2. hier sein, so würden wir diese Ihre Filme in der Fachsitzung bringen. Sind es Schmalfilme oder Normalfilme? Ich wäre Ihnen für eine wenn auch nur ganz kurze Antwort über diese Punkte *sehr dankbar,* denn als Vorsitzender muß man allerlei in die Wege leiten. Die Geldsache hat natürlich Zeit bis zu Ihrer Herkunft. Kommen Sie mit Ihrer Gattin? Und wo werden Sie wohnen? Es läßt sich ganz gut bei uns einrichten. Sie sitzen dann ja auch im Zoo unter den Fleckschnabelenten (na, wenn das nicht zieht!! Anmerkg. der Tippeuse), bei denen ich übrigens nie das von Ihnen so schön fotografierte Stockentenverhalten beobachtet habe. Wir haben allerdings nur alteingesessene Paare, die solche Verlobungen nicht mehr nötig haben. Ihr Plan, Mischlinge auf diese Gewohnheiten hin zu beobachten, ist großartig; früher gab es diese übrigens massenhaft im alten Hamburger Zoo. Die Männer sehen aus wie ausgeblichne Stockerpel und haben die mittlere Schwanzfeder nur halb geringelt oder leicht aufgebogen.

Nun auf Wiedersehen, und mit herzlichen Grüßen an Sie und die Ihrigen, auch von meiner Frau, Ihr getreuer

Oskar Heinroth

Altenberg 8ter I. 1936.
Verehrter und lieber Herr Doktor!

Vielen Dank für Ihren freundlichen Brief und vor allem für Ihre Einladung, bei Ihnen zu wohnen! Wenn es uns (meine Frau wird, wenn nichts dazwischenkommt, mitgenommen) irgend möglich ist, schon am 10ten Feber in Berlin zu sein, werden Ihnen die ganzen 7 Tage aber doch wohl zuviel werden. Da ich um den 17ten herum im Harnackhaus freien Aufenthalt bewilligt habe, werde ich Sie um diese Zeit herum wohl etwas erleichtern. Im übrigen überlasse ich diese schwierige Taktfrage meiner Frau, die das besser kann als ich. Ich zwinge sie hiermit, an Ihre Frau Gemahlin in Wohnungsfrage zu schreiben und danke Ihr (Ihrer Frau Gemahlin nämlich) meinerseits auf *das Herzlichste.*

Die Möglichkeit, schon am 10ten II. in Bln. zu sein, hängt von zwei Faktoren ab, die auch anderweitig so wichtig sind, daß ich Ihnen Mitteilung davon machen muß. U e x k ü l l (oha, jetzt habe ich ihn richtig aus Gewohnheit wie einen Autorennamen gesperrt!!) hat an mich einen Brief gerichtet, *ob ich prinzipiell geneigt wäre, sein Nachfolger am Institut für Umweltforschung zu werden.* Ich habe geantwortet: Selbstverständlich, tief geehrt. (Was ich bei Gott *wirklich* bin!) Nun habe ich keine Ahnung, wie weit die maßgebenden Führer der K. W. G. überhaupt von dieser Anfrage Uexkülls wissen oder mit seinem Schritt einverstanden sind. Ich bin mir vollkommen klar darüber, daß ich mir keine Hoffnungen machen sollte. Immerhin aber möchte ich mir die Sache einmal ansehen (ob man dort Vögel halten kann usw. usw.). Nun kommt Faktor Nr. 2: Mein Schwager, der Automobilmann ist, importiert just im Februar Hudsonwagen aus Hamburg, wodurch ich die Möglichkeit habe, eine Fahrt Hamburg–Berlin umsonst zu machen. Diesen Wink des Himmels muß ich berücksichtigen. Ich will also versuchen, meinen armen Schwager dazu zu bringen, daß er sich zeitlich meinen Forderungen anpaßt. Ich spreche ihn heute abend und schreibe Ihnen dann sofort wieder. Am besten wäre es, wenn wir auf der Hinfahrt (hin fahren wir bis Berlin mit einem Auto) um den 10ten herum durch Berlin durchkommen (in welchem Fall wir dann ihre liebe Gastfreundschaft mit Freuden annehmen), nach meinem Vortrag in der Fachsitzung nach Hamburg weiterpilgern, Uexküll und sein Institut besuchen und dann ein oder zwei Tage vor meinem Dahlemer Vortrag wieder in Bln. sind.

Meine Vorträge betreffend möchte ich Folgendes sagen. Mein Dahlemer Vortrag heißt »Zur Kritik der Begriffsbildung des Instinktes«, dauert eingestandenermaßen 1 1/2 Stunden und hinterläßt den Vortragenden wie die Hörer im Zustande von weichen, stark ausgewaschenen, nassen Lappen. Ich glaube, daß es nicht sehr günstig wäre, die *rein* ornithologischen Dinge anzuschließen (obwohl natürlich fast alles Tatsachenmaterial, das ich zur Kritik der Spencer-Lloyd-Morgan'schen (a), der Ziegler'schen (b), der McDougall'schen (c) und der von Watson und anderen stier-blöden amerikanischen Behavioristen aufgestellten (d) Instinkt-Theorie verwende, rein ornithologisch ist.) Ich glaube also, daß die Ornithologen den Dahlemer Vortrag mit einigem Interesse hören werden, und danke Ihnen sehr, daß Sie ihn zum Gegenstand einer Hauptsitzung erklären wollen! Der Graugansfilm wird die Ornithologen zwar noch mehr freuen, gehört aber deutlich in eine andere Größenordnung. Bevor ich vergesse: Etwa 200 m Graugänse. Der Auslöserfilm ist nur ein Ansatz, ein Knöspchen, das sozusagen als Programm für meine Vorsätze gezeigt werden soll. Es ist vorläufig nur vorhanden: Nachtreiher, Edelreiher, Pirol und Löffler bettelnd. Nachtreiherfütterung. Nilgans-Triumphgeschrei. Stockenten-Gesellschaftsspiel und -Hetzen. Zusammen sind das etwa 90 m. Meine ganze Filmvorführung dauert also kaum über eine Viertelstunde. Zu den Gänsen brauche ich vorbereitend überhaupt nur ein paar Worte zu sprechen, zu den Auslöserfilmen möchte ich kurz den Begriff des Auslösers erläutern, ungefähr eine Viertelstunde. Das ganze Programm füllt also grade eine Stunde aus. Gegebenen Falles, d. h. wenn es mit dem 10/II nicht klappt, so kann ich natürlich schon in 20 Minuten auch fertig sein, indem ich bezüglich des Auslöser-Begriffes auf den »Kumpan« verweise. Der Film ist Normalfilm. Ich möchte den Filmabend also schon *womöglich* vom Instinktkritik-Vortrag trennen. Es folgt sofort ein zweiter Brief, der Ihnen meldet, ob ich am Zehnten in Bln. sein kann. Es wird schon gehen.

Ich freue mich sehr, daß Sie mein Anas-Vorhaben für aussichtsreich halten. Mein aus Schönbrunn eingetauschter Fleckschnablerich spielt zu meiner großen Freude mit den Stockerpeln mit im Gesellschaftsspiel. Ich sehe bei ihm aber immer nur das einleitende Schnabelschütteln und den typischen Schnabel-auf-Brust-Pfiff. Beide Popo-in-die-Höh-Zeremonien, sowohl das Kurzundhochwerden mit dem nachfolgenden stark nickenden Schwimmen wie auch das Kopfauf-ab-aufwerfen bei emporgestrecktem Steiß, sehe ich *nie* von ihm. Ihr Fehlen deutet darauf hin, daß diese beiden Zeremonien mit der Ausbildung der Ringelfedern zusammenhängen. Um ein vollwertiges Gesellschaftsspiel zu kriegen, müßte man die Tiere natürlich *züch*ten, daß man ein halbes Dutzend unverheiratete Erpel beisammen hat. (Das habe ich nämlich jetzt bei Stockenten und habe nie so schöne Gesellschaftsspiele gesehn wie bei diesen Jungvögeln!) Leider wird es mit der Zucht mies ausschaun, denn meine Fleckschnabelstute ist so altersschwach, daß ihr beim Stehen das Vordergestell und das Hinter-Hintergestell vor und hinter dem Unterstützungspunkt der Acetabula herunterhängen, daß sie ausschaut wie ein Kipfel.

Sie kennen diese Alterserscheinung sicher! Ich sah sie bisher nur bei Hausenten. Ich bin nachträglich draufgekommen, daß die Tiere aus dem aufgelösten Hamburger Vopa stammen, wo sie ja auch schon lange gelebt haben können! Ein Glück, daß der Erpel noch halbwegs aktiv ist!

Die interessante Frage, ob überhaupt je eine Instinkthandlung *ohne* die zu ihrer biologischen, oder besser gesagt arterhaltenden Wirksamkeit nötigen Strukturen vererbt werden kann, hat mein Stocktürke inzwischen eindeutig bejaht. Bei der »Erregungszeremonie« der reinen Türken tut er regelmäßig mit und blast wie ein echter alter Türke, laut und fauchend, nur wirft er den Kopf nicht vor und zurück, sondern von vorne oben nach hinten unten (Intermedium zwischen dem Aufab der Stock- und dem Vor-Rück der Türkenente.) Hingegen gleicht er in Liebessachen ganz einem Stockerpel (bis aufs Gesellschaftsspiel!), ist mit einer bestimmten Hochbrut-Ente verheiratet, die er nach endloslangem Kopfnicken durchaus nach Stockentenart tritt. Wenn er diese Ente *verliert,* so bringt er den Lockruf des Stockerpels, nur ist dieser *unhörbar,* viel leiser als sein Fauchen mit den Türken. Er könnte ganz gut einen Laut bringen, der an Lautstärke dem Stockerpel-Locken gleichkommt. Er tut es aber nicht, weil die Bewegungskoordination sämtlicher Brustkorb- und Syrinxmuskeln so genau festliegt. Sie entspricht genau der Exspirations-Stärke des lockenden Stockerpels und paßt nicht zu der offenbar mehr als halb türkischen Knochentrommel. Wir haben hier also vollkommen rein den in meinem letzten Brief geforderten Fall, daß beim Bastard eine Bewegungskoordination auftritt, zu der die nötige Struktur fehlt. Ich finde das ziemlich aufregend. Ich will nun nach Möglichkeit Bastarde von solchen Arten sammeln, deren Instinkthandlungen man einigermaßen genau kennt, wobei natürlich die Anatiden ideale Versuchstiere sein werden. Mit Fasanen müßte sich auch was machen lassen. Die ganze Arbeit ist insofern fad, als bestimmt nichts herauskommt, was Sie oder mich ernstlich überraschen wird. Sie ist aber notwendig und fruchtbar aus didaktischen Gründen. Ich möchte, daß wir endlich einmal damit durchdringen, daß jede Instinkthandlung einen durchaus dem eines Organes vergleichbaren Erbgang hat. Durch eine lächerlich genaue Beschreibung homologer Handlungen bei ganz nahverwandten Arten einer Gruppe möchte ich es den Kerlen in den Kopf hämmern, daß sich der Instinkt auch in der Phylogenese wie ein Organ verhält. Und durch die intermediären Handlungen der Bastarde möchte ich meinen Homologiebegriff der Instinkthandlungen stützen.

Alle diese Pläne werden ja jetzt durch mündliche Aussprache sehr gefördert und angeregt werden. Eben deshalb freue ich mich so sehr, bei Ihnen wohnen zu dürfen, weil ich dann viel mehr von Ihnen sehe, höre und überhaupt habe, als wenn ich in Dahlem, weit vom Zoo bin!

Richtig! Gibt es in Deutschland amende irgend welche Beschränkungen der Einfuhr von Filmen? Es dürfte sich auf jeden Fall empfehlen, daß Sie mir eine kurze, aber möglichst oft und schön gestempelte Bestätigung über die geplante Filmvorführung schicken. Wenn's nicht zuviel Mühe macht!

Also es folgt sofort ein zweiter Brief wegen wann und wie wir kommen, nebst einem von meiner Frau.

Ich freue mich unglaublich aufs Wiedersehen! Mit den besten Grüßen und nochmals vielem Dank, auch insbesondere an die verehrte Tippeuse.

Herzlichst Ihr getreuer

Konrad Lorenz

Altenberg, am 10ten I. 1936.
Hochverehrter lieber Herr Doktor!

Mit dem 10ten Feber ist es leider nichts! Mein Schwager fährt nämlich neuerdings nicht mit dem eigenen Wagen hin, sondern wir werden alle von einem anderen Bekannten mitgenommen, den ich nicht zu Vorverlegung seiner Fahrt veranlassen kann. Ich könnte ja mit der Bahn fahren (K. W. G. zahlt mir das), kann aber dann meine Frau nicht mitnehmen, was ich insbesondere wegen der Hamburger Möglichkeit sehr gern möchte. Andererseits können wir unsere Abreise von Bln. leicht *verzögern*, da wir von Hamburg nach Bln. und weiter nach Wien mit dem Wagen meines Schwagers fahren, welcher gutartig (der Schwager) und leicht zu längerem Warten zu veranlassen ist. Wenn Sie also die Fachsitzung *leicht* nach hinten verlegen können, so wäre das sehr schön, wenn nicht, mache ich aus der Filmvorführung raumsparendes Preßheu und verabreiche es doch auch gleich am 17ten. Bitte verfügen Sie ganz nach Gutdünken darüber, was ich tun soll! Im Falle einer Rückverlegung der Fachsitzung würden wir dann *zwischen* dem 17ten und ihr nach Hamburg fahren, wodurch eine Entlastung Ihrer Gastfreundschaft zu erzielen ist. (Meine Mutter hat uns Vorwürfe gemacht, daß wir Ihre Einladung so heftig angenommen haben, sie meinte, das schickt sich nicht. Ich glaube aber, ganz besonders Ihnen, stets das wörtlich, was man mir sagt und hasse es, wenn sich einer aus »Gehörtsich« ziert, wenn er wirklich sehr gern kommt!)

Ich glaube, ich habe Ihnen nie davon erzählt, daß mein Bub im letzten Sommer einen nicht ganz unbeträchtlichen Tuberkuloseschub gehabt hat. Wir haben ihn eine Liegekur machen lassen, worauf er sich sehr gut erholt hat, für den Tiergärtner schaut er jetzt tadellos aus, um aber ja nichts zu versäumen, ist meine Frau jetzt mit ihm im Gebirge, in Kitzbühel. Diese Unternehmung ist natürlich mit Schuld an dem Zeitmangel, den wir im Portemonnaie haben und an der Notwendigkeit, Gratisfahrgelegenheiten zu benützen! Daß meine Frau im heurigen Sommer statt der Ferien eine ganz entsetzlich aufregende Zeit durchgemacht hat, ist aber natürlich für mich grad ein Grund, sie jetzt wenn irgend möglich mitzunehmen, sie hat's wirklich verdient. (Abgesehen davon, daß sie ja überhaupt das ganze Geld verdient, von dem die Familie, Vögel mitinbegriffen, lebt.)

Ich habe einen Brief von Siewert bekommen, worin er uns auf die Schorfheide einladet. Ich möchte das auf jeden Fall (unabhängig davon, ob eine Rückverlegung der Fachsitzung möglich ist oder nicht) auf die Zeit verlegen, wo wir auf der Rückreise, also mit »eigenem« Auto durch Berlin durchkommen, dann richten wir es so ein, daß wir Sie abholen und den Schorfheiden-Ausflug zusammen machen. Könnten Sie das nicht möglich machen?

Ich freue mich eingestandenermaßen ganz blödsinnig auf Berlin, meine Frau auch. Wenn ich auch Bobby und Roland tief betraure, freue ich mich doch wie ein Kind auf den Zoo und mindestens ebenso aufs Aquarium. Dort zu wohnen freut mich natürlich erst recht.

Mein Fleckschnabelerpel hat mir heute innerhalb von wenigen Sekunden alle drei Stockerpel-Zeremonien hintereinander vorgemacht, obwohl er weder Lockerln noch schwarzweiße Zeichnungsmuster an seinem Heck hat. Also doch!

Mit den besten Grüßen und nochmals dem allerherzlichsten Dank Ihr getreuer

Konrad Lorenz

Berlin, den 14. 1. 36

Lieber Kollege Lorenz!

Heute traf Ihr Brief vom 10. ein und ich denke mir die Sache nun so: Wir machen »raumsparendes Preßheu«, d. h. Sie führen Ihre Filme am 17. im Anschluß an den Vortrag im Harnackhaus vor; wem es zu lang wird, kann ja gehen, das tut aber sicher niemand. Mich leitet dabei folgendes: Die Filmvorführung im Helmholtzsaal des Harnackhauses ist vorbildlich, Ihre Aufnahmen kommen also in denkbar bester Weise zur Geltung, und wenn wir von der D. O. G. aus den Saal besonders mieten müßten, würde das ungefähr 55,- M kosten, die ich unsrer Kasse gern sparen möchte. Es empfiehlt sich auch nicht, die Fachsitzung so spät im Monat zu legen, weil da allerhand andres los ist, was Ihren Hörerkreis einschränken würde.

Das Institut für Umweltforschung in Hamburg untersteht, wie ich höre, der dortigen Universität. Ich habe mit dem Nachfolger von Correns, Herrn Prof. von Wettstein (vorher München, früher Wien) vor 3 Tagen hier im Harnackhaus, wo er ja wirkt, über Ihren Fall gesprochen, und er meint, daß für die Berufung eines Österreichers ein Dekan der Münchner Universität, der Name ist mir leider entfallen, aber er ist ein komisches österreichisch-bayrisches Wort wie Dobbeln oder so, und ferner Herr Professor Dr. Lothar Tirala, wohl auch in München, zuständig ist. Natürlich kommt es auf Ihre politische Einstellung an. Wenn Sie nicht selbst schon vorher Ihre Fühler in München ausstrecken können, so erfahren Sie hier ja leicht alles Nähere von v. Wettstein.

Wir haben schon einmal unter Führung von Lutz Heck einen Säugetierausflug in die Schorfheide gemacht, aber das Siewertsche Gebiet dabei nicht berührt, würden es uns also gern ansehen, zumal er uns wiederholt eingeladen hat.

Hoffentlich ist die ganze Reise für Sie und namentlich für Ihre Gattin nicht zu anstrengend; jedenfalls werden wir unser möglichstes tun, Sie ausschlafen zu lassen und gut aufzufüttern.

Gestern abend zeigte Professor Voss, früher 2. Zoologe in Göttingen, jetzt Kustos der Säugetiersammlung am hiesigen Museum, seinen 8jährigen Mischling von Emdener Gansert und Höckerschwänin, der seit einigen Tagen hier im Zoo lebt, sehr zahm ist und innig an seinen Pfleger, d. h. Herrn Voss, Anschluß gefunden hat; selbst während der Sitzung begrüßte er ihn, fraß ihm aus der Hand und war glücklich, ihn wiederzusehen. Das Tier hält ziemlich genau die Mitte zwischen den beiden Eltern, legt aber keine Eier.

Wenn Sie irgendwie mit meinen Vorschlägen nicht einverstanden sind, schreiben Sie bitte sofort. Nun auf frohes Wiedersehen, und in der Freude auf eine lehrreiche Aussprache sind wir mit den besten Grüßen Ihre

Heinroth's

Altenberg, 28. II. 1936

Hochverehrte liebe Heinroths!

Es ist mir eine geradezu genußreiche Pflicht, Ihnen für die unerhört nette und liebe Gastfreundschaft zu danken, die wir bei Ihnen genossen haben! Das Aquarium ist mir so sehr zur Heimat geworden, daß ich zuhause noch zwei, drei Tage hindurch beim Aufwachen immer noch geglaubt habe, ich sei bei Ihnen! Wenn die 1000-M.-Sperre nicht wäre, so müßten Sie einfach irgendwann auf 14 Tage nach Altenberg kommen, damit wir Sie auch mal füttern und betreuen dürfen und uns so unsere Dankbarkeits-Instinkthandlungen abreagieren können! Liebe Frau Doktor, es würde Ihrem Gemahl glänzend tun, einmal in Altenberg ein paar Wochen zu faulenzen! Umgeben von einer zureichenden Menge von lebenden und gebratenen Anatiden! Die lebenden würden ihn sogar vielleicht dazu veranlassen können, einige im übrigen nichtstuerische Tage zu verbringen!

Ich bin eben zu rechter Zeit heimgekommen, um das Nilganspaar einzusperren. Sie hatten bereits eine flugfähige (!) Graugans umgebracht, die übrigen wagten sich nicht aus dem hintersten Winkel des Gartens hervor, konnten nicht zum Wasser und waren drauf und dran, aus Verzweiflung wegzufliegen. Die Nilgänse sind jetzt auf dem Tennisplatz eingesperrt. Es war ein glücklicher Zufall, daß sie ihr Nest dicht am Gitter dieses Platzes in einer Kiste gebaut hatten, so daß ich durch ein wenig Drahtgitter den Nistplatz in die Umzäunung einbeziehen konnte. Das Nest wurde nicht verlassen. Interessant ist mir, daß der Mann das noch leere Nest verteidigt! Soviel ich bisher weiß, verteidigt der Graugansert das Nest erst, wenn die Gattin draufsitzt.

Eine nette Geschichte hat sich mit den von Schönbrunn ausgeliehenen Kasarkas abgespielt. Ich erzählte Ihnen wohl, daß ich von dort ein Mischpaar aus Variegata-Mann und Ferruginea-Frau bekäme. Sofort nach ihrer Ankunft dokumentierte sich das rote Stück als Mann. Es verliebte sich nämlich sofort in die schon sehr mannstolle überzählige Nilgansfrau, die mir den Hof machte. Der Variegatus liebt aber hartnäckig den Roten und versucht die Nilgans von ihm fortzutreiben und dann dem Roten gegenüber Triumphzuschreien. Heute kam es bereits zum ersten Kampf zwischen den beiden Kasarkussen, wobei die Nilgans bereits deutlich für den Roten Partei nahm. Ich werde den Schwarzen nach Schönbrunn zurücktragen und aus dem Roten und der Nilgans zu züchten versuchen. Das geht sicher, die Nilgans kroch heute schon mit dem Roten in Nistkästen herum, trotz ununterbrochener Störungen durch den Variegatus. Vorgestern habe ich die Kasarkas erst gebracht!

Gestern inszenierte ich einen Kampf mit dem alten Graugansert, der mit der Hausgans verheiratet ist, und siehe da, meine beiden jungaufgezogenen Männer, Peterl und Viktor, kamen mir prompt zu Hilfe und griffen den alten, sonst von ihnen aufs äußerste gefürchteten Gansert wütend an. Als er allerdings einen Augenblick von mir abließ, um sich auf sie zu konzentrieren, erschraken sie so, daß sie aufflogen.

Meine Frau, die wieder zu den Kindern nach Tirol gefahren ist, schreibt mir, daß der Bub jetzt wirklich tadellos zu sein scheint, gar nicht mehr wackelig. Wenn so ein lang aufgeschossener Bub nicht ganz in Ordnung ist, so merkt man sehr bald den verringerten Muskeltonus, so wie bei Siewerts Trappen! Wir lassen jetzt die Kinder noch vierzehn Tage allein dort, meine Frau kommt morgen hierher zurück. Hoffentlich ist damit dann die Krankheit meines Sohnes endgültig abgetan. Mir wäre ein Stein vom Herzen!

Ich sitze jetzt hier ganz allein in Altenberg und zehre von den Erinnerungen an meine Expedition nach Deutschland. Schön war's! Und schrecklich verwöhnt sind wir worden. Es fällt mir jetzt bis zu einem gewissen Grade schwer, mit der Gesellschaft meiner Graugans Martina allein zufrieden zu sein. Ich habe ein gewisses Mitteilungsbedürfnis entwickelt, für das sie kein Verständnis hat. Aber Spaß beiseite, es ist wirklich ein Jammer, daß wir so verflucht weit auseinander wohnen. Es wäre ein so wesentlicher Vorteil für alle meine Arbeit, wenn ich, sagen wir, wöchentlich einmal einen Heinroth-Meinungsaustausch-Abend einschalten könnte. Man gewöhnt sich die mündliche Aussprache so rasch an, daß mir jetzt der Brief ungenügend erscheint. Trotzdem habe ich mir vorgenommen, jetzt wieder viel öfter zu schreiben und um Rat zu fragen, Sie brauchen nur jedes dritte Mal antworten!

Seien Sie herzlichst gegrüßt und nochmals über alle Maßen bedankt!

Ihr alter

Konrad Lorenz

Altenberg 26/VII. 1936

Hochverehrter lieber Herr Doktor!

Höchste Zeit, daß ich wieder einmal schreibe! Ich habe heuer, aus lauter Freude, daß ich Zeit dazu habe, so irrsinnig viele Vögel aufgezogen, daß ich stellenweise, ganz wie ein wirklicher Heinroth, kaum zum Schlafen gekommen bin. Jetzt flaut die Sache allmählich ab, außer zwei sehr gesunden, aus dem Ei aufgezogenen Löffelenten (!!) ist nichts mehr in meinem Schlafzimmer. Wundervoll sind die Graugänse geworden. Von 20 ausgebrüteten ist nur eine von einer Nilgans umgebracht worden, alle anderen sind schön und groß geworden. Die Führung durch die erfahrenen Vorjährigen hat so viel ausgemacht, daß sich heuer nur 3 verflogen haben, während voriges Jahr ja fast die Hälfte abgefahren ist. Die Führung (vor allem beim

Einfallen) drückt sich u. a. auch darin aus, daß die heurigen Jungen alle tadellose Schwingenspitzen haben, während die vorjährigen um die Zeit schon gräßlich verstrobelt waren. Interessanterweise ist Ende Juni eine seit 1/IV. fehlende Gans zurückgekommen und hat genau 6 Tage später die Schwingen abgeworfen. Durch eigene Bemühungen bin ich zu verschiedenen lustigen Enteneiern gekommen, die reich an Überraschungen waren. Aus 4 Krickenteneiern sind schwarzgrau und weiß gezeichnete Kücken geschlüpft, die sich nach einiger Zeit als durchaus unzweideutige Spießenten erwiesen. 6 Schnatterenteneier ergaben 3 Löffelenten, von denen eine an Diphtherie starb. Die Nilgänse haben 3 Junge hochgebracht, die herrlich herumfliegen und nicht die geringste Schwierigkeit beim Einfallen haben. Was mich sehr erstaunte, war, daß die Alten nicht nach Gänseart so die Schwingen abwerfen, daß sie mit den Jungen zugleich wieder fliegen können, sondern ganz wie Stockenten erst nach Flugfähigwerden der Kinder. Dann habe ich noch zwei Säbler aufgezogen, von denen einer als erwachsener Vogel ersoffen ist, der andere ist herrlich, ferner 5 Lachmöwen, die ohne irgendwelche Schwierigkeiten dageblieben sind. Ich bin mir nicht ganz klar, wann ich sie nun einsperren soll, irgendwann werden sie doch abziehen. Wenn die erste futsch ist, werde ich die anderen einsperren. Sie gehen mit Futter mühelos abends in ihren Käfig und erfreuen mich durch ihren unglaublich geschickten und wendigen Flug. Wozu kann übrigens ein Vieh so gut zwischen Bäumen fliegen, wenn es das im normalen Biotop überhaupt nicht braucht? Die Möwen sind verhältnismäßig sehr klug. Sie haben mich z. B. sofort auf dem Dach bei den Dohlen aufgefunden, sind ohne weiteres dort gelandet und wenn ich sie länger als erlaubt unten beim Teich nicht füttere, stehen sie sämtlich laut blökend vor meinem Fenster auf dem Dach. Die Dohlen haben massenhaft (12) Junge hochgebracht, ich habe auch wieder 7 aufgezogen, damit die Zahmheitstradition der Kolonie nicht zu sehr sinkt.

Sie würden die größte Freude an den Gänsen haben. Es ist wirklich eine Pracht, wenn die ganze Staffel fliegt, mit den vier Bastarden sind es ja jetzt 25 flugfähige Gänse! Die Bastarde fliegen zwar nicht so viel wie die Reinblüter, immerhin aber bringen sie es bis zum Kreisen *über* den Bäumen, wobei der eine große Gänserich, der weiße Flügelspitzen hat, sehr erstaunlich aussieht. Wirklich fein wird die Fliegerei bei Weststurm, wo bei unserem Haus ein wilder Aufwind herrscht, der zu den unglaublichsten Rücken- und Sturzflügen Anlaß gibt. Wenn, was gar nicht selten ist, Grau- und Nilgänse, Dohlen, Tauben und Möwen, dazu noch einige Nachtreiher, zugleich in der Luft sind, verfinstert sich der Himmel! Wegen der Unzahl anderer Anatiden kamen die Tadornas bei der Fütterung zu kurz und magerten so lange ab, bis sie aus Verzweiflung zahm wurden und mir die Möglichkeit gaben, sie einzeln aus der Hand zu füttern. Seitdem geht es zwar wieder aufwärts, aber sie haben in der eben einsetzenden Mauser vor lauter Traurigkeit wieder Jugendkleidfedern geschoben. Kennen Sie diese Erscheinung bei anderen Vögeln? Ich glaube, Sie sagten mal so was von Kahnschnäbeln im Berliner Zoo?!

Wo fahren Sie heuer im Sommer hin? Adria? Ich hoffe nämlich, daß jetzt, wo unsere Vaterländer endlich wieder im Frieden miteinander leben, die 1000-Marksperre endlich wieder fällt und wir einmal wieder die Freude haben, Sie in Altenberg zu sehen!!! Könnten 25 zahme freifliegende Graugänse Sie nicht locken? Für Ihre Frau Gemahlin wäre ein ganzer Taubenschlag da! Ich verlange ja nicht, daß Sie sich extra deshalb auf die Bahn setzen sollen, aber wenn Sie mal vorüberkommen, wäre es doch zu schön, wenn Sie einen Altenberger Aufenthalt einschieben könnten!!

Richtig! Fast vergessen und die Seite schon auf Briefabschluß berechnet! Neue Seite = Verschwendung, aber nun notwendig: Ein sehr guter Freund von mir, Dr. Rothe, Aquarien- und Terrarienmann, wirklich guter Tierkenner in unserem Sinne, kommt Anfang August nach Berlin und wünscht sich leidenschaftlich, im Aquarium etwas hinter die Kulissen zu sehen, Wärtergang, Filter, Durchlüftung etc. Da er eigentlich nur wegen des Aquariums, oder hauptsächlich wegen diesem nach Bln. fährt, würde er es wohl verdienen, daß sein Wunsch erfüllt werde. Sie würden mir eine große Freude machen, wenn Sie ihn gelegentlich, etwa mit Inspektor Seitz oder sonstwie im Aquarium herumlaufen ließen. Mein Empfehlungsbrief, den er bei sich hat (siehe diesen!) ist also durchaus nicht wörtlich zu nehmen.

Ein ganz besonders nettes Tier, das nicht einmal Sie noch gehabt haben, ist unglücklicherweise vor wenigen Tagen von einem Iltis totgebissen worden, zusammen mit zehn jungen Stock- und Türkenenten. Ich meine einen Schwarzhalstaucher, den ich im April bekam und den ich frei auf dem Teich hielt. Sein Futter holte er sich aus einer kleinen, eigentlich für Seerosen hergestellten Einfriedung, unter deren Drahtgitter er durchtauchte. Er war unglaublich viel anspruchsloser, als Zwergtaucher sind, fraß z. B. reichlich und gerne geschnittene Großfische, auch wenn sie nicht frisch waren. Er bekam gar nichts anderes und war doch bei seinem Tode dick und fett. Er fraß auch Kaulquappen, Regenwürmer, frische Ameisenpuppen, ja sogar Fleisch. Mit Mehlwürmern konnte man ihn sogar aus dem Wasser locken, das er sonst nur nachts verließ. Wieso sind so verhältnismäßig oft nahverwandte Vögel in Gefangenschaft so verschieden empfindlich? Mit Saatkrähe und Kolkrabe ist es ähnlich, aber da kann man sich eher vorstellen, warum. Vor zwei Tagen war ein Dr. Hediger aus Basel bei mir, der einen Haubentaucher bis zu einem Alter von 14 Tagen aufgezogen hat. Ich probier' es jetzt mal mit einem jungen Schwarzhalstaucher! Am Ende geht es doch! Ich möchte nämlich zu gerne wieder so ein Vieh haben! Er war so herrlich fett und bunt und trocken. Nie blieben meine Zwergtaucher so tadellos trocken! Nesterkolonien gibt es am Neusiedlersee! Unglaublich knallrot ist das Auge des Schwarzhalstauchers, ein zwischen Zinnober und Karmin liegendes Feuerrot!

Bitte empfehlen Sie uns recht sehr Ihrer Frau Gemahlin und sagen Sie ihr, sie möge Ihnen doch recht zureden, einmal nach Altenberg zu kommen! Mit den allerbesten Grüßen herzlichst Ihr

Konrad Lorenz

Altenberg, den 31./X. 1936

Hochverehrter lieber Herr Doktor!

Wie ich in meinem Vortrag in Dahlem angekündigt habe, bearbeite ich jetzt mit einem gewissen Eifer das Gesellschaftsspiel der um die Stockente herum angeordneten und ebenfalls pfeifenden bzw. den Schweif in die Höhe streckenden Erpel. Diese Mikro-Untersuchung *einer* bestimmten Instinkthandlung soll nichts anderes werden als ein Beleg für den Satz, daß die Zeremonie älter ist als das Organ. Diese Arbeit hat nun einen sehr heftigen Antrieb dadurch erhalten, daß sich Springer für mein werdendes Tierpsychologiebuch interessiert und es haben will. Der Verlag wurde durch Prof. *Süffert* auf mich aufmerksam. Ich möchte nun diese Erpelbalz-Arbeit noch als Kapitel über »homologe und homogenetische Instinkthandlungen« in mein Buch hineinbringen, muß also sehr eilen, denn zwei Jahre sind für die Untersuchung eine sehr kurze Zeit. Der Zoo hat mir in wirklich großzügiger Weise je ein Paar von D. spinicauda, Anas Melleri und Bahamaente geschenkt, dazu noch zwei Poecilorhyncha-Weiber. Die Sache interessiert mich ungeheuer, ich komme kaum von meinem Teich los, solange die Erpel balzen. Ich habe nun einen Unterschied zwischen Poecilorhyncha und Stockerpeln gefunden, den ich gerne von Ihnen verifiziert hätte: Ich sehe von P.-Erpeln *nie* jenes Sich-Bemühen um die Ente, das der Stockerpel hat, wenn er mit an den Wangen angedrücktem, auf dem Scheitel aber gesträubtem Kopfgefieder und sehr rasch »räbräb, räbräb« sagend breitseits vor der Ente vorüber oder schief vor ihr her läuft. Beim Spießerpel spielt gerade diese Instinkthandlung eine ganz besondere Rolle und er pfeift sogar manchmal (ohne Sich-Aufrichten, nur mit Hinunterbiegen des Kopfes, wie pfeifender Mandarin), während er breitseits zur Ente schwimmt! Auch der Mandarin *hat* dieses Sich-breitseits-Zeigen und die entsprechende Kopfgefieder-Frisur ist gerade bei ihm »eingefroren«, d. h. es ist zu einer dauernden Form geworden, was beim Stockerpel nur durch eine augenblickliche Federstellung erreicht wird! Mich würde es sehr interessieren, ob Sie diese Frisur von einem P.-Erpel je gesehen haben!

Ganz reizend sind die Bahamaenten, wie aus Schokolade, mit Zukkerverzierungen am Kopf. Es ist aber auf den ersten Blick klar, wie lächerlich es ist, diese Tiere von der Gattung Dafila abzutrennen. Schon die Schnabelzeichnung macht doch in Schwarz und Rot dasselbe, was sie bei D. acuta in Schwarz und Blau und bei spinicauda in Schwarz und Gelb macht! Nun habe ich drei Fragen: a) Kann man diese Schokolade-Entchen im Winter im Freien lassen? b) Kann man sie nächstes Jahr (vorläufig habe ich sie gestutzt, amputiert sind sie nicht!) freifliegen lassen, oder sind sie steppentierartige Flächenflieger, die sich sicher verfliegen? c) Ich habe bei dem holländischen Züchter Schuyl eine Ente mit ähnlicher Kopfzeichnung, ebenso dafiloid, aber in dem bei Schwimmenten so beliebten gewellten Grau statt schokoladebraun gesehen, von der ich bis vorgestern geglaubt habe, daß *das* die Bahamaente sei; was ist das? Sehr neugierig bin ich auf das Balzen von Melleri! Der Erpel ist ja noch wesentlich weibchenfarbiger als der von obscura. Nur an den Ellenbogen hat er was, nämlich eine Fortsetzung des grünen Spiegelglanzes auf dem Rand der Ellenbogenfedern! Kann man übrigens diese Madagassen im Freien überwintern? Ich kann mir schlechterdings nicht vorstellen, daß so ein ganz ordinäres Anas-Tier ein empfindlicher Tropenvogel ist! Bitte entschuldigen Sie die vielen Fragen, aber sie sind mir sehr wichtig!

Ende November oder Anfang Dezember kommen wir nach Bln., und zwar wahrscheinlich meine Frau und ich in Kiellinie auf zwei großen Hudsonwagen dahinziehend. Mein Schwager hat wieder einen Import aus Amsterdam zu erwarten, den wir in dieser Weise ausnützen. Ich freue mich sehr darauf, alle Berliner Freunde wiederzusehen, auch darauf, Süffert meine persönliche Aufwartung zu machen usw. Hier in Altenberg ist nicht viel Neues. Die Graugänse sind herrlich, Dohlen gibt es mehr als je. Die Nachtreiher habe ich heuer, aus Geldnot eine Tugend machend, wegziehen lassen und nur die heurigen Jungen, die erfahrungsgemäß niemals wiederkommen, eingesperrt!

Mit den allerbesten Empfehlungen und Grüßen an Ihre Frau Gemahlin Ihr getreuer

Konrad Lorenz

Berlin, den 4. 11. 36.
Lieber Freund Lorenz!

Auch ich kann mich nicht besinnen, daß die Fleckschnabelerpel mit ihrem Kopfgefieder besonders prahlen, aber wir haben hier nur alte, untereinander bekannte Vögel, die das wohl nicht so nötig haben. Hier bleiben die Bahama-Enten sowie die Melleri auch im Winter im allgemeinen im Freien, allerdings sorgt ein Wasserfall stets für etwas offenes Wasser. Freiflug-Versuche mit Bahama-Enten kenne ich nicht. Man könnte ja vielleicht im nächsten Jahre einmal einen Versuch mit *einem* Vogel machen, der dann zu seinen Genossen zurückkehren würde. Die absonderlich gefärbte Bahama-Ente mit dem gewellten Grau kann ich mir nicht recht erklären; sollte da etwa P.-erythrorhyncha-Blut darin sein? Mischlinge von Braut- und Bahamaente sind häufig im Handel, aber unfruchtbar.

Es würde uns sehr freuen, wenn Sie mit Ihrer Gattin bald wieder einmal nach Berlin kämen, und Sie melden sich dann hoffentlich beizeiten an.

Hier vor unserm Fenster wimmelte es in diesem Jahr von überwinternden Lachmöwen; eine der von uns in diesem Jahr gezüchteten Eiders ist weggeflogen und war leider nicht beringt. Zwei, ein Paar, sind geblieben.

Übermorgen tagt hier in Berlin die neugegründete Gesellschaft für Tierpsychologie (Vorsitzender Kronacher). Ich habe auch einen kleinen Vortrag über die Verständigung unter den Vögeln angemeldet; schade daß Sie nicht dabei sein können. Das Nähere berichte ich Ihnen dann bei Ihrem Hiersein.

Mit den besten Grüßen von Haus zu Haus Ihr getreuer
Oskar Heinroth

Altenberg, den 16/XI. 36.
Hochverehrter lieber Herr Vorsitzender!

Vielen Dank für Ihren Brief mit Enten-Auskünften. Meine neuen Berliner Enten haben schon ein sehr interessantes Beobachtungs-Ergebnis gezeigt, d. h., wenn es sich nicht etwa um etwas Unregelmäßiges handelt: Der Melleri-Mann hat das *weibliche* Kokettier-Schwimmen der verwandten Arten! Er hat *nicht* das Kurzhochwerden des Stock- und Fleckschnabelerpels, sondern macht nur einen langen Hals und sagt ein langes Rääääb, und im nächsten Augenblick saust er lang hingegossen und heftig nickend von dannen, wie ein mannstolles Stockentenmädchen. Interessanterweise regt er dadurch die Stock- und Fleckschnabelmänner genauso zum Pfeifen an, wie ein Weib ihrer eigenen Art! Mein Spießerpel balzt auch schon und mir ist bereits klargeworden, »wozu« das schwarze Plüschpolster im Nacken gut ist! Vieles Nähere mündlich.

Herr Oberstudienrat Steinbacher schrieb mir wegen eines meinigen Vortrags in der D. O G., hoffentlich geht es sich noch mit der Zeit aus. Ich, bzw. wir komme(n) am 24ten des Monats morgens nach Berlin und müssen am 27ten abends in Leiden sein. Ich möchte sehr gerne sprechen, weil in den »Aufgaben« der Tierpsychologie, wie sie in den Druckschriften der neuen Gesellschaft dargestellt werden, der *vergleichend stammesgeschichtliche* Gesichtspunkt (und damit überhaupt der wirklich biologische) fast ganz übergangen wird. Als eigentliche Aufgabe der Tierpsychologie betrachte ich die Schaffung einer Grundlage, auf der sich eine wirklich vergleichende Psychologie aufbauen läßt. Die Psychologen, die sich für »vergleichende« halten, haben heute noch nicht die blasse Ahnung von einer vergleichend zoologischen Fragestellung. Da nun gerade von der Ornithologie her die vergleichend stammesgeschichtliche Fragestellung zum erstenmal in die Tierseelenkunde hineingetragen wurde, und zwar von Ihnen und von Whitman, so fände ich es sehr angezeigt, daß von der D. O. G. her ein Vortrag über biologische Fragestellung und die Notwendigkeit einer die Stammesgeschichte in Betracht ziehenden Instinktforschung auf die neugegründete Gesellschaft einwirkt. Vielleicht nützt es was!

Ich freue mich wie ein ganz kleines Kind auf die Reise, weil ich nach dem heurigen, ganz in Altenberg verbrachten Sommer ausgesprochen fluglustig bin! Ihr sich auf das Wiedersehen heftig freuender

Konrad Lorenz

P. S. Der sogenannte »Kleine Kramer« kommt gleichzeitig mit uns nach Berlin! Allgemeiner Zug nach Norden im November!

Berlin, den 19. 11. 36

Lieber Freund und Kollege Lorenz!

Soeben kommt Ihr am 16. 11. geschriebener Brief, und da muß ich Ihnen zunächst sagen, daß ich seit der Bonner Tagung, anscheinend auf Betreiben von Stresemann, nicht mehr Vorsitzender der D. O. G. bin; ich bin lebenslängliches Mitglied und weiter nichts. Herr Prof. Steinbacher hat nunmehr die Zügel in der Hand und wie ich hörte, hat er schon mit Ihnen verhandelt. Sie werden also am Donnerstag, den 26. 11. in der D. O. G plus Ges. f. Tierpsychologie sprechen, und ich habe diese Kunde auch in weitere Kreise getragen.

Natürlich freuen wir uns sehr auf Sie beide und den sogenannten »Kleinen Kramer«, der ja, wie ich von Hartmann hörte, vielleicht bald nach Neapel kommt. Sie würden uns einen großen Gefallen tun, wenn Sie uns umgehend schrieben, wie es mit Ihrer dreier Unterbringung steht. Sie wissen ja, daß Sie uns willkommen sind.

Auf frohes und lehrreiches Wiedersehen freuen sich Ihre getreuen
Heinroth's

Altenberg, den 5/I. 1937

Hochverehrter lieber Herr Doktor!

Ein über die Maßen netter Brief von Ihrer Frau an die meine hat in mir ein schlechtes Gewissen geweckt, weil ich noch immer nicht geschrieben habe. Eine teilweise Entschuldigung liegt darin, daß seit meiner ohnehin wesentlich verspäteten Rückkunft so gräßlich viel los war. Vor allem mußte ich Hals über Kopf einen Artikel über meinen Berliner Vortrag für O. Koehler schreiben, der die Erstlingsnummer der neuen Zeitschrift für Tierpsychologie zusammenstellt. Koehler und Stresemann schreiben ziemlich aufregende Dinge, ich glaube aber vorläufig noch vorsichtigerweise an gar nichts Folgenschweres, weil sonst die Enttäuschung zu unaushaltbar wäre. Andererseits versuche ich mir zu sagen, daß, *wenn* die K. W. G. beschließt, eine wirklich vom biologischen und stammesgeschichtlichen Gesichtspunkte aus als »Vergleichende Psychologie« zu bezeichnende Forschung zu unterstützen, sie doch wirklich keinen billigeren und dabei doch wohl wirkungsvolleren Weg beschreiten kann, als Altenberg in bescheidenem Maße zu unterstützen. Die Notwendigkeit einer echten vergleichenden Psychologie *liegt in der Luft*, wie die Ansätze und Versuche zeigen, die die Tierpsychologie gerade in jüngster Zeit immer wieder macht. Und *können* tut das doch (ohne jede Eingebildetheit!), außer uns und höchstens noch Verwey, der sich jetzt für ganz andere Dinge interessiert, höchstens noch der alte Craig, der nichts mehr von sich gibt. Ich lege einen Brief von Effertz, dem Schriftführer der Dt. Tps. Ges., bei, der in mir die Hoffnung erweckt, daß unsere Fragestellung in der neuen Gesellschaft die Führung an sich reißen *könnte,* wenn man es geschickt macht. Um nichts unversucht zu lassen, werde ich für die Frühjahrstagung einen möglichst guten Vortrag bauen, u. z. »Über den stammesgeschichtlichen Entwicklungsgedanken in der Tierpsychologie«, also einen *Teil* von dem, was ich schon in Berlin gesagt habe, diesen aber entsprechend ausgearbeitet und mit guten empirischen Beispielen belegt. Was halten Sie von dieser Themenwahl? Ich glaube, man kann gerade das für uns Wesentliche gut hineinbringen.

Holland war durchaus erfolgreich, nur ist es mir nicht gelungen, den Bierhahn zu überzeugen, denn seine Diskussionsäußerungen bewiesen bis zuletzt, daß er nicht ein Wort von dem verstanden hat, was ich geredet habe. Dagegen hat Portielje restlos eingesehen, daß die Begriffsfassung von der Instinkthandlung, wie ich sie gebe, nicht eine Herabwürdigung des Tieres zur Maschine bedeutet und ist ganz weitgehend bekehrt worden. Ein furchtbar netter und ganz ausgezeichnet gescheiter Kerl ist Tinbergen. Er wird von der Van der Hoeven Stichting aus auf drei Monate, April bis Juni, nach Altenberg kommen, Vögel aufziehen und beobachten lernen, was er aber eh schon kann. Ich weiß zwar nicht, was ich ihm beibringen soll, freu' mich aber ungemein, daß er kommt.

Leider war bei meiner Rückkehr der Bahamaerpel krank und ist nach wenigen Tagen zu meinem sehr großen Leidwesen hingeworden. Außerdem sind gestern Abend sämtliche Gänse weggeflogen und gleich darauf ist ein Nebel eingefallen, daß man seine Hand nicht vor den Augen sieht. Es ist heute nicht eine der fehlenden Gänse zurückgekommen, wenn's morgen nicht klar wird, sind alle beim Teufel, pfui Teufel! Aus Holland habe ich außer einem Paar Spießenten und einem Löffelerpel (Der übrigens erst ganz wenige Prachtkleid-Federn hat. Stimmt das?) einen Bastard KrickmalSpieß mitgebracht, der ausnahmsweise doch die Summe der Elternartenerpel ist:

Besonders apart wirkt der Spießentenspiegel mit der diagonal abgeteilten Krickentenhälfte. Beachtung verdient auch der Spießentenerpelkopfbraune Streifen vom Auge herunter über die Krickerpelkopfbraune Backe, weil er doch an eine ähnliche Zeichnung irgendeines Nettium (formosum?) erinnert. Um diesen Bastard voll auszunützen, muß ich unbedingt die Krickerpelbalz kennenlernen. Hochinteressant ist ferner die Balz von Dafila spinicauda, ganz anders als die der Spießerpel, mit einem ganz besonderen Pfiff, dem ein eigenartiges Quäken parallelgeht, ganz genau gleichzeitig, zweistimmig. Wenn ich kunstvoll "$_{gee}{}^{Pfü}_{gee}{}_e$" schreibe, glaube ich die beste Buchstabenvorstellung des Tongemäldes zu geben. Der Kopf geht ganz wie die Tonleiter hinauf und wieder herunter, d. h. beim »Pfü« ist er ganz oben, weil das offenbar für Trommelspannung nötig ist. Die Ente hetzt mit einem vollkommen fortlaufenden »arrrrrrrrrrrrrrrr«, das aber entsprechend der Stockentenhetzbetonung an- und abschwillt und gleichzeitig höher und tiefer wird, Bastarde zwischen denen und D. acuta wären interessant und sind sicher zu erzeugen. Meine eiaufgezogenen Löffelweiber habe ich ins Schlafzimmer genommen, weil sie so gefroren haben. Da habe ich an ihren Schnäbeln scharf umschriebene schwarze Punkte bemerkt, die innerhalb einer Woche merklich größer wurden. Zuerst habe ich versucht, sie wegzuwischen, dann habe ich sie für Mykosen angesehen und dann erst habe ich im Heinroth nachgeschaut und gefunden, daß diese Flecken sich gehören! Die Vorstellung, ein arteigenes Pigmentmerkmal abkratzen zu wollen, kommt mir zu dumm vor!

Ich komme zur Frühjahrstagung der Dt. Tps. Ges. nach Berlin und bin durch den schrecklich netten Brief Ihrer lieben Gattin in meiner schon vorher gefaßten Absicht wesentlich bestärkt worden, im Hotel Heinroth abzusteigen. Darf ich wirklich? Wenn ja werden Sie mich diesmal nicht so bald wieder los, denn ich muß a) im Museum eine Menge Whitman nachlesen, b) endlich einmal ausgiebig dem Aquarium und dem Zoo Zeit widmen können, daß man wirklich was beobachten kann, was insbesondere in Bezug auf niedere Säuger doch nur unter Anschluß an den betreffenden Wärter und Mitgehen beim Füttern so richtig möglich ist.

6/1. 37. (Die Gänse sind noch immer nicht da!) Ich wollte nur noch sagen, daß mein Sich-selbst-Einladen als ein Ausdruck der festen Überzeugung aufgefaßt werden muß, daß Sie es laut und deutlich sagen, wenn es Ihnen *nicht* paßt! Wenn ja, dann würde ich etwa anderthalb Tage vor der Tagung in Berlin auftreten, weil mein Vortrag in seiner »richtungsgebenden« Eigenschaft durch Ihre Kritik und Das, was Sie verbessernd dazusagen würden, wesentlich verstärkt werden würde und ich ihn Ihnen daher gern wenigstens stückweise *vorher* vorlesen möchte!

Ich wünsche Ihnen beiden recht fröhliche Neujahrs-Schweinchen, auch von meiner Frau und unserer Nachzucht!

Wie immer Ihr

Konrad Lorenz

Berlin, den 6. 1. 37

Lieber Freund Lorenz!

Gestern schrieb mir Dr. Effertz, daß die tierpsychologische Tagung vom 5. bis 7. Februar im Harnackhaus stattfinden soll, und zwar ist der 1. Tag für wissenschaftliche Vorträge bestimmt. Sie, Koehler, Jaensch und von Allesch sollen an diesem Tage sprechen, und ich bin auch zu einem Vortrage aufgefordert worden. Bitte teilen Sie mir doch umgehend mit, worüber Sie sprechen wollen, damit ich mich mit der Antwort an Effertz danach richten kann, ob ich überhaupt irgendein Thema wähle oder lieber nur zuhöre.

Mit den besten Grüßen von Haus zu Haus Ihr

Oskar Heinroth

Altenberg, den 8/1. 37

Hochverehrter lieber Herr Doktor!

Mein gestern abgegangener Brief enthält sowieso alle Antworten auf Ihre heute angekommene Karte. Ich schreibe nur deshalb nochmals, weil ich Ihnen sagen wollte, daß Sie doch unbedingt sprechen sollten! Ich erscheine zwecks Koordinierung unserer Vorträge zwei Tage vorher. Wenn ich Sie wäre, würde ich einfach »über bestimmte

Bewegungsweisen bei Wirbeltieren« sprechen, aber will Ihnen um Gotteswillen nischt dreinreden!

Meine Gänse sind z. T. wieder da, u. z. sind die alten Stücke vollzählig wieder eingetroffen, von den fehlenden 8 heurigen jungen aber *nur eine,* eine zweite kriegen wir Sonntag zu Mittag, sie wurde vom Jagdpächter an einem horizontalen Ast eines dicht an der Donau einzeln stehenden Baumes aufgespießt gefunden. Die Spitze des Spießes fanden wir abgebrochen in der Brusthöhle! Mir sind die zwei alten Paare (unter den 7 Vorjährigen) natürlich wichtiger als die 7 jungen, von denen übrigens doch wohl die eine oder die andere wiederzuerlangen sein wird.

Hochinteressant sind die heute mit Macht begonnen habenden (frisch aufgetauter Teich!) Gesellschaftsspiele, vor allem die von D. spinicauda! Beschreibung mit Tanz mündlich!

Auch wollte ich nochmals sagen, daß Sie es sagen sollen, wenn Sie mich als Gast nicht brauchen können. Wenn aber doch, werde ich trachten, die Bescheidenheit einer Hausmaus zu entwickeln, ohne dabei heimlich Nahrungsmittel anzunagen! Oder Kaffeemaschinen durch Leerkochen zu vernichten! Oder zu spät zum Mittagessen zu kommen! (Helene spricht, ich will es nun auch ganz, ganz, ganz gewiß nicht wieder tun!) (Busch, fromme Helene.)

Mit den allerbesten Grüßen an Ihre bei uns (Was ein' wundert!) über alle Maßen beliebte und verehrte Gemahlin wie immer Ihr alter

Konrad Lorenz

Berlin, den 9. 1. 37

Lieber Freund und Kollege!

Besten Dank für Ihren Brief vom 5. 1.

Natürlich sind Sie uns stets willkommen, teilen Sie uns nur beizeiten mit, wann Sie eintreffen. Kommt Ihre Frau mit?

Ich freue mich, den Inhalt Ihres Schreibens dann genau mit Ihnen besprechen zu können und habe soeben unter Bezugnahme auf das Schreiben von Effertz an Sie, das ich beilege, ihm den Vorschlag gemacht, daß ich über »Scheuheit und Zahmheit bei Vögeln« etwas erzählen will. Das ist ja nur ein kleiner Abschnitt und wird Ihnen nicht den Wind aus den Segeln nehmen. Ich will natürlich, ebenso wie Sie, auch den Leuten beibringen, daß alles in der Tierpsychologie genauso begründet ist wie bei uns, sich aber einfacher durchschauen läßt, weil Tiere nicht mit Absicht lügen und durch Religion, Volkssitte und Moral auch nicht voreingenommen sind.

Also auf baldiges Wiedersehen, mit herzlichen Grüßen von Haus zu Haus stets Ihr getreuer

Oskar Heinroth

Altenberg, den 11./I. 37

Hochverehrter Lieber Herr Doktor!

Um ein Kreuzfeuer sich kreuzender Kreuzschreiben zu beendigen, schreibe ich nochmals. Hoffentlich haben Sie bei Erhalt meines Ihre Karte beantwortenden Briefs nicht auch nochmal geschrieben! Ich komme also mit vielem Danke mit dem normalen *Abendzuge* über Passau *am 3ten Feber morgens* in Berlin an. Die gute und arme Frau muß zuhause bleiben und hoffentlich bald ein Geld verdienen, das arme Kind!

Die Zahmheit und Scheuheit ist sicher ein sehr geeignetes Thema, an dem man das für unsere Betrachtungsweise Wesentliche besonders gut herausarbeiten kann. Ich hätte mir aber sehr gerne möglichst viel Heinroth-schen Geisteshauch aus den Segeln nehmen lassen, wenn Sie über die »Bewegungsweisen« gesprochen hätten! Ich finde es so ungeheuer eindrucksvoll und überzeugend (auch für den Ungläubigen nämlich), wenn Sie auseinandersetzen, was ein Tier tut und vor allem, was es *nicht* tut! Und das können nur Sie selbst! Auf jeden Fall kann ich Ihnen eine Vorlesung meines Vortrags, den ich jetzt gleich in Angriff nehmen werde, nicht ersparen, weil er doppelt so gut wird, wenn Sie a) konkrete Beispiele aus Ihrem Erfahrungsschatz dazu sagen und b) kraft Ihrer Erfahrung über das, was nicht verstanden wird, an schwer verständlichen Stellen genauere Erläuterung zur Verhütung von Mißverständnissen vorschreiben.

Von meinen fehlenden 6 jungen Gänsen habe ich durch Meldung über Rossitten eine lebend und unverletzt zurückbekommen.

Ich freue mich schrecklich auf das Wiedersehen und den gemeinsamen Feldzug! Vielleicht kommt es doch noch einmal zu einer wirklichen Vergleichenden Psychologie! Mit den herzlichsten Grü-

ßen und nochmals vielen Dank für Ihre Gastfreundschaft und Nichtkrummnehmung meiner Zudringlichkeit wie immer Ihr
Konrad Lorenz

Altenberg, den 19./II. 1937
Hochverehrte liebe Heinroths!
Erstens hoch-offiziellen und innigen Dank für die wochenlange Fütterung und allgemeine Pflege in Ihrem schönen Hause. Es war wunderschön! Den mitgebrachten chronischen Alkoholismus habe ich bis heute noch nicht ganz wieder angebracht! Genau wie die Tauben Koehlers gewöhnt man sich furchtbar schnell an mehr und nur ganz langsam an weniger! Ich denke mit Freuden an Heinroth'sche Putenessen zurück und mein alter prachtvoller Hahn ahnt nicht, in welcher Lebensgefahr er wegen meiner in Ihrem Hause erworbenen carnivoren Gewohnheiten schwebt. Na, denn prost!!

Hier war bei meiner Rückkehr alles in bester Ordnung, Kinder gesund, nichts hingeworden, keine Gans verflogen. Wir arbeiten wie die Gerazten an der Entrümpelung der für die K. W. G. in Aussicht genommenen Teile des Hauses und mit dem Rufe »Kampf dem Verderb«! streichen wir Fensterläden, putzen Käfige und kehren Mist weg. Wir investieren schwer in den Eindruck der reinlichen Tüchtigkeit, den wir trügerischer Weise in Prof. Glum erwecken wollen. Aber ganz objektiv: Ich muß sagen, daß *wenn* die K. W. G. wirklich die Absicht hat, ein Institut für die Forschungsrichtung zu bauen, die wir vertreten, sie hier wirklich um *verhältnismäßig* lächerlich wenig Geld ein wirklich arbeitsfähiges und auch repräsentables Institut kriegen kann! Hoffentlich findet Glum das auch!!!!

Beigeschlossen ein Drehbuch im Rohbau. Wie Sie sehen, habe ich aus der Arbeit »Über best. Bew. b. Wbt.« nur ganz wenige Bewegungsweisen herausgegriffen. Da der Film *sogar so* an die 100 Szenen kriegt, habe ich nicht noch mehr verschiedene Sachen hernehmen wollen, beuge mich aber hierin durchaus Ihrem Urteil. Eine technische Frage ist Heck. Sollen wir beide zu ihm gehen bzw. schreiben, oder sollen wir das der Reichsstelle überlassen? Ich finde eigentlich, wir können das schlecht, andererseits mag ich nicht gerade übertrieben gern schon wieder mit einem Anliegen zu ihm kommen. Hingegen könnte ich bei Antonius gerne und freundschaftlichst alles haben, was wir brauchen! Ich weiß hier nicht, was sich ziemt, frage daher frei nach Schiller bei edlen Frauen an: Frau Doktor Heinroth, bitte wie machen wir das?? Ich fürchte nämlich, damit Heck überhaupt mittut, muß die Autorenschaft von *Heck*, Heinroth und Lorenz drunterstehen, was mir nicht gerade willkommen wäre. Immerhin wäre es auch kein Unglück.

Mein Freund Seitz hat in meiner Abwesenheit verwendbare Bilder von allen Bewegungen der Stockerpel-Gesellschaftsspiele gemacht, schwört aber bei allen Teufeln, daß er noch viel schönere kriegt. Ich lauere bei jedem Sonnenblick mit Film- und anderer Kamera auf meine Spießerpel und Spinicauda-Männer. Mein Löffelerpel beginnt jetzt, sich zu verfärben. Ich bin mir ganz unklar, wann und wo der Löffelerpel das regelgemäß tun soll.

In das Drehbuch machen Sie bitte alle Notizen hinein, die Sie meinen und schicken es mir dann wieder. Dann schreibe ich es mit ausführlicheren Angaben für Rüppell und den Kameramann ins Reine und schicke es an Dr. Schwarz.

Nochmals den allerbesten Dank für Ihre großartige Gastfreundschaft und Pflege! Ich war überhaupt noch nie irgendwo zu Gast, wo man so das Gefühl hat, einerseits nicht gar zu arg zu stören, und andererseits doch so liebevoll umsorgt zu werden (Zuckerln am Bett!)! Die Zusammenstellung von liebevoller Obsorge mit voller Aufrechterhaltung der persönlichen Freiheit von Hauswirt und Gast ist das Ideal der Gastfreundschaft schlechtweg!

Ihr alter

Konrad Lorenz

P.S. Wegen Schrätzern und Zingeln habe ich schon Bestellungen an die Fischer von mir gegeben!

Altenberg, den 23./II. 1937

Hochverehrter Lieber Herr Doktor!

Wider Erwarten habe ich soeben meine Dozentenbestätigung nebst Venia legendi erhalten. Nun möchte ich gern Prof. Glum davon benachrichtigen, da er versprochen hat, im Unterrichtsministerium helfend zu intervenieren, was ja nun unnötig ist. Da ich Glums Adresse und Vornamen, Titel etc. nicht weiß, so bitte ich Sie darum, daß Sie den beiliegenden Brief weiterbefördern möchten!

Mit den besten Grüßen Ihr alter

Lorenz

Berlin, den 8. 3. 37

Lieber Kollege Lorenz!

Sie werden inzwischen in den Besitz von Kannen für Donaubarsche gelangt sein und das Schreiben der Reichsstelle für den Unterrichtsfilm (Rüppell) bekommen haben.

Wie Sie sehen, habe ich bereits etwas voreilig Ihren Brief vom 19. 2. (Drehbuch-Entwurf) an die zuständige Stelle weitergeleitet, und zwar deshalb, weil man sich wegen Beschaffung von Mitteln gar nicht früh genug melden kann, ehe einem nämlich andre zuvorkommen. Dr. Heck hat sich bereit erklärt, den Zoologischen Garten in den Dienst unsrer Sache zu stellen, und es wird also im wesentlichen darauf ankommen, einen geeigneten Mann zu kriegen, der gut und rasch das filmt, was er gerade erwischen kann. Man hat ja, wie Sie selbst wissen, nicht zu allen Jahreszeiten alle gewünschten Tierarten vorrätig, und sie tun einem nicht auf Wunsch den Gefallen (soeben fliegen ein Paar Brandenten am Fenster vorbei). Man muß selbstverständlich darauf Rücksicht nehmen, ob man gerade zufällig ein wirklich zahmes Tier einer Art hat, an der irgend etwas wichtig ist, z. B. Putzkrallen und dergl.

Mit der von der Reichsstelle vorgeschlagenen Untergliederung des Films in mehrere Abschnitte bin ich durchaus einverstanden; diese Gliederung läßt sich ja ohne weiteres vornehmen, wenn wir erst den nötigen Grundstock haben werden; zunächst muß man eben filmen, was man gerade kriegt, und *was* man kriegt, kommt eben auch auf die Geschicklichkeit des Filmmannes an: Sie wissen das ja ganz genau, und können das nach dem Wiener Zoo beurteilen. Die örtlichen Verhältnisse (Grashalme, Gebüsch, dunkle Winkel) spielen als Hinderungsgründe dabei eine unerwünscht große Rolle.

Uns ist es bisher bis auf eine kleine, gut überstandene Grippe gut gegangen, wir wünschen dasselbe von Ihnen und Ihrer Familie.

Mit den besten Glückwünschen zu der Erlangung Ihrer Vortrags-
[befähigung Ihr getreuer]

Oskar Heinroth

Altenberg, den 16/III. 37

Hochverehrter Lieber Herr Doktor!

Vielen Dank für Ihren Schrieb und für die rasche Weiterbeförderung des Drehbuches. Die Zerlegung in einzelne Reaktionen geht natürlich vollständig zwanglos! Was in Berlin und was in Wien aufgenommen wird, möchte ich den Berlinern überlassen, d. h. ich möchte selbst möglichst wenig davon aufnehmen, erstens, weil es die Berliner Fachleute ja doch besser können als wir, und zweitens wegen Zeit. Ich erwarte also zunächst einen Wunschzettel der Dinge, für die ich hier sorgen soll. Ihrer gut überstandenen Grippe steht unserseits ein Blinddarm gegenüber, den wir vorgestern aus dem geliebten Bauch unserer Tochter Agnes herausgerissen haben. Sie hat sich bei der Operation benommen wie ein erstklassig selbstbeherrschter Erwachsener, obwohl sie von Anfang an gewußt hat, daß sie operiert wird. Nicht eine Träne! Und beim Aufwachen war sie auch sofort wieder ganz höflich. Die Operation war für mich dadurch erschwert, daß genau zur gleichen Stunde Glum in Altenberg erschienen ist. Der Erfolg seines Besuches steht noch dahin und ich weiß nicht, ob er sehr beeindruckt von unserem Märchenschloß war! Immerhin ist er gegen Ende seines Besuches mehr und mehr aufgetaut und hat zum Schluß gesagt, daß er morgen (heute ist das gestern) ins Ministerium geht und mir dann schreiben wird. Halten Sie Daumen! (Sie tun es so nicht!)

Seit mehreren Tagen ist Tinbergen hier, der eine Sendung Enten von Schuyl mitgebracht hat. Krick-, Schnatter-, Spieß- und Rotschnabelenten und ein Bastard zwischen letzterer und Nettium. Leider ist das Erythrorhynchaweib sofort nach der Ankunft sanft im Herrn entschlafen. Sie war von Anfang an ganz mager und hatte eine Crista sterni wie ein Schwert und schlechte Schwingen. Gestorben ist sie aber daran, daß sie in der kleinen Kiste von den größeren Enten untergebuttert wurde, sie war am Hinterrücken ganz naß und zerzaust vom Drauftreten! Es ist ganz eindeutig die Schuld Schuyls, daß sie hin ist. Bezahlt sind die Enten noch nicht! Wie ist meine juristische Lage nun? Der Transport dauerte nicht übertrieben lang, alle anderen Enten kamen wasserfest an! Nur starb dann noch ein Paar Krickenten, das waren aber ziemlich frischgefangene, die erfahrungsgemäß empfindlich sind! Die Schnattererpel balzen schon und wurden heute auf einen besonders konstruierten Photographierteich übersiedelt, der *über* dem Erdboden liegt und in Entenperspektive von der Kamera bestrichen werden kann. Weißer Hintergrund! Komisch ist die Balz von Bahamensis, die außer der Rülpsbewegung mit Pfiff wie Dafila *nur* die Kurzhochwerdebewegung hat, diese aber in übertriebenem Maße. Der Grunzpfiff mit vorne Aufrichten fehlt ihr!! Hingegen fehlt der Dafila spinicauda das Kurzhochwerden. Der überlebende Erythrorhyncha-Erpel ist tadellos gesund (auch ein Beweis, daß die Frau krank war!) und wird sicher bald zeigen, was er kann! Die kurvenmäßige Aufnahme der Erpelbalzbewegungen ist bereits zu einem Zeitlupenfilm (30er Bildwechsel nur, was aber wohl fast ausreicht!) gediehen, der Kurzhochwerden und Grunzpfiff des Stockerpels tadellos zeigt.

Vielen Dank für Ihre Habilitationsglückwünsche! Mich freut die Sache deshalb, weil sie das Anliegen der K. W. G. an das Unterrichtsministerium (Übertragung der Pension Prof. Steuers an Altenberg) sicher wesentlich erleichtert!

Ihren Antrag an die Forschungsgemeinschaft habe ich gestern glühend begutachtet, wobei ich mir selbst stark komisch vorgekommen bin. Wir leben im Zeitalter des Kindes, was aber sicher auch seine Vorteile hat! Die Respektlosigkeit vor dem Bonzen an sich, wie sie die junge deutsche Wissenschaft kennzeichnet, hat sicher sehr gute Seiten! Das klingt nun wieder so, als ob ich Sie zu den Bonzen rechnete! (Ich hab nämlich an Krueger, den Humanpsychologen dabei gedacht!) Bitte empfehlen Sie uns so stark wie immer Ihrer äußerst lieben Frau Gemahlin!

Herzlichst Ihr

Konrad Lorenz

Wien, den 16/VI. 37

Lieber Herr Doktor!
Liebe Frau Doktor!

Ich komme *vor* der D. O. G.-Tagung auf 2 Tage nach Bln., um der Reichsstelle für den Unterrichtsfilm das vorläufig Erreichte vorzuführen. Ich möchte nun gerne im Hotel Heinroth absteigen, d. h., wenn Sie mich brauchen können, ich rechne im gegenteiligen Falle mit Ihrer lieben Offenherzigkeit! Kommen Sie beide auf die Tagung der D. O. G.? Da ich mehr oder weniger hin *muß*, täte es mir sehr leid, wenn Sie nicht kämen, andererseits hätte ich Verständnis dafür. Objektiv betrachtet sollten Sie aber, schon um eine götzzitatmäßige Einstellung zu dokumentieren! Da ich den Film auch in Bln. mithabe, können Sie sich seiner Vorführung auf keinen Fall entziehen!

Verzeihen Sie bitte, daß ich so schrecklich lange nicht geschrieben habe, es war in den letzten Monaten so furchtbar viel zu tun, daß ich mit allem um 3 Wochen im Rückstand bin! Aus Ihrem Schweigen hinwiederum entnehme ich, daß die Zingel und die Schrätzer in gestorbenem Zustand bei Ihnen angekommen sind!

Mit den *aller*besten Grüßen, in Eile, gehetzt und aufgeregt Ihr alter

Konrad Lorenz

Altenberg, den 25./VI. 37

Liebe Heinröthe!

Zuerst muß ich wohl wiederum für die herrliche Gastfreundschaft danken, dann will ich gleich wieder was! Bezüglich der Gastfreundschaft kann ich mich nur wiederholen: Die Kombination von Hausschlüssel, uneingeschränkter Freiheit und dann doch abends Zuckerln auf dem Nachtkastel ist nur bei Ihnen zu finden und etwas durchaus Einzigartiges!

Das Gleich-Wieder-Was-Wollen ist Folgendes: Sufferts machen aus Liebhaberei an zahmen Mäusen sehr schöne Beobachtungen und stellen herrliche vererbungstheoretische Versuche darüber an, wie einzelne Merkmale im Verhalten herum-mendeln. Sie haben wildfarbige und viel Wildblut enthaltende zahme Tiere, aber keine wirklich rein wildblütigen und die Versuche, solche zu beschaffen, sind ihnen immer danebengelungen. Vor allem ist es, wie sie mir sagen (auch Herter, der es wissen muß, sagt das) gar nicht einfach, wilde Mäuse einzugewöhnen und zu züchten. Nun setzte ich Süffert den Floh ins Ohr, nestjunge Wilde von einer zahmen Mutter großziehen zu lassen. Ammen des richtigen Stadiums hat er unter seinen unzähligen Versuchstieren natürlich *immer*. Ich habe Süffert auf das Aquarium als Mäusequelle gehetzt, da ich zu wissen glaubte, daß Sie viele auch junge Mäuse verfüttern und daher wissen dürften, wie und woher man ein Nest voll ganz sicher wilder junger Hausmäuse kriegen kann. Sie würden durch diese gute Tat nicht nur Süffert einen großen Gefallen tun, sondern auch mir und Ihrer eigenen Schule, denn Süffert hat genau das Richtige vor, er will z. B. untersuchen, wie weit sich das Verhalten einer wilden Maus verschiedenen »Ersatzkindern« gegenüber von dem der zahmen unterscheidet, die alles Lebendige und Kleine ins Nest schleppt, auch kleine Ratten u. a. Da es mir ungeheuer wertvoll scheint, daß nun endlich einmal ein Säugetier mit unserer Fragestellung untersucht werden soll, wagte ich es, Sie damit zu belästigen.

Meine Gallinula-Pechserie hat sich würdig fortgesetzt: Es waren in meiner Abwesenheit zwei gesunde Kücken geschlüpft und zu Resis namenlosem Stolz herrlich gediehen, da schloß das Heizkissen kurz und der ganze Zauber verbrannte, -briet und -brutzelte! Zum Weinen! Meine Anas melleri-Brut ist heute geschlüpft, die ungeheure Anzahl von drei Kücken, von denen eins aber eine Gleichgewichtsstörung hat und uranoskopisch hintenüberpurzelt, also kaum zu einem idealen Vertreter seiner Art heranwachsen wird! Immerhin sind zwei besser als gar keine. Meineskleinesdeineskiki ist wie durch ein Wunder nicht mitverbrannt und unerkenntlich verändert, da eben innerhalb der Woche meines Wegseins die Konturfedern über die schwarzen Dunen gewachsen sind. Nächste Woche kommen Miß Barclay-Smith, Mr. Seth-Smith und M. Delacour nach Altenberg, ihr Ansagebrief lag vor, als ich heimkam. Mit Delacour zu reden wird für mich recht interessant sein.

Auf Wiedersehen nächste Woche in Dresden (hoffentlich wirkt die Umgebung anregend auf die Produktion einheimischer Witze!) und nochmals allerherzlichsten Dank für alles Genossene, vom Spargel über den Schaumwein bis hinauf zu der stets unglaublich intensiven geistigen Anregung, Ihr alter

Konrad Lorenz

Altenberg, den 4ten November 37
Hochverehrte liebe Heinröthe!

Ich komme unerwartet als Lenkersknecht meines Schwagers am Samstag den 6ten abends nach Berlin und fahre Montag um die Mittagszeit wieder weiter. Der Sonntag ist für meine Zwecke ungünstig, denn ich soll von Scholze und Poetschke fürs Zoologische Institut einige Fische mitbringen, daher der Start am Montag.

Hoffentlich kann ich in den anderthalb Tagen recht viel von Ihnen sehen. Das Wetter ist hier scheußlich und ich wünsche Ihnen freundlichst dasselbe, damit Sie zuhause seien!

Auf ein baldes und frohes Wiedersehen! Ihr getreuer

Konrad Lorenz

P. S. Ich habe eine Menge zu fragen aufgeschrieben, was Delacour nicht weiß!

Altenberg, den 21ten November 1937
Liebe Heinröthe!

Ich schreibe, um Dank für Gastfreundschaft und Fischgeschenke zu sagen und zu berichten, daß wir unfallslos nach Altenberg gekommen sind. Meinen Schwager haben wir noch innerhalb Großberlins *endgültig*, d. h. für die Dauer der Reise verloren, bzw. gar nicht gefunden, da er eine falsche Adresse als Treffpunkt angegeben hatte; bis seine Schwester und ich nach zweistündiger Detektivarbeit den Ort auffanden, hatte er die Geduld verloren und war weggefahren! Was hab' ich geflucht! Wir sind auf diese Weise erst so um $^1/_25$ herum wirklich aus Bln. draußen gewesen und schon um 8 Uhr in hoffnungslosem Nebel steckengeblieben und haben in Großenhain übernachtet. Am nächsten Tag sind wir in einem Aufwaschen nach Altenberg gefahren, eine ganz beachtliche Leistung! Die Fische sind tadellos angekommen, ich habe dreimal täglich mit heißem Wasser die Temperatur auf 25 Grade gebracht. Das Nannostomusweibchen hatte einige Tage lang eine Schwimmblasenstörung, die dann aber ganz verging. Daß die Pterophyllen das Schütteln so ohne weiteres vertragen, hat mich eigentlich gewundert. Wichtig zu wissen ist jedenfalls, daß man Fische im Auto unbegrenzt transportieren kann. Wenn die Reise viermal so weit gewesen wäre, hätte es auch nichts gemacht!

Ich habe inzwischen meine neue Wasserversorgung fertig gebaut, die durchfließende Menge ist jetzt mindestens das Vierfache von früher und die Teiche sehen hell und klar aus. Das *muß* sich auf den allgemeinen Gesundheitszustand auswirken! An Enten und Gänsen ist alles gesund, meine beiden restlichen Nachtreiher sind (seit März nicht mehr da) plötzlich in unverändert zahmem Zustande wieder aufgeschienen. Ich verschaffe ihnen im nächsten Frühling Weibchen (es sind wohl zwei Männer, sonst hätten sie heuer sicher gebrütet), was ganz leicht geht, da ich bei Antonius vier hier gezüchtete und schon eingeflogen gewesene Nachtreiher eingestellt habe, die ich zurückholen werde.

Zwei eigenartige Beobachtungen an Entenbastarden: Das Melleri-Stockbastardmännchen, das fast ganz wie ein Mellererpel aussieht (außer leicht glänzenden und spurenweise aufwärtsgekrümmten mittleren Steuerfedern nichts vom Stockprachtkleid), hat das flache Davonschwimmen nach dem Kurzhochwerden in ausgesprochen »hypertrophischem« Maße. Er rast wie ein verrückt Gewordener dahin und braust so, daß man es *hört*! Ferner: Das Weibchen meines Bastardpaares bahamensis-castanea *hetzt,* u. z. mit scharfer, hoher Stimme, intensiv und *sehr* häufig. Das tun nun, soweit ich bis jetzt weiß, *weder* Bahamensis, *noch* Castanea! Ich muß aber noch genau beobachten, wie weit amende meine Weibchen von den zwei Elternarten unnormal sind. Der neue, von Delacour gekommene Mellererpel sagt *auch* dreisilbig räbräbräb, statt zweisilbig, wie ein Stockerpel. Das scheint also wirklich Artmerkmal zu sein!

Ich habe alle »Schritte ergriffen«, um möglichst bald Zingel und Schrätzer zu schicken. Auch habe ich einen neuen Anlauf genommen, den sagenhaften Streber neu zu entdecken. Die Viecher scheinen einander sehr ähnlich zu sein, ich muß mich wohl aufs Flossenstrahlenzählen verlegen!

Mein Freund Seitz hat mit seinen Beobachtungen an Zichliden-Paarbildungen schon jetzt einiges sehr Interessante herausgebracht. Seine Attrappenversuche kommen mir sehr hoffnungsvoll vor! Er bearbeitet gleichzeitig beide Nanacaras, Haplochromis, Chanchito; Apistogramma und Hemichromis sollen noch dazukommen. Ich bin sehr neugierig, was dabei herauskommt.

Vielleicht kommt es im Jänner zu einem neuen Autotransport. In diesem Falle werde ich alle fünf Minuten telegrafieren, wo wir sind und wann wir uns die Hälse gebrochen haben! Meine Frau hat *furcht*bar mit mir geschimpft, weil Sie an jenem Samstag umsonst auf mich gewartet haben! Übrigens fährt dann, wenn es überhaupt zu was kommt, meine Frau einen der Wagen.

Mit vielen Grüßen von den Obengenannten und nochmals aller-allerherzlichstem Dank für alles Ihr alter

Konrad Lorenz

[Postkarte undatiert]
Ein Spießerpel fror an einer Eisscholle fest und mußte im Zimmer losgetaut werden. Währenddessen wurde er von Thomas gezeichnet. Nun schicke ich ihn Euch mit den allerbesten Wünschen von uns allen für ein recht erfreuliches und glückliches 1938!

Konrad Lorenz

Berlin, den 12. 1. 38
Meine liebe Frau Dr. Lorenz!
Haben Sie vielen herzlichen Dank für Ihren lieben Brief und die guten Wünsche, auch Ihrem Thomas vielen Dank für den Spießerpel, den wir fabelhaft finden.

Es ist wirklich rührend von Ihnen, daß Sie bei Ihrer Tätigkeit, die Ihnen ja nicht einmal Zeit läßt für Ihre Familie, auch noch an uns zu schreiben. Hoffentlich geht das alles nicht über Ihre Kräfte und Sie fühlen sich immer einigermaßen wohl.

Wir sind oft traurig, daß alles mit der K. W. G. so langsam geht und Sie so lange nicht wissen, ob aus der Sache nun wirklich was werden kann. Aber einmal muß es sich doch ausgären.

Ich weiß nicht, was der »kleine Kramer« (der wieder sehr erfreulich war) meinte, daß wir in Ihre Gegend kämen. Wir werden Ende März für ein paar Tage in München sein, aber das ist ja noch weit von Ihnen. Wir hatten große Rosinen, aber sie sind wieder zu Wasser geworden, denn mein Mann hat sich lieber für den Internat. Ornithologenkongreß entschieden. Aber es kann noch immer einmal werden mit Afrika, vielleicht im nächsten Jahr, ich hoffe es für meinen Mann.

Auf der Durchreise nach Holland wird sich doch Ihr Mann bei uns melden, oder kommt er nicht über Berlin?

Das kleine Vogelbüchlein meines Mannes ist nun im Druck, und wir lesen mit wütendem Eifer Korrekturen, solange nicht jemand kommt und was andres will, was alle paar Minuten geschieht. Ich will mich nun nächstens auch wieder auf die Taubenprotokolle stürzen und sie durcharbeiten, damit wir fürs nächste Frühjahr einen Arbeitsplan machen können und die Versuche entweder beenden oder abbrechen, denn die Tauben fressen monatlich über ein Sechstel von meines Mannes Einkommen auf!

Die Reiterei macht mir immer noch so viel Freude, und morgen soll ich meine erste Springstunde haben; ich bin neugierig, ob ich vom Gaul dabei kommen werde. Wir werden aber wohl im Anfang nicht sehr hoch springen.

Hoffentlich kriegt Ihr Mann seine Tiere gut durch den Winter. Kann man nicht Schuppen mit Moos und dergl. abdichten, oder für die schlimmste Frostzeit ein Waschhaus hernehmen; Sie dürfen dann eben keine Wäsche waschen in dieser Zeit.

Seien Sie beide und ihre Familie recht herzlich gegrüßt von Ihrer
Katharina Heinroth

Altenberg, den 22ten Jänner 1938
Verehrte liebe Heinroths!

Freundliche Einladungen lasse ich grundsätzlich nicht aus, vor allem nicht von Euch! Jawohlja, allerdings komme ich auf der Hollandreise durch Berlin, wo ich verschiedene hochdiplomatische Besuche machen soll. Vor allem, auf Rat Koehlers, bei Dr. Telschow, bzw. Pelschow (bei Koehler unleserlich, neuer Verwaltungsdir. der K. W. G., war bei Koehler, dieser schwärmte ihm über meine großartigen Eigenschaften in sehr lobenswerter Weise so lange vor, bis er (Tel-, bzw. Pelschow) den matten Wunsch äußerte, ich solle »bei Gelegenheit« bei ihm vorsprechen, was ich nun tun will). Außerdem will ich bei der F. G. über die Aussichten meines neuen Unterstützungsantrages forschen, falls der Himmel es wollte, daß man schon was Sicheres weiß (was bei der Dringlichkeit, mit der Wettstein die Sache dargestellt hat, immerhin von Ferne möglich ist), lege ich mein ganzes holländisches Honorar in wichtigen Enten an. Ich brauche unbedingt Nettium flavirostre und Anas versicolor. Außerdem möchte ich dem Zoo ein Paar der von ihm ja in Massen gezüchteten M. sibilatrix abbetteln, für die ich erst ein Interesse bekommen habe, seit der Zoo mir das Bastardpaar zwischen ihr und Stockente geschickt hat. Die wenigen Bastarde (9 ohne Stockenten-Melleri-Poecilorh. etc.), die ich jetzt habe, sagen bereits so viel Interessantes über stammesgeschichtliche Zusammenhänge der Schwimmentenbalzbewegungen aus, daß ich von Forschungseifer ganz besessen bin! Ich werde das alles mündlich erzählen.

Ich will Sonntag 30./I. hier abfahren, bin Montag 31. in Berlin und besetze meine schöne Privatwohnung von zwei Zimmern von diesem Tag 9 Uhr vorm. bis Mittwoch den 2ten Februar 1938 etwa gegen 7 Uhr abends, ruhigen Gewissens sicher im Bewußtsein der Tatsache, daß Ihr mich ruhig hinauswerft, wenn's nicht paßt oder bereits zuviel ist. Da kein Auto mitspielt, sind die Daten völlig verläßlich. Meine Frau grüßt bestens und herzlichst! Thomas, dem ich das Lob seines Spießerpels vorgelesen habe, ist vor Freude ganz dunkelrot geworden und war durch längere Zeit gebläht. Der »kleine Kramer« war jetzt eine Woche lang hier und hat erzählt, daß beide Heinroths gesundheitlich so außergewöhnlich in Form seien und glänzend aussähen. Was einen freut. Das Springen auf Equus caballus L. imponiert uns sehr!

Alles (sehr vieles) andere mündlich.
Herzlichst Ihr zudringlicher, Ihr herzlich zudringlicher
   Konrad Lorenz

Altenberg, den 22ten Feber 1938
Verehrte liebe Heinroths!
Nach Odysseeischen Rund-, Kreuz- und Irrfahrten bin ich wieder in Altenberg eingetroffen. In der Zwischenzeit war nichts gestorben, nichts weggeflogen und alles Vorhandene hatte sich von den Strapazen des Winters sehr gut erholt. Aus Holland brachte ich 1,1 Nettium oxypterum, 1,1 Knäckenten, 0,1 Bahamaente, 1,1 Spießenten und einen weißen Stockerpel mit. In Belgien bekam ich als Draufgabe auf das Vortragshonorar einen lebenden Protopterus mit, den ich mit vieler Mühe und heißem Zusatzwasser gesund bis nach Wien gebracht habe. Ich möchte ihn dem Zoologischen Institut verkaufen, was ist das Vieh wert? Bitte sagen Sie mir das gelegentlich, denn ich will das Institut nicht überhalten. Länge etwa 25 cm.

Meine Erpelbalz geht jetzt schon prächtig. Das, was Delacour als die Balz von Castanea beschreibt (siehe seinen Brief), ist ganz sicher ein Kurzhochwerden mit einem nachfolgenden, besonders herausund hochdifferenziertem »Nickschwimmen«. Nun bin ich neugierig, ob die Ente das Nickschwimmen (Kokettierschwimmen) auch hat! Bis jetzt noch nicht gesehen! Die männlichen Bastarde Castanea × Gibberifronse tun es beide. Außerdem grunzpfeifen sie, was nach Delacour keine der Elternarten tut. Nachbeobachtung ist aber erwünscht! Nilgänse brüten bereits, Graugänse treten täglich und bauen Nest, die schönste Jahreszeit!

Bei Ihnen war es wieder einmal ganzganz schön, nur viel zu kurz (was Sie selbst vielleicht nicht gefunden haben), aber ich bin buchstäblich *nirgends* so gern zu Gaste wie bei Ihnen. Ich war noch nie dort, ohne irgendeine wirklich schöne und wichtige Erinnerung sachlicher oder persönlicher Natur mit nachhause zu nehmen. Ich möchte nur nun einmal Sie beide auf längere Zeit hier in Altenberg haben. Ein Schritt dazu ist vielleicht der Umstand, daß ich inzwischen das Bewilligungsschreiben der F. G. zu meiner Erpelbalzarbeitsunterstützung bekommen habe, allerdings vorbehaltlich Devisenbewilligung. Immerhin ist das schon ein Schritt zum Werden des K. W. Institutes, da es eindeutig zeigt, daß die politischen Lügen über mich nun endgültig abgetan sind! *Wenn* aber je ein Altenberger K. W. I. für vergleichende Verhaltensforschung entsteht, so *müssen* Sie ganz einfach auf einige Wochen oder Monate herkommen. Ihre Lebensgewohnheiten werden so respektiert werden wie man bei irgendeinem empfindlichen Aquarien- oder Terrarieninsassen alle Bedingungen seines natürlichen Lebensraumes kopiert, damit er sich nur ja wohlfühlt!

Mit den allerbesten Grüßen von meiner Frau Ihr dankbarer
Konrad Lorenz

Berlin, den 7. 3. 38
Lieber verehrter Herr Kollege!

Ich würde für einen lebenden Protopterus, falls diese Art in Österreich nicht gerade massenhaft angeboten wird, etwa 50.– M verlangen, tot 5–10.– M.

Ich brauche nun allmählich mein Kohlmeisen-Entleerungslichtbild, das Sie damals für Ihre Vortragsreise nach Holland mitgenommen hatten. Sollte es entzwei sein, so lasse ich mir schleunigst ein neues nach meinem Negativ machen; bitte baldige Nachricht.

Daß Prof. Dr. Steinbacher, unser 1. Vorsitzender, vor 14 Tagen gestorben ist, und sein Sohn, der bisher am Zoo tätige Dr. Georg Steinbacher an Stelle von Priemel als Direktor an den Frankfurter Zoo geht, wissen Sie doch? Ich hörte heute Mittag unverbindlich, daß der Dresdner Zoo geschlossen sein soll. Nach Köln scheint sich niemand als Hauchocorne-Ersatz zu melden.

Mit den besten Grüßen von Haus zu Haus.
Stets Ihr

Oskar Heinroth

Altenberg, den 22ten März 1938
Verehrte liebe Heinroths!
Bitte um Entschuldigung wegen des Diapositives! Die Sache war so: Es wurde in Holland beschädigt. Ich glaubte, es sei nur die Deckscheibe, die im Eck eine Zerspringung aufwies. Als ich zurück nach Wien kam und gleich wieder Skifahren nach Tirol fuhr, beauftragte ich den Laboranten des Zool. Inst., eine neue Deckscheibe zu montieren und es dann an Sie zu schicken. Als er es auseinanderhatte, war das schichttragende Glas und nicht die Decke hin und der Mann wartete auf mein Zürückkommen und Instruktionen. Sofort nach Rückkunft schickte ich das Diapositiv (leicht durch Überklebungen gefestigt) ab und bekam am nächsten Tage Ihre zweite Karte. Da die Aufnahme zwar noch projizierbar, aber nicht anständigerweise zurückgebbar ist, bitte ich um folgendes: Lassen Sie *für sich* ein neues Dia machen, Verrechnung aus den 10 Rm., das teilzerbrochene nehme ich mit, wenn ich das nächstemal nach Bln. komme, um es meinem »Archiv« einzureihen!

Hier in Altenberg ist es jetzt prachtvoll. Man weiß nicht, auf welches Vieh man zuerst schauen soll. Während man vorne schaut, geht hinter einem was Interessantes los. Es gelangen in den letzten Wochen sehr gute Enten- und Gänsefilme. Heute kriegte ich eine Aufnahme von zwei mit Vollgas kämpfenden Nilgänserichen, die höchst eindrucksvoll wird, wenn sie gut ist. Zwei Bastardgraugänse brüten schon und eine ganze Reihe von Reinblüterinnen geht mit so dicken Bäuchen herum, daß sie heuer ganz sicher legen werden. In unglaublich großer Zahl sind heuer die Dohlen eingerückt. Es sind genau 20 Brutvögel da, so daß einigermaßen Wohnungsnot herrscht, das Gezicke und Gejüpe ist ohrenbetäubend, bis in die tiefe Nacht hinein geht es immer wieder in kleinen Explosionen los. Dabei sind die Tiere jetzt wieder viel zahmer geworden, nämlich seit ich keine Versuche mache, sie durch zeitweises Einsperren gewaltsam zahm zu halten. Das war eine ganz falsche Politik.

In absehbarer Zeit müssen Sie beide jetzt mal auf eine oder mehr Wochen nach Altenberg kommen! Im Juli ist die Tagung der Tierpsychologischen Gesellschaft, angeschlossen an die der Psychologischen. Ort: Bayreuth. Ich werde über Domestikationserscheinungen im Verhalten von Hausgänsen und Haus-Graugans-Kreuzungen reden, weil das auch für die menschliche Sozialpsychologie einigermaßen interessant ist.

Herzlich*ste* Grüße von uns beiden! Meine Frau ist vorläufig, aber vielleicht für immer, Primarärztin der ans Spital angeschlossenen Kinderabteilung geworden, was im Dauerfalle eine prächtige Stellung für sie *wäre*. Unsicher! Mit besten Wünschen von Haus zu Haus Ihr getreuer

Konrad Lorenz

Altenberg, den 28ten März 1938

Liebe Heinröthe!

Vielen Dank für das Buch! Ich habe es wie einen Roman gelesen, voll Spannung, obwohl ich 3/4 davon ja von vielen Heinroth-Abendessen kenne. Im übrigen 1/4 aber stehen Dinge, die mir erstaunlich neu sind! Bewunderungswürdig gut ist der Stil und der gewählte Grad der Volkstümlichkeit. Grade recht! Sie haben eine ganz spezielle Gabe, die kompliziertesten Sachverhalte so darzustellen, daß jeder Idiot sie wirklich verstehen muß. Das ganze Buch ist eigentlich ein *Kompendium biologischer Weltanschauung*, erläutert an anschaulichen Beispielen aus der Vogelwelt, ich kenne eine Menge von Leuten, denen ich das Buch zu lesen geben muß, als Einführung in die Biologie. Ich prognostiziere dem Buch einen großen Erfolg und beglückwünsche Sie herzlichst zu ihm! Von einem befreundeten, feinsten Kenner solcher Dinge müssen Sie sich das gefallen lassen. Übrigens: Das Jagdfasanei, das die Beobachtung lieferte, wurde komischerweise vom »Kleinen Kramer« in Altenberg mitten auf einem Fahrweg durch den Auwald liegend gefunden! Wunderschön ist an dem Buche der gänzlich ungezwungene Ton, ganz wie bei Heinroths nach dem Nachtmahl, ich *höre* Ihre Stimme, wenn ich das lese!

Die fremde Graugans ist noch immer da! Nach zwei Tagen hatte sie heraus, daß das Streuen von Körnern kein Angriff meinerseits, sondern ein Futterspenden ist. Sie kam gestern schon bis auf 6 m an mich heran, was ganz erstaunlich ist, wenn man die Scheuheit im Freien in Betracht zieht. Im oberen Garten, wo ich seltener hinkomme, ist sie merklich scheuer. Die drei freifliegenden Nilganspaare haben jetzt eine auf Meter genaue Gebietseinteilung, ich muß jedes Paar besonders in seinem eigenen Landbesitz füttern gehen!

Graugänse und gar Enten werden von den Grenzen *nicht* betroffen! Ich habe eine gute Filmaufnahme von Gänsepaarung mit Lexheinzereaktion der umstehenden Artgenossen gekriegt, steil von oben aufgenommen, in der Mitte das Paar und von allen Seiten hereinragend die »Drohhälse« der gereizten Gänse, die nicht tätlich zu werden wagen, weil der tretende Gansert der gefürchtete Großpapa ist.

Ich will auf der Tagung der Ges. f. Tierpsychol., die heuer in Bayreuth zusammen mit der D. G. f. Psychol. vor sich geht, über »Ausfälle im Instinktverhalten von Haustieren und ihre sozialpsychologische Bedeutung« sprechen. Da kommen dann die Zitate von den kartoffelausbrütenden und frettchenführenden Cochins grade zurecht. Im Grunde genommen betreffen alle diese Ausfälle nicht die Instinkt*handlung* selbst, sondern fast immer nur deren *Auslösungsbedingungen*. Die »Verbummelung« ist immer ein Ausfall von Einzelmerkmalen des »angeborenen Schemas« und eine dementsprechende *Erleichterung der Auslösung*. Wie viele Bedingungen müssen nicht erfüllt sein, daß sich eine »anständige« reinblütige Graugans treten läßt, und wie leicht geht die betreffende Reaktion bei einer dicken Hausgans los! Da möchte ich zu Ihren Ausführungen über das Werturteilen der Menschen über die Elternliebe, Treue, usw. usw. der Tiere Folgendes sagen: Ich glaube, der Mensch hat angeborenermaßen einen Abscheu vor Menschen, die Triebverbummelung haben. Dieser Abscheu hat auch sicher seinen arterhaltenden Wert, denn auch beim Menschen gehen vielleicht oft verbummelte Paarungstriebe mit ebensolchen Brutpflegereaktionen einher, wie z. B. bei meinen Grauganshausganskreuzungen. Übrigens haben auch die Grauganserte einen Abscheu vor diesen »Straßendirnen«, die sich von jedermann treten lassen: Sie werden zwar oft getreten, aber niemand ist je in sie verliebt, niemand schreit mit ihnen Triumph oder spielt sich vor ihnen auf, wie man es vor einer anbetungswürdig zurückhaltenden Reinblüterin tut! Die soziale »Moral« des Menschen ist also ganz sicher zu ganz großem Teile auch was Angeborenes und man müßte demnach das alles ganz scharf von den traditionell tabu- und »pflichtmäßigen« sozialen Handlungen des Menschen scheiden. Bevor ich das Ms. des Vortrages an Prof. Jaensch schicke, kriegen Sie es noch mit der Bitte um Kritik!

Mit vielen Grüßen herzlichst Ihr

Konrad Lorenz

Altenberg, den 16ten Juni 1938

Liebe Heinroths!
Ich schreibe im Wesentlichen, um Euch die ebenso aufregende wie erfreuliche Mitteilung zu machen, daß Prof. v. Wettstein vor einigen Tagen hier war und mir mitteilte, daß mein K. W. Institut voraussichtlich schon in diesem Herbst ernstlich in Schwung kommen werde. Telschow und Staatsminister Schmidt-Schlettow hätten sich in der letzten Senatssitzung aufs Wärmste *für* das Projekt ausgesprochen. Die K. W. G. sei kein Freund von kleinen Klitschen; da Devisenknappheit nicht mehr als Hindernis fungiere, solle nun endlich alles in größerem Maßstabe in Angriff genommen werden. Ich solle sofort einen Vorschlag bauen, in dem ich an Neuanschaffungen bis zu 10000 RM und an Etat bis 1000 RM monatlich anfordern solle, ferner 2 Assistenten und 2 Laboranten. Von alledem würden vermutlich so rund drei Viertel bewilligt werden. Außerdem solle ich eine kurze Auseinandersetzung über späteren Ausbau, vor allem Neubau eines Institutsgebäudes unabhängig vom Lorenzschen Privathaus beigeben, mit einem angedeuteten Arbeitsplan für später. Da habe ich wie auf einem Wunschzettel vor dem Christkindl alle Wünsche zusammengestellt, die wir so haben, keinen Luxus, aber alle wirklich wesentlichen Forschungsbehelfe. Vor allem eine gute Filmkamera. In bezug auf den Ausbauplan habe ich vor allem die Notwendigkeit einer reflexphysiologischen Ausrüstung und v. Holst als Mitarbeiter betont, zur physiologischen Untermauerung unserer tierpsychologischen Forschungen. Sehr erfreulich ist mir, daß ich, wie auch die prospektiven Assistenten und Laboranten, nicht aus dem Etat und überhaupt nicht von der K. W. G. bezahlt werden würden, sondern von der Wiener Universität, d. h. von dem Berliner Unterrichtsministerium aus, Minister Wacker ist schon im Bilde und *dafür!* Ich glaube, jetzt kann man mir schon allmählich zu gratulieren anfangen. Erinnern Sie sich noch, wie traurig mein damaliger Versuch, zu Telschow zu gelangen, im Anfang aussah? Wir freuen uns natürlich irrsinnig, nur bin ich vor lauter Arbeiten ganz hin, es ist schrecklich aufreibend, so lebenswichtige Dinge zu erleben, Entschlüsse zu fassen und Pläne zu schmieden und gleichzeitig nicht zu vergessen, daß man eben die Flamme im Brutofen höher geschraubt hat und bald nach der Temperatur sehen muß, oder wann man die hochwichtigen Stockspießbastarde zuletzt

gewendet, gefüttert, gewässert etc. hat. Aber schön ist es, ob was draus wird oder nicht!

Bevor ich wirklich zu bauen anfange, werde ich Ihnen noch die Pläne ganz genau zur tiergärtnerischen Begutachtung vorlegen oder »unterbreiten«, wie es so schön heißt. Eigentlich müßten Sie ja beide auf einige Zeit herkommen, Pläne ausbrüten helfen. Wenn der »große« Plan zur Ausführung kommt, so müssen wir ja auch für eine gute, wenn auch nicht zu große Seewasseranlage sorgen. Da möchte ich dann geradezu bitten, ob ich nicht mal zu Ihnen praktizieren kommen darf. Ich muß überhaupt eine kleine Zoo-Studienreise einschalten, irgendwann im Winter, wenn hier nicht gar zu viel los ist! Erstklassige Tierhaltung ist ja noch weit ausgesprochener die Mutter der Tierpsychologie, als Vorsicht die der Porzellankiste.

Schließlich noch eine Bitte: Haben Sie noch irgendwo einen Sonderdruck Ihrer Arbeit über das *Baden der Vögel* und, wenn ja, könnten Sie ihn unter stärkster Garantie unbefleckter Rücksendung leihweise schicken? Ich habe nämlich die sehr brave Mrs. M. M. Nice junge Rotschwänze, Girlitze und Elstern aufziehen und an ihnen das Reifen der Badebewegungen studieren lassen. Nun möchte sie um jeden Preis Ihre Arbeit diesbezüglich lesen und weint mir darob die Ohren voll. Sie ist sehr gewissenhaft und der Sonderdruck bei ihr besser aufgehoben als bei mir alleine!

Die Vögel sind hier z. T. sehr gut. Die Bastardzuchten sind fast alle schiefgegangen, nur eine mit Spießerpel verheiratete Stockente hat in letzter Stunde, d. h. als der Erpel schon zu mausern begann, ein Gelege von 15 (!) Eiern erzeugt, die sämtlich befruchtet und bemerkenswerter Weise in nur 14 Tagen gelegt sind. Die zwei Eier an einem Tag sind *einwandfrei* von Nice und Lorenz nachgewiesen worden!

Die Schwierigkeit bei diesen Versuchen sind die ungleiche Brunstzeit und die mangelhafte gegenseitige Beeinflussung der Partner. Beim ersten *und* beim zweiten Gelege dieser Stockente war der Erpel noch nicht tretbereit, dann war *sie* erschöpft und tat eine große Pause. Bei einem Haare wäre ihr drittes Gelege für den Erpel zu spät gekommen. Hoffentlich passiert nichts! Die Dohlen haben so viele Junge, daß sie mit den soeben zurückkommenden Einjährigen jetzt den Himmel verfinstern. Wir haben in 7 Nestern genau 30 Junge beringt, weit mehr als doppelt so viele als im Vorjahr! Im

Ganzen sind jetzt etwa 50 Dohlen da. Anatiden sind jetzt mit den jungen so viele, daß man von der schwarzen Suppe im Teich kaum was sieht, wenn abends die ganze Gesellschaft drauf schwimmt.

Rüppell und Siewert haben mir noch sehr lange Zähne gemacht, wie schön es in der Camargue war. Trotzdem bin ich froh, daß ich zurückkam, denn es war wirklich nötig.

Anfang Juli fahre ich nach Bayreuth auf den Psychologenkongreß, auf Einladung des Präsidenten dieses, der mir von selbst eine um ein Drittel verlängerte Redezeit zu meinem Vortrag »Ausfälle im Instinktverhalten von Haustieren« angetragen hat, der brave Mann! (Jaensch)

Meine Frau läßt sehr sehr grüßen! Ebenso die Kinder! Ebenso Ihr getreuer

Konrad Lorenz

Berlin, den 21. 6. 38

Lieber Kollege Lorenz!

Es freut uns natürlich von Herzen, daß Ihre Sache nun hoffentlich den gewünschten Fortgang nimmt. Ich hatte in der Beiratssitzung, die der Senatssitzung vorausging, noch einmal tüchtig in Ihrem Sinn geschürt, und besonders auch Herrn Bosch und Telschow sowie namentlich Wettstein auf Sie aufmerksam gemacht. Leider war Hartmann damals gerade in Neapel.

Wie ich soeben von Prof. Koehler, Königsberg, erfahre, tagt die Tierpsychologie vom 22.–24. Septbr. in Berlin, und ich habe mit Stresemann verabredet, daß die Jahresversammlung der D. O. G. sich dann unmittelbar anschließt: Koehler will sie auch mitmachen, und dann zu dem ornithologischen Kurse nach Rossitten fahren.

Ein Sonderdruck über das Baden der Vögel von mir besteht deshalb nicht, weil ich darüber nie etwas Zusammenhängendes geschrieben habe. Ein paar Sätze finden Sie im Springer-Heinroth »Aus dem Leben der Vögel« unter Gefiederpflege auf S. 96/97. Da ist mir nun eingefallen, daß ich ja gleich etwas über das Baden der Vögel schreiben könnte, das, wenn es in 5 Tagen fertig ist, Stresemann in die Monatsberichte aufnehmen will, die im Juli herauskommen. Ich würde Ihnen dann gleich einen Durchschlag des Manuskripts schicken und Sie können behaupten, daß die Arbeit im 4. Heft der Monatsberichte 1938 erschienen ist.

Bei Siewert, der vorgestern hier war, führt ein Graugansspaar vier Junge. Seine beiden Schneehuhn-Weibchen brüten auf unbefruchteten Gelegen, da er keinen Hahn hatte. In letzter Stunde bekommt er aus Schweden 14 Eier aus der Freiheit zum Unterlegen. Eine Auerhenne führt 2 selbstersbrütete Küken und hat sonderbare Führungs- und Warnlaute, kein Wunder, daß junge Auerhühner sich nicht um eine Haushuhnglucke kümmern. Ferner hat er aus dem hintersten Oesterreich ein Haselhuhngelege durch Krätzig unter Radio-pax holen lassen; die Eier sind dem Schlüpfen nahe und lebendig in der Schorfheide angekommen.

Hier führen 2 flugfähige Tadorna-Paare 4 und 6 Junge. Die Männer führen mit wie Ganserte. Im großen Flugkäfig hat eine Heringsmöwe mit einer Heringssturmmöwe eifrig abwechselnd gebrütet, und sie haben jetzt zwei oder drei ganz kleine Junge.

Uns geht es gut, und wir hoffen von Ihnen allen dasselbe.

Mit vielen herzlichen Grüßen Ihre

Heinroths

Altenberg, den 12ten September 1938

Hochverehrte liebe Heinroths!

Wie aus dem Programm der Tagung ersichtlich ist, befinde ich mich im Anrollen. Ich komme am Montag, den 19ten morgens an, weil ich bei der Reichsstelle und Rüppell verschiedenes bezüglich des Gänsefilmes zu besprechen und auch vorzuführen habe. Auch muß ich Ihnen selbst noch meine Schwimmentensystematiktabelle unterbreiten und vor allem noch Knochentrommeln lernen. Mein Vortrag über Erpelbalz wird sehr langweilig, aber genau und auf ehrlichster Detailschinderei aufgebaut, dem, was Sie so recht als »Pflichtaufzuchten« zu bezeichnen pflegen. Ich bin sehr gespannt auf die Taubenehen!

Wie immer möchte ich auch jetzt furchtbar gerne bei Ihnen wohnen. Rauswerfen bzw. nicht einladen dürfen Sie mich aber etwas eher als die vorherigen Male, das heißt Sie dürfen den »Mitleidfaktor« diesbezüglich etwas geringer walten lassen, da es bei uns mit dem Geld *etwas* besser ausschaut. Andererseits aber sei gestanden, daß ein Berliner Aufenthalt, *ohne* bei Euch zu sein, nicht die halbe Freude ist! Ausgesprochene Sehnsucht!! Viel zu erzählen, zu erfragen usw. usw. usw.

Sehr neugierig bin ich, was Sie zu der Tagung der Tierpsychologen sagen werden. Ich bilde mir ein, daß das Programm heuer *viel* besser ist, weniger Programmgequatsch und mehr Ergebnisse. Apropos Ergebnisse, erinnern Sie mich dran, daß ich Ihnen von den Chromidenversuchen meines Freundes Seitz erzähle. Der kann bereits ganz unglaubliche Dinge mit Attrappen auslösen, z. B. Hemichromismännchen völlig reinlich und getrennt auf Befehl balzen oder kämpfen lassen, herrlich!

Ich freue mich schon sehr auf Berlin, das Aquarium samt menschlichem und tierischem Inhalt zieht mich mächtig!

Mit herzlichsten Grüßen, auch von meiner Frau, Ihr alter

Konrad Lorenz

Berlin, den 15. 9. 38

Mein lieber Kollege Lorenz!

Heute früh kam Ihr Schreiben vom 12. 9., und wir freuen uns natürlich sehr, Sie am Montag Morgen wieder bei uns aufnehmen zu können. Vielleicht schreiben Sie uns noch, wann der Zug hier eintrifft.

Hoffentlich werden die Sitzungen lehrreich und die Tagungen nicht zu anstrengend: wir haben so ziemlich zu allem zugesagt.

Mit vielen herzlichen Grüßen, auch an Ihre liebe Frau, in alter Freundschaft Ihre

Heinroths

Altenberg, den 22ten Dezember 1938

Liebe Heinroths!

Ich komme mir wie ein Schwerverbrecher vor, daß ich auf Euren lieben Brief so lange nichts geantwortet habe. Ich bin aber punkto Schreiben so weit demoralisiert, daß ich grundsätzlich nur auf die allergröbsten der mir zugehenden Schreiben prompt reagiere, ich komme einfach nicht mehr nach, gegenwärtig arbeite ich mit Hochdruck, um die Haustierinstinktausfallarbeit für die Zschr. angew. Ps. endlich aus dem Haus zu bringen (das ist das allerunerfüllteste von meinen schwebenden Versprechen an rund 8 Manuskripterwartende Leute. (Lersch, Nice, Klaudat, Molitor, Stresemann, Hämmerling, Biologisches Zentralblatt, Umschau, Forschungen und Fortschritte, also selbst wenn man die Forschungen und die Fortschritte als eines rechnet [was den wirklichen Forschungsfortschritten nicht immer entspricht!!] sind es sogar 9!!)

Ihr Brief hat mich wirklich furchtbar gefreut, weil daraus hervorgeht, daß sich big-fellow-luluai-belong-Aquarium wirklich wohl bei uns gefühlt hat. Er fliege im Frühling wieder her, wenn mit Tieren mehr los ist, und die Gattin den letzten Flug vergessen hat, der, nach dem hiesigen Wetter beurteilt, fürchterlich gewesen sein muß!

Die eben vorüber gegängene Kälteperiode war hier ganz fürchterlich, zumal sie so ganz plötzlich einsetzte. Es haben sie aber alle Vögel gut überstanden, auch die kleinen Enten. Ich habe jetzt auch Krick-, Knäck-, Kastanien- usw.-enten ins Freie gesetzt, wo sie wie durch ein Wunder plötzlich ganz zahm sind. Es geht ihnen so viel besser und ich brauche im nächsten Jahre alle Sondergehege für große Enten. Das durch Monate vermißte Stockmelleri-F1-Bastardweibchen ist soeben wieder erschienen und war sofort wieder so zahm, daß ich es (eben vor einer Viertelstunde) bei der Fütterung mit der Hand greifen und stutzen konnte. Die wird im Frühling mit ihrem Bruder zusammengesperrt, ich möchte wissen, ob da irgend eine Aufspaltung zwischen Stock und Meller eintritt!

Leider fehlt seit gestern mein schöner Sibilatrixmann, sehr traurig, er war nicht amputiert, nur gestutzt und ich vermute, daß er heimlich genug Federn regeneriert hat, um davonzufliegen. Oder hat ihm jemand die Stümpfe ausgezogen???

Ich habe mich in den letzten Sonnentagen des Jahres mit dem Photographieren von Balzen abgegeben, mit einigen Erfolgen. Schauen Sie auf den beigelegten Bildern an, wie beim Abauf eine Wassersäule aus der Oberfläche gezogen wird! Und wie es beim Grunzpfiff nachher noch lange Tröpflein regnet. Bei der kurzen Reaktionszeit so eines Vogels sind wahrscheinlich auch diese unserem bloßen Auge völlig unsichtbaren »Wasserkünste« optisch wirksam.

Meine angeblich beginnende akademische Karriere hat sich zunächst darin ausgedrückt, daß ich vorgestern meinen ersten Doktorsohn, nämlich Seitz, prüfen mußte, u. z. als erster Prüfer. Es war – nachträglich betrachtet – sehr komisch, weil wir beide wirklich feierlich und aufgeregt waren, ich habe ihn aus lauter Gewissenhaftigkeit wahnsinnig lange und streng geprüft, er hat überaus viel gekonnt. Versluys hat ihm auch eine Auszeichnung gegeben, jetzt strahlt er und lernt »den Kant« für das Philosophicum. Wettstein schrieb, er würde die Aufnahme Altenbergs als Außenstation des Dahlemer K. W. I. f. Biologie in der nächsten Sitzung beantragen, das ist aber schon viel zu lange her und es scheint wieder mal schiefgegangen zu sein. Ähnliches gilt für Telschows RM 3000, die ich gleich kriegen sollte und immer noch nicht habe. Dafür scheint an der Wiener Universität alles wirklich zu klappen, und wenn ich den Lehrauftrag habe, so ist damit viel gewonnen! Es gibt Anzeichen dafür, daß dies wird, die Dekanatsdiener und der Pedell sagen Herr Professor zu mir und vorgestern hat mir der Paläontologe Ehrenberg herzlich gratuliert, ich weiß nicht wozu, und er wußte es offenbar auch nicht so ganz genau, aber irgend etwas tut sich.

Schließlich habe ich noch Bitten: Ich arbeite (wie oben bemerkt) mit Hochdruck an der Haustierinstinktstörungsarbeit für Lersch (Zschr. angew, Psychologie) und dazu möchte ich furchtbar gern, wenn es leicht geht, einige »*phot. O. Heinroth!*« Zum ersten: ein Bild von Stock- und Hausenten, wenn möglich eine mir erinnerliche Aufnahme, wo eine Stock-, ein Zwerg und ein großer dicker Hauserpel, ich glaube Rouen, nebeneinanderstehn. Dann detto in Taube. Haben Sie irgendeine Aufnahme von einem möglichst verrückt überzüchteten Kröpfer, den man neben eine Felsentaube stellen könnte? Wenn nicht, bitte ich recht sehr um irgendeine gewöhnliche Felsentaubenaufnahme, die ich einem anderswoher beschafften Kropfbildnis gegenüberstellen kann. Drittens möchte ich im Bilde zeigen, wie die Steilschwänzigkeit des Haushahnes eigentlich kein morphologisches Merkmal, sondern die Übertreibung einer Imponierhaltung ist, die der Bankiva nicht so andauernd einnimmt, und dazu möchte ich gerne ein Bild von einem möglichst flachschwänzig dahinschleichenden Hahn (Sommerkleid?) und eins von einem möglichst prahlerisch-steilschwänzigen. Dann möchte ich noch gerne ein Bild bringen, daß Sie wohl nicht haben, nämlich nebeneinander: a) Die wilde Höckergans in Ruhe b) Drohstellung dieser (oder irgendeiner anderen Wildgans) mit erhobenem Kinn und Steiß und c) die domestizierte Höckergans, bei der diese Prahlstellung zum dauernd zur Schau getragenen Gestaltmerkmal geworden ist. Das wäre doch sehr eindrucksvoll! Wenn Sie mir wirklich diese drei Bilder, Ente, Bankiva und Taube zu meiner Arbeit geben könnten, wäre ich unendlich dankbar!

Seit Schnee liegt, sind unglaublich viele Dohlen zuhause, es ist unmöglich, sie zu zählen, es müssen über 40 sein. Da fast alle Ringe anhaben, dürften nicht viele fremde darunter sein. Sie sind etwa so zahm wie mittelscheue Haustauben und kommen mit den Enten zum Futter.

Alles Schöne und Gute zum Christkindl und zum neuen Jahr! Möge keine Ichthyophthirius Eure Fische und kein Aspergillum Eure Eiderenten besuchen. Viele, viele Grüße von Ihrem getreuen
Konrad Lorenz

(Berlin), 28. 12. 38

Lieber Kollege Lorenz!

Nehmen Sie unsern besten Dank für Ihren Brief nebst Bildbeilage vom 22. Wir erwidern Ihre Weihnachts- und Neujahrsgrüße herzlich, und ich bin heute darangegangen, für Ihre Haustier-Sache etwas Geeignetes auszusuchen.

Ich gebe Ihnen natürlich alles, was in den Vögeln Mitteleuropas dargestellt ist, da es sich ja nicht um einen Verdienst handelt, und schicke Ihnen außerdem eine ganze Auswahl von Bildern, die ich aber zurückhaben möchte, da sie aus dem Beleg meiner Bildersammlung stammen.

Leider habe ich die wilde Höckergans nie aufgenommen, aber unser Photo-Fräulein im Zoo will nachsehen, ob im dortigen Archiv etwas ist. Nur ist dort auf besondere Stellungen und Gemütsausdrücke meist nicht geachtet. Außer den beiliegenden Bildern kann ich noch mit einem ruhig, aber hochschwänzig dastehenden Hamburger Silberlack-Hahn dienen, das Bild ist klein, kann aber vergrößert werden.

Geeignete Aufnahmen von Rassetauben und -hühnern bekommen Sie vielleicht durch den Verlag der Geflügelbörse Leipzig, die ja oft Photos von prämiierten Stücken bringt. Zwei am Schwarzen Meer von mir aufgenommene sehr entwickelte Lockengänse können Sie auch kriegen, sonst empfehle ich auch noch Japanische Strupp-Zwerghähne (vielleicht Geflügelbörse?). Wie wäre es mit Holländer Weißhauben und ganz steilen indischen Laufenten?

Auch hier war es recht kalt, jetzt herrscht Schnee und beinahe Tauwetter. Weihnachten haben wir zu Hause verlebt mit Besuch meiner Schwiegereltern aus Breslau.

In der Hoffnung, daß es Ihnen allen gut geht und ich bald etwas über Ihre Bilderauswahl höre, bin ich mit besten Grüßen von Haus zu Haus Ihr getreuer

Oskar Heinroth

Berlin, den 4. 1. 39

Lieber Kollege Lorenz!

Soeben bringt mir Dr. Schmidt-Schaumburg die beiliegenden Photos; vielleicht können Sie etwas davon gebrauchen. Ich bitte nur um baldige Rücksendung, da es ja eine Gefälligkeit dieses Herrn ist.

Die Delacour'sche Anatidenarbeit ist ja nun im Oxforder Kongreßbericht erschienen und ich stimme im allgemeinen mit seiner systematischen Auffassung überein. Warum ändert er aber die im British Catalogue alt eingebürgerten Namen Plectroperinae und Fuligolinae in Cairininés und Nyrocinés! Auch hätte ich die Gruppe III, die doch im wesentlichen aus Cloephaga und den Casarca-artigen im weitesten Sinne besteht, nicht nach der ganz ausgefallenen Form Céréopsinés genannt. Bei den Schwänen habe ich auszusetzen, daß Coscoroba nicht ein graues, sondern doch wohl ein gänseartiges, also buntes Dunenkleid hat. Auch ist der Schwarzschwan nicht die »einzige« Anatide, bei der sich die Geschlechter im Brüten ablösen, denn bei Dendrocygna kommt anscheinend sowohl reine Mannesbrut als auch Ablösung der Geschlechter vor.

Hier herrscht jetzt wieder Tauwetter. Von der Firma Tiergarten in St. Veit an der Glan kaufte ich neulich 3 angeblich reine und, wie die Firma sagt, aus Bosnien jung aufgezogene C. livia. Sie scheinen mir übrigens echt zu sein und machen einen guten Eindruck. Kennen Sie diese Tierhandlung näher, sie war in der »Gefiederten Welt« angezeigt?

Mit den besten Grüßen von Haus zu Haus stets Ihr
Oskar Heinroth

Altenberg, den 9ten Jänner 1939

Verehrte liebe Heinroths!

Vielen vielen Dank für die unglaublich durchgreifenden Bilderbemühungen! Diese haben zur Folge, daß ich einen ganzen Teil über körperliche Domestikationserscheinungen zu der Arbeit dazugebaut habe, zu dem ich vorher zu faul war. Nötig ist es aber, denn die Humanpsychologen haben ja keine Ahnung, wie sehr alles Großstadt-Menschliche körperliche und seelische Haustierverbummelung ist. Ich will eine Bilderreihe in eine Tafel vereinigen, immer links die schöne Wildform und rechts davon, wo es geht in zwei Stufen, die Hausform. Ganz unten kommt dann links eine menschliche Idealgestalt und als Haustier ein hängebäuchiger kurzbeiniger Mopskopf. Ich will nämlich herausarbeiten, wie sehr unser ästhetisches Schönheitsempfinden am Menschen das »Wilde« als schön und die Domestikationserscheinung als häßlich empfindet. Ich will als menschliche Vertreter der Haus-Wild-Reihe als Wildform einen griechischen Hermes und als Hausform einen mopsköpfigen Silen hinstellen, um zu zeigen, wie schon die alten Griechen so empfunden haben. Mein letztes Kapitel über Domestikationserscheinungen beim Zivilisationsmenschen beginnt mit dem vollen Zitat der Schlußsätze der »Beiträge«. Ich lege das sehr stark zusammengestrichene Auto-referat der Arbeit bei, das in den Kongreßberichten erschienen ist. Eben heute erhielt ich die Parte des Präsidenten der D. Ps. G. Professor Klemm, ein jung aussehendes Prachtexemplar von 54 Jahren, was dem gefehlt haben mag!

Die Bilderliste zu meiner Arbeit sieht jetzt, mit Ihrer tatkräftigen Hilfe, folgendermaßen aus : 1) Der Rückenflug einer Dohle nach Schmalfilm aus meiner Flugarbeit im J. f. O. (bezieht sich auf Übertreibung derselben Bewegung bei Purzeltauben) 2) Ihre *Felsentaube* neben dem *Kröpfer* (Schmidt) 3) Der flachste neben dem steilsten *Bankivahahn* (daß ein Haushahn immer so aussieht wie das zweite

Bild, weiß ja selbst ein Humanpsychologe). Dann kommen eine Reihe Bilder aus dem Gänsefilm, ein Bild von kämpfenden Nilgansarten mit zusehendem und anfeuerndem Mädchen. Leider habe ich nie ein Bild von einem Haufen eine Ente vergewaltigen wollender Stockerpel gemacht, was eine Kleinigkeit gewesen wäre, muß ich heuer nachholen, fürs Buch, wenn's für die Arbeit zu spät wird. Im letzten Kapitel kommt dann dort, wo es sich um das Schönheitsempfinden des Menschen für seine Artgenossen handelt, die oben erwähnte Reihe, u. z. Stock- und Hausente, Graugans-Hausgänse (letztere beide Schmidt-Schaumburg-Bilder, erstere Ihr alter Gansert Schwarztafel 233, Bild 10), detto in Cygnopsis (S.-Sch.), detto in Cairina (mit Hinweis auf die kurze Domestikation), Bankivahenne neben der hellen Brahma (von S.-Sch.) Dann Wolf (kriege ich hoffentlich von Antonius) neben dem Mops (oder soll ich den Bulldog nehmen? Halt! den Pekineser nehm ich!) von S.-Sch. und schließlich, den Menschen am unmittelbarsten treffend, ein Wild- und ein Hausschwein. Ersteres muß ich noch irgendwie auftreiben, vielleicht hat Antonius, den ich sowieso morgen besuchen muß, etwas Gescheites, das Hausschwein könnte noch häuserner und noch schweinischer sein als das von Schmidt-Schaumburg, aber es genügt! Dann ganz zum Schluß kommt Hermes und Silen (Sie ahnen nicht, wie die zu Wolf und Pekineser passen, ebenso wie zu Ihrem Grauganter und der dicken Hausgans). Soll ich ganz oben den Schleierschwanz neben einem Normalkarausch einbauen, um zu zeigen, daß homologe Mutationen schon beim Fisch vorkommen? Überhaupt: Ratschläge und jegliche Kritik *herzlichst* erbeten!

Der Einfachheit halber teile ich die Bilder beim Rückschicken in erbetene und nicht-erbetene ein. In welcher Weise habe ich mich Herrn Schmidt-Schaumburg zu nahen und was werden seine Bedingungen sein?

Hier war es nochmals sehr kalt, so daß aufgehackte Löcher in einer Viertelstunde wieder zu waren, wenn nichts darin schwamm. Gottseidank aber hat meine gute schöne neue Wasserrinne nie versagt, sie hat oben eine dicke Eishaube gekriegt und unten fröhlich weitergeronnen, so daß wenigstens beim Einfluß in den oberen und den unteren Teich immer etwas offenes Wasser war. Dementsprechend sind alle Enten weit besser überwintert als je bisher. Es waren in den kalten Tagen unglaubliche Mengen von Dohlen hier, sicher auch fremde. Ich habe in den Fasanenkäfig ein Loch geschnitten und reusenartig nach innen gezogen und mit dieser einfachen Vorrichtung 35 Saatkrähen und eine Menge fremde Dohlen gefangen und beringt. Die Krähen waren meist alte, die Dohlen sämtlich diesjährig. Zum Schluß sind mir die Ringe ausgegangen, und ich habe jetzt noch 10 unberingte Saatkrähen aufgehoben, für die ich heute aus Wien Ringe hole. Gestern hat ein Schnattererpel, der nebenbei bemerkt auf einem Fuß schwer hinkt (Nilgans!), einen riesigen Eisklumpen am Schnabel gehabt, der diesen von der Spitze bis zu den Mundwinkeln einbettete. Der Vogel ist sonst dick und gesund und hat nach Entfernung des Klumpens keine Krankheitserscheinungen gezeigt. Komisch! Ganz wie die Lietzen in Berlin, aber wieso eine Ente, wieso gerade diese und wenn, wieso nicht andere auch? Mein weißer Stockerpel ist bei der Kälte zurückgekommen, ebenso und mit ihm verheiratet mein weiblicher Mellerstockbastard, ebenso mein weiblicher Fleckstockbastard. Ersteres Weib konnte ich greifen und stutzen, letzteres noch nicht, weil sie sah, wie ich die erste fing. Es ist unglaublich, wie schnell so ein Vieh weiß, daß man unter den hundert anderen gerade *es* fangen will. Seit kurzem balzen die Flavirostre sehr stark, der Erpel hat eine ganz verrückte Bewegung, als ob *er* hetzte, er droht mit aufgerissenem Schnabel nach dem von der Ente durch Hetzen bezeichneten Gegner und sagt dazu ein schrill pfeifendes Gewisper ritwitwitwi, im nächsten Augenblick richtet er den Kopf hoch auf und sträubt seine Haube erstaunlich groß und hoch. Die Ente ist unglaublich aktiv und hetzt ununterbrochen. Hoffentlich züchten sie, ich möchte sehen, wie sich viele zusammen verhalten!

Delacours Arbeit habe auch ich mit Übereinstimmung gelesen, nur sagt er gar nichts darüber, *warum* er so einteilt. Er sagt nur, das Komportemang und die Parade d'Amour sprächen dafür, aber nicht, worin sie dafürsprechen. Er kennt dabei unglaublich viel, verläßt sich aber ganz auf seine – im grundsätzlichen immer richtige – Intuition, ohne sich darüber klar zu werden, welche Merkmale diese Intuition leiten. Wunder gibt's keine und jedes solche intuitive Erfassen von Zusammenhängen ist ein Reagieren auf unanalysierte Merkmal-Komplexe. Will man beweisen und lehren, so muß man sich der Mühe unterziehen, die Grundlagen seiner intuitiven Urteile zu analysieren. Diese Aufgabe ist die wesentliche aller wissenschaftlichen Forschung. Der Intuitionslose ist ein trockner Schleicher und bringts zu nichts, der die Intuition nicht Analysierende bleibt ein Mystiker und hoffnungsloser Quatschkopf.

Heute abend bin ich im Rathaus zu einem heiligen Abendmahl der Kaiser-Wilhelm-Gesellschaft eingeladen, Einladung: »Präsident Bosch beehrt sich«. Bin neugierig, ob ich was mich Betreffendes höre, wahrscheinlich gar nichts. Seitz stuckt am Philosophicum und stammelt wirr von »transzendentalem Schematismus« und »Ding an sich«.

Mit den allerbesten Grüßen von Haus zu Haus Ihr alter
Konrad Lorenz

P.S. zwei Tage später

Inzwischen war das berühmte K. W. G.-Diner, ich habe nicht das Geringste über den Stand meiner Dinge erfahren, was mich geärgert hat, so daß ich dann justament nicht gefragt habe. Es wird schon wieder einmal schiefgegangen sein. Dafür scheinen die Schangsen auf der Wiener Universität sehr gut zu stehen. Ich wurde vom Rektor aufgefordert, den Haustiervortrag an politisch exponierter und wichtiger Stelle im Deutschen Klub zu halten. Damit entsteht die Frage nach Diapositiven, u.z. sämtlicher Bilder meiner Arbeit, eher noch einiger mehr. Würden Sie mir erlauben, von Ihren Negativen Dias machen zu lassen und wenn wie? Und wie wäre das mit Herrn Schmidt-Schaumburg? Ich glaube, am besten wäre es, wenn Sie mir die Adresse des Berliner Photomannes geben, bei dem Sie arbeiten lassen, und ich schreibe dem, er soll die Negative bei Ihnen holen und gleich wieder zurückstellen. So haben Sie die wenigste Mühe und ich ein etwas weniger schlechtes Gewissen. Ich komme am 5. III. mit Prof. Koehler nach Bln., um Ufa-Filme für Archivierung der Reichsstelle für den Unterrichtsfilm auszusuchen! Viele herzliche Grüße von der Greterl! Sie hat die Ausgaben für die Dias bewilligt!

Berlin, den 16. 1. 39

Lieber Kollege Lorenz

Ihr Brief traf am 14., die Bilder heute hier ein.

Ich möchte nun folgendes fragen: Wollen Sie wirklich viermal

Hauscygnopsis? Und zwar sowohl von mir wie von Schmidt-Sch. waren welche unter den erbetenen. Die im Brief erwähnte Felsentaube fehlt in dem Umschlag mit den erwünschten Bildern, ebenso der Pekineser, von dem Sie in Ihrem Brief schreiben. Wollen Sie als Hausgänse sowohl Toulouser wie Pommern? Und läge Ihnen etwas an Lockengänsen? Wildschwein können Sie von Dr. Graf Zedtwitz wie von Schmidt-Schaumburg bekommen. Ich habe auch einige Kleinaufnahmen vom chinesischen Maskenschwein, die vergrößert werden können. Wäre es nicht auch zweckmäßig, den wilden Kanarienvogel, den gewöhnlichen gelben, den gehaubten und vor allen Dingen einen recht übertriebenen bauschigen und hochbeinigen Pariser oder Münchner Trompeter-Kanarienvogel zu bringen. Photos habe ich nicht, aber ich glaube, daß man die durch die »Gefiederte Welt« (gegenwärtiger Herausgeber Dr. Joachim Steinbacher, Berlin-Steglitz, Paulsenstr. 27) bekommen könnte.

Die Anschrift von Dr. Herbert Schmidt-Schaumburg ist Berlin W 30, Rosenheimer Str. 24.

Ihre Angabe, daß »unser« aesthetisches Schönheitsempfinden Domestikationserscheinungen als häßlich ansieht, stimmt doch wohl nicht immer, denn die Schleierfische z. B. werden viel bestaunt, und die Taubenzüchter sprechen von »edlen« Kröpfern. Man muß bei »unser« wohl streng unterscheiden zwischen Lorenz, Heinroth u. s. w., zwischen den Liebhabern und zwischen dem Volksempfinden. Wenn ich einem Laien die Anatidensammlung hier im Garten zeige, vermeide ich geradezu, ihn an den Haushökkergänsen vorbeizuführen, denn die machen ihm stets den meisten Eindruck und die möchte er haben; die Wildform beachtet er gar nicht; das Haustier wird in diesem Fall als stolz und edel empfunden.

Bis wann müssen Sie die Glanzabzüge und die Lichtbilder haben, welche Größe? Ich halte für Lichtbilder $8^{1}/_{2}$ mal 10 für sehr geeignet. Meine Lichtbilder stellte früher mein Freund Kethe her, die übrigen habe ich mir selbst gemacht. Nun sprach ich eben mit der Photographin des Zoos, Fräulein Sprenger, und erfuhr, daß sie von nächster Woche ab für Lichtbilder und Abzüge Zeit habe; in dieser Woche muß sie die Bilder für einen Kamerun-Vortrag von Lutz Heck herstellen. Wenn Frl. Sprenger Ihre Bilder macht, hat das natürlich den Vorzug, daß ich jedes einzelne Negativ mit ihr durchsprechen kann, damit sie den richtigen Ausschnitt u. s. w. wählt. Außerdem bleiben sämtliche Negative, also sowohl die von mir wie von Schmidt-Sch. oder Graf Zedtwitz hier im Zoo gewissermaßen in meiner Hand. Sollte unsre Photographin keine Zeit aufbringen können, so will sie mir eine geeignete Adresse geben.

Liegt Ihnen nichts an recht verrückten Schafen, Rindern und Ziegen?

Antworten Sie bitte recht bald. Im übrigen sehen wir Ihrem Eintreffen am 5. III. mit Freuden entgegen und wüßten dann gern, mit welchem Zuge Sie kommen, denn es ist Sonntag, und wir müssen vorher einkaufen.

Mit den besten Grüßen von Haus zu Haus Ihr stets gern behülflicher

Oskar Heinroth

Altenberg, den 18ten Jänner 1939

Liebe Heinrothe!

Vielen Dank für den Brief und die großzügigen weiteren Angebote von Bildern. Ich bin soeben wieder von einer Grippe auferstanden, in deren Beginn ich meinen letzten Brief schrieb und die Bilder abschickte. Wie es scheint, war ich dabei schon leicht geistesgestört. 4 Hauscygnopsise sind natürlich nicht gemeint, es genügt eine weiße und eine wildfarbige! Und den Pekineser möcht ich auch gern dabeihaben! Von den Hausgänsen möchte ich tatsächlich beide Rassen! Ebenso die schlanke Felsentaube. Beim Ausschnittnehmen möchte ich gerne die Sache so haben, daß die Größenverhältnisse zwischen Haus- und Wildform jeweils so ungefähr der Wirklichkeit entsprechen.

Mit den verrückten Schafen, Rindern und Ziegen setzen Sie mir natürlich einen gewaltigen Floh ins Ohr. Mit Lockengänsen, verlängerten Kanarien und anderen, vom Menschen sozusagen »mit Mühe« erzeugten Formen will ich die vorliegende Arbeit nicht komplizieren. Mir kommt es hier auf alle jene, bei ganz verschiedenen Haustieren als offenbar homologe Mutationen auftretenden Merkmale an, die wir an uns Großstadtmenschen *unabsichtlich selbst herausgezüchtet haben,* also vor allem die allgemeine *Extremi-*

tätenkürze und *Muskelschlappheit* und die hausentige *Schädelbasisverkürzung*. Die gibt es nun ganz typisch an Rindern und auch an *Ziegen*, ganz so, wie ich in der beigelegten Skizze am Schwein übertrieben habe. In diese Reihe nach zwei Menschenphotographien eingeschaltet, muß Hermes und Silen geradezu überzeugend wirken. Mit dem angeborenen Schönheitsempfinden meine ich selbstverständlich – was andere Leute betrifft – nur das dem Artgenossen gegenüber. Bei Menschendarstellungen idealisieren sämtliche überhaupt existenten Maler und Bildhauer wie ein Mann immer nur die »Wildform«! Wenn einer absichtlich was Häßliches malen will, wie Goya oder Velasquez, so macht er mit fast absoluter Regelmäßigkeit einen Menschenmops. (Velasquezzwerge, alle Spukgestalten Goyas, der Silen der alten Griechen usw.) Für die Schönheit der wilden Tiere hat natürlich nur *der* Sinn, der den Menschen so weit theromorphisiert, daß er Haus- und Wildformmerkmale seiner selbst im Tier wiedererkennt. Daß uns die Hauscygnopsis nur komisch und kläglich vorkommt, beruht darauf, daß wir ihre Eigenschaften als jene Verfallserscheinungen erkennen, die wir an unseren Artgenossen völlig instinktmäßig als negativ *werten!* Wir sehen in ihr den dickbäuchigen, hypertrophisch hochmütigen Zivilisationskrüppel, der sie ist. Dem Menschen gegenüber reagiert das Volksempfinden, woferne es noch einigermaßen gesund ist (ganz genauso wie wir bei der Cygnopsis), auf alle domestikationsbedingten Verfallserscheinungen mit starker gefühlsmäßiger Abneigung. Wobei der Haken an dem »woferne es noch einigermaßen gesund ist« liegt!!!! Davon handelt eben der den Menschen betreffende Teil meiner Arbeit! *Unser* gefühlsmäßiges Bewerten der Verfallsveränderung richtet sich ungemein fein nach dem Aussehen der Wildform. Ein kurzer Schnabel bei der Zwergente ist verächtlich möpsern, bei der Pfeifente aber durchaus am Platze und »reizvoll«. Ganz genauso verhalten wir uns Menschen gegenüber, man kann bei *demselben* Merkmal einmal das Empfinden einer »häßlichen« Verfallserscheinung und ein andermal das einer »sich gehörenden« Rasseeigentümlichkeit haben, je nach der Zusammenstellung der übrigen Merkmale.

Bei der Zusammenstellung der Viecher für die in Skizze beigelegte Tafel ist mir plötzlich aufgefallen, daß es keine gescheckten Menschen gibt, oder wenigstens nur sehr selten. Alle anderen Tiere machen doch früher oder später in der Haustierwerdung Schecken.

Gibt es eines, das dies nicht tut? Ich habe alle durchgedacht und keines gefunden. Letzthin sah ich in einer Pelztierzüchterzeitung ein Bild von einem Silberfuchs mit weißer Nase und Stirnblessen, wie sie nach *Henke* durch embryonale Zerreißung der Pigmentdecke entsteht und bei Haushunden und -katzen so ungemein häufig ist!

Die beiliegende Karikaturskizze zeigt, auf welche Merkmale es mir bei der jetzigen Arbeit besonders ankommt. Vielleicht fallen Ihnen noch eine Menge Viecher ein, die das noch besser zeigen. Sie haben durch die bloße Auswahl der gesandten Bilder mich auf so vieles »Ausgelassene« aufmerksam gemacht, daß die Arbeit um 20 Maschinenschreibseiten länger geworden ist, wahrscheinlich werden Ihre kritischen Bemerkungen zu dem hier genauer Auseinandergesetzten nochmals eine solche Wirkung entfalten. Was sagen Sie überhaupt zu dem Versuch, unser angeborenes Schönheitsempfinden einmal auf der Basis angeborener Schematen zu diskutieren? Was Angeborenes muß doch sicher dabei sein, wenn so ein alter Grieche genau das als schön empfindet, was uns gefällt!?

Zu dem Schema fehlte jetzt nur noch das Wildschwein und die wilde Karausche. Ich schreibe mit gleicher Post an Dr. Schmidt-Schaumburg, aber nur der Zeremonie halber, die Bilderwahl überlasse ich sicher zum Vorteil der Arbeit Ihnen, oh unglaublich Behülflicher. Sie glauben nicht, wie Sie diese Arbeit geändert haben!!

Brauchen tue ich a) Die Glanzabzüge wenn's geht im Laufe der nächsten 14 Tage bis drei Wochen, solange kaue ich noch am Ms. b) Die Diapositive erst viel später, nicht vor März, zu einem Vortrag. Hier in Wien fand eine Vereinheitlichung der Diapositive-Formate auf $8^{1}/_{2}$ mal $8^{1}/_{2}$ statt, der ich mich wohl anschließen sollte, da viele Universitätsinstitute nur solche projizieren können, z. B. das Psychologische! Für die Glanzabzüge ist das Format ja ziemlich gleichgültig, etwa $8^{1}/_{2}$ mal 10!

Wie soll ich dem stets gern Behülflichen meinen Dank ausdrükken? Der stets gerne Behülfliche hat die unangenehme Eigenschaft, daß es bei ihm nichts gibt, was, bildlich gesprochen, die Funktion des Mehlwurms vertritt. Nur Nicht-zum-Essen-Zuspätkommen und Keine-Türen-Zuschlagen empfinde ich immer als allzu schwächliche Dankbarkeitsbeweise. Höchstens kann ich noch immer gleich nach Ankunft zuhause eine Karte schreiben, damit habe ich alles erschöpft, was ich weiß, daß man tun soll!! Dies alles schwöre ich immer tun zu wollen und immer genau vorher anzukündigen, wenn ich erscheine. (Wenn am 5ten III. Sonntag ist, wollen wir meine Ankunft von vornherein auf Montag den 6ten III. festlegen! Der morgens ankommende Schnellzug soll immer noch regelmäßig große Verspätungen haben!)

Die Enten balzen bei dem warmen Wetter mit Volldampf. Meine 5 Krickerpel pfeifen wie ein kleines Glockenspiel, reizend. Leider sind sie bei der Balz leicht zu stören, man muß lange in dem Bunkerchen hocken, bis man was sieht. Ein Castanea-Gibberifronsbastarderpel hat eine Brauttente geheiratet, vielleicht gibt es davon Nachzucht. Das verwitwete Sibilatrixweib kümmert sich nicht, wie erhofft, um Pfeiferpel, sondern hat sich, blödes Biest, in die große

scheckige Hausente verliebt, vor der es dauernd triumphschreit. Da den ganzen Winter durch die herrliche, gesegnete Rinne gutes und offenes Wasser war, sind alle Enten in Form wie noch nie, ich erwarte Großes für diesen Frühling.

Meine Frau wird jetzt Assistentin, was einen an sich leichteren Dienst gibt, wenn auch mit mehr Verantwortung, aber weniger Nachtruhestörung. Kinder sind prächtig schön und gesund.

Nochmals tausend Dank für alles! Herzlichst

Konrad Lorenz

(Berlin), 21. 1. 39

Lieber Freund Lorenz!

Anbei schicke ich Ihnen zur Ansicht ein von Dr. Graf Zedtwitz aufgenommenes Karauschenbild. Es handelt sich dabei nicht um die hier gewöhnlich vorkommende hochrückige Form, sondern um die schlankere, die dem Goldfisch näher steht. Vielleicht darf ich um gelegentliche Rücksendung bitten, da wir den Abzug hier im Archiv des Aquariums aufbewahren.

Ihr Brief vom 18. traf heute früh ein. Ich werde versuchen, die entsprechenden Glanzbilder und Diapositive in die Wege zu leiten. Die Größe der Lichtbilder soll also $8^{1}/_{2} \times 8^{1}/_{2}$ sein und ich werde mich danach richten.

Was Scheckung von Haustieren angeht, so ist mir eingefallen, daß ich nie einen gescheckten Esel, einen gescheckten Büffel oder ein geschecktes Kamel gesehen habe, obgleich es doch unter einigen dieser Tiere Schwärzlinge und Weißlinge gibt und ebenso solche, deren Wildfärbung etwas abgeändert oder besonders betont ist.

Kennen Sie übrigens die weißen Zwerg- oder Lockenten, die man in Holland sieht und die einen blaßrötlich gefärbten, eigentümlich gebogenen Schnabel haben?

Es ist mir aufgefallen, daß im hiesigen Zoo sich gelegentlich Graugansweibchen oder Mischlinge davon in Haus-Zygnopsismänner verliebt haben: die Größe und dauernde Prahlhaltung mag ihnen wohl Eindruck gemacht haben. Ebenso freundete sich ein Graugans-Saatgansmischlingsweibchen an einen Höckerschwan an und dasselbe tat ein Weib der Neuseeländischen Kasarka, das keinen arteigenen Gatten hatte: Groß und Weiß scheint solchen Frauen besonders zu gefallen. Die betreffenden Schwäne schenkten diesen Weibchen keinerlei Beachtung und bissen sie sogar weg, wenn sie zu nahe kamen.

Daß sich Ihr verwitwetes Sibilatrixweib in die große scheckige Hausente verliebt hat, ist schade. Ist das denn ein Erpel oder eine Ente? Meiner Erinnerung nach war das ein Weibchen und ich würde Ihnen dann raten, sie aufzuessen, ehe aus dem Liebesverhältnis Ernst wird.

Zur Beförderung Ihrer Frau als Assistentin herzlichen Glückwunsch!

Daß der Gibberifronsbastarderpel mit der Brautente fruchtbar ist, möchte ich wohl glauben, denn grade Brautente paart sich doch mit vielen Entenarten mit Erfolg, z. B. Braut-Pfeifente, Braut-Tafelente, Braut-Bahamaente, die ich alle hier gesehen habe.

In der Hoffnung, daß Ihnen diese kurzen Bemerkungen vielleicht noch etwas nützen können, bin ich mit den besten Grüßen von Haus zu Haus Ihr

Oskar Heinroth

Altenberg, den 23. Januar 1939

Lieber Herr Doktor!

Heißen Dank für die Karausche und die Säue von völliger Naturgetreue! Ich glaube, wir sollen den einen Schmidt-Schaumburgschen Suhleber nehmen, den, wo ich eine Bleistiftschlange unter die Beschreibung zeichne. Und die Karausche gegenüber dem Schleierschwanz nehmen wir auch! Unbedingt! Es ist doch eigentlich wirklich erschütternd, daß sogar ein Fisch einen Bauch und einen zu kurzen Rumpf und Kopf kriegt.

Grade bevor Ihr Brief kam, haben Seitz und ich davon geredet, wie so recht von Herzen ordinäre Haustiere oft von ganz netten wilden als überoptimales Objekt für Schweinereien benutzt werden! Die weiße Hausente wird angebalzt a) von dem männlichen Sibilatrixstockbastard, b) wie erwähnt von der Sibilatrixfrau und neuerdings, ganz verrückterweise c) von der sehr gesunden und schönen Kastanienente, die sich dauernd quer vor den gescheckten Riesendampfer hinlegt und getreten werden will. Dabei ist ihr Mann ganz fesch beisammen, aber offenbar balzt er grad jetzt noch nicht so recht. Ich muß mich wirklich systematisch mit solchen Fehlleistungen und überhaupt mehr mit Haustieren abgeben! Wer weiß, wie viel man aus der Pathologie Kenntnisse über »wie's normal geht« schöpfen kann! Ich will mir im Frühling von Antonius einen Sibilatrixmann ausleihen. Das Weib ist so heftig, daß bestimmt was wird! Hab ich Ihnen geschrieben, daß ich den Mann beim Auftauen des Teiches als Wasserleiche unter dem Eise fand ?? Die Resi erzählt immer, daß bei ihr zu Hause die Dorfgänse beim Spieltauchen in klein ausgehacktem Loch unters Eis kamen und die Bäuerinnen in Verzweiflung ins Wasser sprangen, das Eis zertrampelten, um sie zu retten. Aber bei mir ist das nun zum erstenmal passiert!

Antonius erwähnt in seinem Haustierbuch, das ich jetzt sehr studiert habe, *ein* geschecktes Kamel, das einzige, das er je sah. Esel haben aber doch wohl manchmal eine Blesse, d. h. die »Hencke'sche Pigmentzerreißung über Vorderkopf und Nase, wie Katze, Hund und neuerdings Farmsilberfüchse sie haben. Oder irre ich mich mit Pferden? Aber ich glaube vor meinem geistigen Auge einen dickstirnigen dalmatinischen Esel mit weißer Blesse zu sehen. Kann mich aber irren!

Heute gehe ich ins kunsthistorische Museum um ein schönes Bild von einem schlank-muskulösen Wildform-Hermes und einem recht dickmopsigen Silen.

Beim Wiederlesen Ihres Briefes fällt mir noch was ein: Sie erwähnen unter den sich in verrückte große Ideale verliebenden Weibchen auffallend viele Mischlinge. Und das Entsprechende gilt für meine Beobachtung auch. Ich glaube, daß bei Mischlingen, u.z. auch bei solchen, deren Elternarten sich verhältnismäßig nahestehen, oft mit der Synthese der artverschiedenen angeborenen Schematen was nicht stimmt. Z. B. balzen sowohl meine 4 dreiviertelblütigen Fleckstockmänner nur sich gegenseitig an, machen nur miteinander die Paarungseinleitung, ganz dasselbe tun drei Stockspießmänner! Die Mutter der ersten, Stock-Fleckschnabel F 1, verliebte sich (trotz starker *Überzahl* von Stockerpeln!) in den häßlichen Stocktürkenbastard, er wählte ihren Nestplatz, war regelrecht mit ihr verheiratet, daß sie überhaupt befruchtete Eier legte, kam von Vergewaltigungen durch Stockerpel. Der Stock-Sibilatrixmann liebt die Hausente, trotz Vorhandensein von Weibchen beider Elternarten und seiner Schwester (die er wiederholt trat, als die Hausente noch nicht da war!). Man könnte sich gut vorstellen, daß sich im Rezeptorischen, ganz wie in der äußeren Erscheinung, die Merkmale subtrahieren, wie Sie immer zu sagen pflegen. So entsteht dann im Mischling ein auf überaus einfache Einzelheiten reduziertes Schema, das alle sonst üblichen Arterkennungsmerkmale nicht kennt und auf einfache, aber grobe Reize, wie Riesenhöckergansert, Schwan, große gescheckte Hausente, Stocktürkenbastard usw. usw. anspricht. Ich finde, daß alle diese »Objekte von Mischlingslieben« viel miteinander gemein haben, lauter große, rohe, gewalttätige oder geile Viecher! Kennen Sie noch Beispiele für dieses Phänomen? Man müßte sie mal sammeln und festhalten, sie scheinen mir theoretisch wirklich wichtig!

Dann habe ich noch eine Domestikationsfrage: Glauben Sie (beweisen läßt sich's nicht), daß unter den Bedingungen der Gefangenhaltung Mutationen häufiger sind als bei der Wildform? Oder glauben Sie, daß nur das Wegfallen der Selektion, des Habichts, der die isabellfarbige Rebhenne, den gelben Sittich usw. usw. *zuerst* frißt, allein die große Variabilität des Haustieres erklären kann? Man muß sich dabei vor Augen halten, daß die Selektion sich um plusminus umkehrt, der Liebhaberzüchter züchtet ja grade die Abnormität, die der Habicht frißt, und zahlt höchste Preise für sie! Wenn also an x verschiedenen Stellen gelbe Sittiche oder Schwarzflügelpfauen oder Obscurusgoldfasane auftreten: Wären die im Freien genauso oft entstanden und nur wegselektiert worden, oder hat die Gefangenhaltung eine mutationshäufende Wirkung? Mehr schreibe ich Ihnen vorläufig nicht darüber, es streiten da Steinbacher und ich mit Koehler, ich bin neugierig, zu welcher Partei Sie sich schlagen! Der Streit ist eine reine Wahrscheinlichkeitsfrage, beweisen läßt sichs sohin und sohin nicht!

Ich glaube, u. z. gerade jetzt, nach Lektüre von Antoniusens Haustierbuch, daß da die Stammesgeschichtler sehr oft Dinge als Verwandtschaft ansehen, die in Wirklichkeit verwandtschaftlich gar nichts miteinander zu tun haben. Es können aller Wahrscheinlichkeit nach zwei ganz verschiedene, vielleicht aus ganz verschiedenen Gegenden Ostasiens stammende Goldfasanstämme einen »Obscurus« als homologe Mutation herausbringen oder zwei ganz verschiedene Hundestämme einen Mopskopf oder Dackelbein. Knoll erzählte letzthin, er habe in Ungarn eine riesige schwarzweißschekkige Dogge gesehen, die kaum kniehoch war und auf Dackelbeinen ging. Er hatte sich den Kopf zerbrochen, wie diese »Kreuzung« Dackeldogge »technisch« möglich gewesen sei, dann war ihm der Gedanke gekommen, daß da eben aus diesem Doggenstamm (reinrassig war er aber wohl nicht) ein »neuer« Dackel entstanden sei. Nun wäre mir in diesem Zusammenhang eines zu wissen wichtig: Was weiß man überhaupt in Tiergärtnerkreisen von dem mehrmaligen Auftreten der gleichen *neuen* Mutanten, unabhängig voneinander. Mir ist dunkel in Erinnerung, Sie hätten mal erzählt, man wisse beim Schwarzflügelpfau ganz sicher, er sei mehrere Male unabhängig voneinander entstanden. Wissen Sie, wann und wo, und vielleicht noch andere Beispiele?

Dann noch eine Frage: Gibt es irgendeine unter den in historischer Zeit bei Zootieren herausgezüchteten Mutanten, die dominant ist?? Dann könnte man nämlich ihr Auftreten, d. h. den Vorgang des Mutierens (im Gegensatz zum leichter nachweisbaren Schon-Vorhandensein der Mutante) nachweisen, denn man bemerkt sie sofort nach ihrem Auftreten, während die Rezessive im Aa-Tier unbegrenzt lang »kryptomer« mitgeführt worden sein kann, ohne daß man was merkt. Wie steht es mit Schwarzflügelpfau, Obscurusgoldfasan, Cygnus immutabilis?? Weiß man da überhaupt, ob dominant oder rezessiv? In der Diskussion mit Koehler ist mir nämlich klargeworden, daß die Genetik sich bisher um den Vorgang der Haustierwerdung überhaupt nicht gekümmert hat. Da wird innerhalb von noch nicht hundert Jahren aus der Kanadagans ein dickes Haustier, die Genetik sitzt daneben und schaut nicht einmal hin! Soll sich schamen!

Verzeihen Sie den Schwall von Fragen, der sich mir eben aufdrängt, aber das sind Dinge, die auf der ganzen Welt nur Sie wirklich und gleichzeitig überblicken! Ihre »kurzen Bemerkungen« helfen jedesmal unglaublich viel. Daß Sie mir mit den Bildern eine buchstäblich wochenlange schwere Arbeit kurzerhand abgenommen haben, ist einfach großartig. Sie können mit Fausts Gretchen (wenn auch in anderem Sinn!!) von mir sagen »Ich habe schon so viel für ihn getan, daß mir zu tun fast nichts mehr übrigbleibt!« *Danke vielmals!!!!*

Richtig: Die sonderbare Schnabelform kannte ich hier bei einem Stamm sehr »edler« Laufenten! Die sahen mit ihrer aufrechten Körperhaltung und dem nach unten abgebogenen Schnabel ganz verrückt aus. Nun haben die doch ganz sicher kein Zwergentenblut gehabt, und somit war doch aller Wahrscheinlichkeit nach der Schnabel bei denen auch eine unabhängig von dem der Zwergenten entstandene homologe Mutation!

Eine traurige Nachricht: Es ist Prof. J. Versluys, der Vorstand des II. Zoologischen Institutes, am Sonntagvormittag an den Folgen einer Gallensteinoperation gestorben. Einer der Anständigsten und Nettesten! Für uns persönlich und auch für alle schönen Zukunftspläne an der Universität ein schwerer Schlag!

Meine Frau liegt mit Grippe im Bett und kann kaum flüstern vor Heiserkeit. Sie läßt Sie beide sehr schön grüßen!!

Nochmals vielen herzlichen Dank für alles!
Ihr alter

Konrad Lorenz

Mein Vater läßt Sie bitten, ihn Ihrer Frau recht herzlich zu empfehlen (ganz große Liebe!)

Altenberg, den 16ten Februar 1939
Lieber Herr Doktor!
Vielen Dank für die Abzüge! Als »Abb.« zusammengestellt, zeigen sie das, was gezeigt werden soll, geradezu überraschend schön! Genau was ich haben wollte! Die Glasbilder werde ich wohl besser im März mitnehmen, damit nischt geschieht. Die RM 30 habe ich, da just bei Kasse, gleich weggeschickt.

Ich habe vor Monaten von einem ungarischen Ornithologen einen Kranich angeboten gekriegt, den ich wegen eingestandener Bösartigkeit gegen Enten (deshalb wurde er weggegeben) nicht nahm. Die Adresse ist Prof. Jan Király, Kecskemet, Komitat Pest, Königl. Ung. Landwirtschaftsschule Ungarn. Der Vogel ist angeblich ein Männchen und soll 100 Pengö kosten, was wohl billig ist. Es empfiehlt sich, Király zu sagen, daß der Kranich zu Wiedereinbürgerungsversuchen gebraucht wird, für einen Zoo würde er ihn vielleicht gar nicht hergeben! Hoffentlich hat er ihn noch, vielleicht kann er noch mehr verschaffen.

Ich bin wieder unter die Kleinvogelzüchter gegangen und habe zwecks Instinkthandlungs-Ausfalls-Untersuchung eine Verdrängungszucht Girlitz-Kanari begonnen. Ich habe ein schönes jungaufgezogenes Girlitzweib, einen guten Wildfangmann (2 Jahre gekäfigt) und habe 2,1 Girlitzkanaribastarde gekauft. Der eine Girlitz war leicht mit dem Bastardweib zu verloben, aber der Bastardmann hat eine gräßliche Schwellerniedrigung auf Kämpfen, (wie wütend) und hätte das kleine Girl fast totgemacht. Jetzt sitzen sie in zwei Käfigen nebeneinander. Ich bringe Montag einen Kanarienhahn mit und häng' ihn daneben, dann wird der Bastard eher das Weib in der Girlitzin sehen. Außerdem habe ich vier Grauedelsänger gekauft, alle zusammen um RM 10 unter der Zusicherung des ehrlichen Händlers, daß sie auch bei monatelanger Einzelhaft verläßlich stumm blieben. Gestern abends brachte ich sie heraus und heute beginnen zwei davon bereits grauedelzusingen, wohl hauptsächlich unter der Einwirkung des laut brüllenden Bastardmännchens. Meinem Gefühl nach steht der Grs. dem Girlitz so nahe, daß ich fruchtbare Bastarde zwischen Grs. und Kanari erwarte. Was meinen Sie? In Berlin will ich dann nochmal versuchen, ob ich irgendwelche ausländischen Girlitze kriegen kann.

Die Entenbalz ist jetzt geradezu traumhaft, ich sehe täglich was Neues Gesetzmäßiges. Meine vier Knäckerpel gesellschaftsspielen den ganzen Tag. Umgekehrt wie beim Mandarinerpel kommt bei ihnen das Antrinken hinten nach der Balzbewegung statt vor ihr. U. z. ganz ebenso nach ihrem prächtigen Scheinputzen (immer hinter dem der Ente zugewandten Flügel) wie auch nach ihrer schellentenähnlichen Kopf-auf-den-Rücken-leg-Bewegung. Diese Bewegung ist homolog dem »Aufstoßen« des Spieß-, Krick-, Bahama-, Erythrorhynchaerpels, es gibt beim Knäck alle nur intensitätsmäßig unterschiedenen Übergänge zwischen richtigem Aufstoßen und extremem Nachhintenlegen des Kopfes.

Telschow rückt jetzt endlich mit seinen RM 3000 raus, hurrah, ich zäune jetzt den Ihnen bekannten Sumpf ein und halte dort Haus- und Graugänse in Statistiken ermöglichender Anzahl. Gleichzeitig gibts dabei eine Masseneinbürgerung. Wenn die Forschungsgemeinheit meine dieses Unternehmen betreffenden Anträge voll bewilligt, was ich für nicht ganz ausgeschlossen halte, so wird's eine ganz große Sache!!

Alles andere bald mündlich, viele viele Grüße von Haus zu Haus, hoffentlich ist die Grippe schon vorüber, unsere ist durch den *herrlichen* Schiausflug wie weggeblasen, die Greterl hat sich bis zur Unkenntlichkeit erholt!

Herzlichst Ihr

Konrad Lorenz

Altenberg, den 1ten März 39

Liebe Heinrothe!

Durch Verspätung Prof. Koehlers verschiebt sich unsere Berliner Unternehmung um etwa 10 Tage! Genaues folgt, sowie ich selbst es weiß. Ich muß am 28. III. in Wien sein, es wird also wohl die Woche vor- oder nachher für Bln. in Frage kommen. Den Brief an Király habe ich an einen gemeinsamen ungarischen Freund, der seine Adresse ganz sicher weiß, weitergegeben.

Ich habe eine Menge Enten-Fragen zu tun, unter dem Motto »Kennen Sie das, wenn...« – die Arbeit wird immer interessanter, je weiter man kommt. N. flavirostre ist eine ganz echte Krickente, kein Anklang an Dafila, Boettichers Gattung Dafilonettion völlig hinfällig!

Die neue Kinokamera (von der Reichsstelle) ist schon unterwegs an mich, der Entenfilm wird jetzt mit Schwung in Angriff genommen!

Mit besten Grüßen herzlichst Ihr

Konrad Lorenz

Altenberg, den 5ten März 1939

Verehrte Liebe Heinroths!

Es bleibt dabei, d. h. wenn nicht diesmal eine der beiden anderen Beteiligten (Ufa oder RWU.) ausfällt, erscheine ich Montag den 20ten März mit dem hoffentlich diesmal nicht so verspäteten Morgenschnellzug in Bln. und, soferne Sie nicht milde abwinken, gleich darauf bei Ihnen!

Die neue Kamera war schon hier, mußte aber wegen eines Versehens des Werkes, das ein falsches Bildfenster eingebaut hatte, nochmals nach Berlin, bei dem gegenwärtigen Prachtwetter zu meinem großen Schmerze. Alles weitere mündlich!

Ich las eben im Avicultural Magazine, daß Delacours Château de Clères bis auf geringe Reste niedergebrannt ist. Bibliothek und alle Kunstschätze sind auch beim Teufel, Tiere gingen keine zugrunde. Der Arme wird erschrecken, wenn er das nach Indochina gedrahtet kriegt! So ein Pech! Hoffentlich ist er genügend versichert!

Viele viele Grüße, herzlichen Dank, Auf Wiedersehen! Ihr alter
Konrad Lorenz

Berlin, 18. 4. 39

Lieber Kollege Lorenz!

In aller Eile teile ich Ihnen mit, daß Dr. Glasewaldt, Reichsstelle für Naturschutz, wohl gegen 30 Grauganseier aus Schlesien schon 14 Tage »zu liegen« hat. Er sagte es mir gestern zufällig in der DOG-Sitzung und ich fühle mich verpflichtet, Siewert und Sie davon zu benachrichtigen, denn wenn ich Gänse hätte, würde ich sie sofort unterlegen. Wenn Sie Bedarf haben, wenden Sie sich am besten an ihn selbst.

Am 1. April starb meine beinahe 96jährige Mutter in Karlsruhe und meine Frau betreibt jetzt dort, wie sie als geb. Schlesierin sagt, einen unerquicklichen Erbfolgekrieg. Ich kann nicht weg, denn mein Seitz ist in Griechenland.

Mit besten Grüßen von Haus zu Haus Ihr
Oskar Heinroth

Altenberg, den 27ten Mai 1939

Liebe Heinroths!

Ich habe noch nicht für das Verraten der Eier des Dr. Glasewaldt gedankt! Geworden ist leider nichts aus ihnen und die UFA mußte sich mit dem Filmen scheußlich gescheckter Hausganskücken begnügen. Nur zwei aus verlassenen Eiern von Pute ausgebrütete hiesige Reinblüter sind bei der Schar. Die Gänsezucht ist nicht so berühmt geworden, wie ich eigentlich erwartet hatte. Eines der zahmen jungen Paare wurde von einem alten vom Nest verdrängt und die andere Gans, namens Kamilla, hat nachweislich Ernas Eier ausgebrütet und ihre eigenen liegen lassen. Hansel und Yvonne wurden nach halber Brutzeit ebenfalls vom Nest gedrängt, u. z. von dem bösen alten Gänserich, der ihnen ganz plötzlich eine wilde Schlacht geliefert hat. Darauf waren also zwei Bruten weniger, die letztgenannte Katastrophe spielte sich natürlich ausgerechnet ab, während ich bei v. Frisch in München den Gänsefilm vorspielte. Immerhin gibt es 4,5 und 2 (letztere Menschen-geprägt) gesunde Reinblüter und 4 und 5 Dreiviertelblüter, von denen Glasewaldt welche kriegt. Die vertriebenen jungen Paare waren ab 17. IV. bis vor wenigen Tagen fort und kamen erst in der letzten Zeit immer mehr nachhause. Nun hat ein Gansert abgeworfen und es werden wohl alle 4 zuhause mausern. Mause zu Hause! Mit der Entenzucht geht es, von den üblichen Enttäuschungen abgesehen, glänzend. Es gibt Stock- Meller- Fleck- Braut- Mandarin-(!) Braut-Kastanienmischlings-(!!) und Nettium-flavirostre-(!!!)Kücken. Es folgen, d. h. es sind befruchtete Eier da, Knäck- Spieß- weitere Fleck-, weitere Meller-, Spieß-Stockbastard, halbwilde Türken- und 4 Bruten weitere Brautenten. Eine mit einem Mandarin verheiratete, teilweise hahnenfedrige und uralte Brautente aus dem Bestande von Frau Hauchecorne hat unter einem 11er Gelege 3 befruchtete Eier gehabt, von denen eines gestorben ist, die zwei anderen aber wachsen und gedeihen. Es werden natürlich gemeine Brautenten rauskommen, aber vorläufig bin ich noch aufgeregt. Vielleicht geht es mit *hahnenfedrigen* Brautenten? Die kleinen Flavirostrekücken haben erstaunlicherweise vom ersten Augenblick an die schwarzgelbe Schnabelzeichnung der Alten und dazu, noch erstaunlicher, als Begrüßung, etwa so, wie eine kleine Graugans mit Halsvorstrecken grüßt, die beim alten Erpel (und *nicht* bei der Ente) so auffallende zeremonielle Drohbewegung, die dem Hetzen der Tadornafrau so ähnelt. Die Menschen-geprägten Flavi-Kinder machen das »auf Befehl«! Wenn morgen halbwegs Licht ist, wollen Seitz und ich es filmen.

Die Dohlen haben 9 Nester mit Jungen, aber die Durchschnittszahl der Jungen-pro-Nest ist – wohl wegen des fürchterlichen Wetters – weit geringer als im Vorjahr.

Es war mir furchtbar leid, nicht auf die Münsterer Tagung kommen zu können, aber *Sie* können sich am allerbesten vorstellen, weshalb ich jetzt nicht von hier wegkann. Zudem ist noch meine alte Resi krank, sie hat ein Erysipel im Gesicht, wir waren eine Zeit sehr besorgt um sie, jetzt geht es ihr wieder besser. Die Kinder und die gute Frau sind gesund und schön. Der Dingo ist sehr nett und brav, in *nichts* von einem Haushund zu unterscheiden. Daß man Enten nichts tun darf, hat er in ganz wenigen Lektionen gelernt.

Trotz eifriger Bemühungen ist es bis jetzt nicht geglückt, auch nur einen einzigen Kanari zu »erzüchten«, was doch sonst angeblich leichter geht, als Mandarin und Nettium flavirostre. Woran es liegt, weiß der Teufel, aber es gab bis jetzt nichts als Legenöte und unbefruchtete Eier. Die Girlitzbastarde singen und treten wie die Wilden und die Kanariweiber bringen dann nichts zusammen. Ich glaube, daß man bei Händlern durchschnittlich nur verbrauchte Greisinnen zu kaufen kriegt und daß dies zum größten Teil die Schuld trägt.

Sie sollten jetzt herkommen und sich die jungen Enten anschauen! Es ist wirklich nett! Ich bemühe mich aus Film-Gründen, alles menschengeprägt und ganzganz zahm aufzuziehen. Auch dabei zeigt sich, daß bei Flavirostre ein richtiges Familienleben herrscht, die Kücken sind zahm und anhänglich wie Gänschen und im Wesen ganz »unentig«.

Allerbeste Grüße, auch von der Greterl, Ihr alter

Konrad Lorenz

Berlin, den 10. 6. 39

Lieber Freund Lorenz!

Wir sind seit dem 5. wieder von der Münster-Tagung zurück; sie war gut besucht und ihr Verlauf im allgemeinen befriedigend. Der Bericht Niethammers mit seinen farbig photographierten Diapositiven über seine Reise durch das frühere Deutschsüdwest-Afrika hat großen Beifall gefunden, und Koehler hat durch seine glänzenden Tauben- und Wellensittichfilme und den überaus gedankenreichen Vortrag dazu wohl jeden begeistert. Groebbels hat mit seiner Autarkie der Vögel der Binnengewässer nichts Neues gebracht und Sie haben dabei nichts versäumt. Im Münsterer Zoo hätten Sie wohl außer einem argentinischen Wanderfalken, der sich von dem unsrigen kaum unterscheidet, nichts Neues gefunden, zum mindesten nicht an Anatiden und dergl.

Sehr neugierig bin ich auf Ihre Mandarin-Brautenten-Mischlinge, sie müßten ja schon früh als solche zu erkennen sein. Wissen Sie nun, ob der Meller-Erpel brutpflegend ist? Oder haben Sie kein richtiges Paar? Das Verhalten der Flavirostre-Küken ist ja eine wunderbare neue Beobachtung. Haben Sie genaue Beobachtungen darüber, ob der Mann sich seiner Kinder annimmt?

Die Monatsschrift »Der Getreue Eckart«, herausgegeb. von Bruno Brehm in Wien, hat sich an mich wegen eines Beitrags gewendet. Ich hatte die Einbürgerung des Höckerschwans vorgeschlagen, dies scheint ihnen aber nicht in den Rahmen der Zeitschrift zu passen; der Herausgeber denkt mehr an einen »interessant« geschriebenen und gut (mit vor allem auch *bildmäßig* wirkenden Lichtbildern) bebilderten Aufsatz über »Vögel am Wasser«. Das mir zugeschickte Heft 8 vom 1. Mai enthält meist politische und wirtschaftliche Aufsätze, namentlich soweit sie mit der Ostmark in Verbindung stehen und ich komme mir unter den vielen Verfassern etwas fremd vor. Kennen Sie die Zeitschrift, und was halten Sie davon?

Hier im Zoo haben nach Angabe des sie malenden Künstlers die Asarcornis getreten, und zwar anscheinend nach Art von Cairina; hoffentlich kommt es zu einer Brut. Leider ist sonst brutbiologisch hier wenig zu beobachten, da alles Erreichbare fremd ausgebrütet und dann meist amputiert wird, und zwar mehr als im vorigen Jahre, wenn nicht noch etwa eine etwas verspätete Brut unentdeckt aufkommt.

Vor etwa 14 Tagen waren wir draußen bei Siewert, leider in strömendem Regen. Seine 2- und 3jährigen neun Trappen haben mir großen Eindruck gemacht, auch der Trupp freifliegender Graugänse, der sich jetzt vor der Mauser wieder vor seinem Teiche zusammengefunden hat. Eine Kolbenente führte etwa $^1/_2$ Dutzend Junge. Schneehühner brüteten, und ein einzelner Birkhahn wollte uns durchs Gitter umbringen. Eine Schneehenne war ihm zugesellt, denn Siewert hatte durch das Eindringen eines Marders eine ganze Anzahl Auer- und Birkhühner in einer Nacht verloren.–––

Hier ist nach großer Hitze wieder etwas kühleres, aber noch sonniges, schönes Wetter.

Nun wünschen wir Ihnen und den Ihrigen alles Gute und sind mit den besten Grüßen von Haus zu Haus Ihre getreuen

Heinroths

Altenberg, den 13ten Juni 1939

Liebe Heinroths!

Vielen Dank für Ihren freundlichen Brief. Es war mir wirklich sehr leid, nicht dabei sein zu können, aber es ging eben wirklich nicht. Schnatterenten, Knäckenten und Stock-Spieß-F2-Bastarde schlüpften gerade um die Zeit der Tagung!

Ich habe schon wieder ein großes kleines Anliegen an Sie, bezw. an »Ihren« Herrn Seitz: Unser Laborant und Tier- insbesondere Fischpfleger aus dem Zoologischen Institut, ein ausgezeichneter Tierkenner und erstklassiger Beobachter, dessen geistiges Niveau weit über dem des durchschnittlichen Wärters oder Liebhabers liegt, kommt am nächsten Samstag morgens über das Wochenende nach Berlin. Sie würden mir nicht nur eine Freude machen, sondern tatsächlich unserer Tierhaltung im Institut einen merklichen Dienst tun, wenn Sie ihn im Aquarium etwas hinter die Kulissen führen könnten, natürlich meine ich führen *lassen* könnten. Ich bin diesem Mann ausgesprochen verpflichtet, da er meinem über Fische arbeitenden Dissertanten, früher »unserem« Seitz und jetzt meinem neuen Dissertanten Steiner, der über Zwergzichliden arbeitet, in allen technischen Dingen sehr an die Hand geht und mehr Zeit und Arbeit hierauf verwendet, als seine bloße Pflicht es verlangen würde. Dann hätte ich noch die zweite große Bitte, ob *Ihr* Herr Seitz *unserem* Herrn *Stejskal* (so heißt er nämlich) am Samstag beim Einkaufen etwas mit Rat und Tat (Telefon) zur Seite stehen könnte, da er natürlich nicht weiß, was jeder einzelne Händler hat und an wen er sich der einzelnen Desiderata wegen wenden solle. Stejskal kann nämlich nur übers Wochenende hinfahren, weil er dazu die verbilligte Hin- und Rückfahrt zu einem großen Fußballmatch (!) benutzt und ich fürchte, er wird von Samstag früh um 9 (oder wann sein Zug ankommt) bis abends nicht mit dem Einkaufen fertig. Neben verschiedenen anderen Dingen, die er fürs Institut mitbringen soll, liegt mir persönlich am meisten an verschiedenen *Apistogram-*

mas, *Nannacara,* insbesondere *taenia, Acara curviceps* (dies alles für Steiners Dissertation), weiters an verrückten Sachen wie *Periophthalmus* (wenn amende vorhanden), *Calamoichtys,* etc. etc.

Verzeihen Sie, daß ich Sie so belästige, zumal eine versuchte Revanche durch Schrätzer, Zingel oder Streber (letzteren sah ich mit Neid zum ersten Mal lebend in München!) wegen des verregneten Frühjahrs und dem dementsprechend überaus hohen Donauwasserstand niscsht geworden ist. An Ihren Herrn Seitz schreibe ich gleichzeitig auch ungefähr dasselbe!

Die Enten gelingen heuer über die Maßen gut. Die Brautenten legten kaum ein unbefruchtetes Ei und ich bedenke ernstlich, ob ich sie nicht in gewinnsüchtiger Absicht in Hunderten züchten soll, sie gehen hier sicherlich prächtig, viel leichter als Stockenten. Leider habe ich von der ersten Brut 8 umgebracht, 3 blieben. Und zwar haben die kleinen Biester in den ersten zwei Tagen ein so übermächtiges Streben, aus der Kiste zu kommen, daß sie nicht fressen und sich zu Tode hupfen. Da damals gleichalte und ausgezeichnet fressende Fleckschnabelenten und Braut-Kastanienbastarde in der Kiste waren, nahm ich das Hupfen zuerst nicht ernst und dann war es zu spät. Die Brautenten bekamen einen Hunger-Dünnschiß und nahmen auch noch drei Fleckschnabelenten mit! Das ist mir nicht wieder passiert und dadurch leicht zu verhindern, daß man die noch kaum trockenen Brautenten zahm macht, ihnen vorquackt, mit dem Finger in schwimmenden Ameisenpuppen umrührend sie zum Fressen bringt usw. Dann »fühlen sie sich geführt«, während sie sich anderen Falles »in der Nisthöhle vergessen fühlen« und nur um so stärker hupfen und um so weniger ans Fressen denken, je hungriger und schwächer sie werden. Die Mutter der Kastanienbastarde (die Frau des Ihnen bekannten Castanea-Gibberifrons-Mannes) sitzt schon wieder auf 12 durchwegs befruchteten Eiern. Die Nettiumflavirostre-Kücken sind wirklich hochinteressant. Sie haben neuerdings auch das »Krück« des »aufstoßenden« Erpels, das ja von so vielen Enten und ganz besonders bei Krickenten auch als Warnlaut verwendet wird. Die interessante Frage ist nun, sind alle drei Kükken Erpel, oder hat bei flavirostre auch die junge Ente alle diese Dinge und verliert sie später wieder? Auch letzteres ist möglich. *Jedenfalls hat die Art ein ganz intensives Familienleben,* ganz nach Gänsemanier. Auch die nunmehr halbwüchsigen Kücken kommen immer noch mit ihrem netten Grüßen hervor und auf mich zu, wenn ich morgens füttere, ganz wie Gänse und in schärfstem Gegensatz zu den anderen Enten in derselben Aufzuchtkiste. Lord Grey beschreibt in seinem Buche (das ich bei Ihnen las), wie der Erpel intensivst familienverteidigt, sagt aber nichts über seine Bewegungsweisen aus. Ich hatte ziemlich fest mit einer zweiten Brut gerechnet (bei Grey machten sie zwei Bruten, *obwohl* sie die erste Brut führten!), als ich die Eier wegnahm, nun haben sie leider Schwingen abgeworfen und tun heuer wohl nichts mehr. Meine ältere Mellerente sitzt auf ihrem zweiten Gelege und ich will sie selbst führen lassen. Von ihrem ersten habe ich vier junge (8 Eier, 6 befruchtet, zwei Kümmerer, die starben). Der Erpel wird sicher bis zu einem gewissen Grade führen, sage ich voraus! Das andere Mellerpaar hatte auch ein 8ter-Gelege, das ich wegnahm und das samt Brutkorb und drinsitzender Zwerghenne von einem hohen Wandbrett durch hinaufliegende Pute heruntergeschmissen wurde; u. z. vor meinen Augen, ich sah die Pute zum Auffliegen ansetzen und stürzte mit Gebrüll hin, nur um den Wasserfall von Eiern (lauter befruchtete) und die Blut-und-Dotter-Sauce vor die Füße zu bekommen. Später wurde diese Ente sehr von dem Stocktürken verfolgt, ihr Mann war durch ihre Verteidigung etwas gerupft und ich sperrte beide ein. Vielleicht machen sie auch noch ein Gelege. Zu meinen neuesten Errungenschaften gehören zehn gut fressende und gleichmäßig wachsende Schnatter- und ebensolche 6 Knäckkücken. Von den drei angeblichen Mandarinbastardeiern ist eines gestorben, ich kontrollierte täglich, ob die Ente noch gut brütet, um ja die Kücken zu kriegen, die aus den zwei übrigen kommen. Die mit dem Flavirostrebahamensisbastard verheiratete Löffelente hat ein Gelege von 7 Eiern gelegt, wir suchten es heftig, weil die Wiesenbrüter sonst immer von Dohlen gefunden werden und fanden es leider erst durch volles Hineintreten ins Nest. Krquatscht. 3 Eier waren hin, eines ist unbefruchtet, drei gedeihen unter einer Zwerghenne. Die andere, richtig verheiratete Löffelente hat auch gelegt, das Gelege aber verloren, ohne daß wir es fanden. Sie schickt sich eben zu einem zweiten an (Bauch). Die Dohlen haben trotz der vermehrten (von 7 auf 9) Zahl der Brutpaare um 3 Junge weniger hochgebracht, als im vorigen Jahr, wohl wegen des schlechten Wetters. Die Alten taten mir oft leid, wie sie mit von Sturm und Regen zerfleddertem Großgefieder ununterbrochen hin-

und herflogen. Wir beringten 27 Jungdohlen, es waren aber schon einige ausgeflogen, vielleicht waren es im ganzen doch wie im Vorjahr 30 Junge.

Sonst geht es uns gut, nur irrsinnig viel Arbeit, wenn auch erfreuliche. Meine beiden Dissertanten (Zwergzichliden- und Zauneidechsen-Paarbildung) bringen wirklich was vorwärts, meine Vorlesung ist verhältnismäßig ausgezeichnet besucht, meine Kinder wachsen und gedeihen, die Greterl schaut gut aus, mein 1 ^{1}/$_2$stündiges Referat auf der Zoologentagung in Rostock wird ganz gut werden, usw. usw.

Mit den allerbesten Grüßen herzlichst Ihr

Konrad Lorenz

Altenberg, den 15ten Juni 39

Lieber Herr Doktor!

Es sind tatsächlich Braut-Mandarinmischlinge!!! Genauer: Es *ist* einer, ein Ei starb noch, das zweite ergab einen wasserköpfigen Dottersack-Krüppel, der beim Schlüpfen starb. Der eine scheint aber voll lebenskräftig. Auf Anhieb sieht er völlig wie ein Mandarinchen aus, nur wenn man mit absoluter Sicherheit weiß, daß er aus dem Ei einer Brautente kam, sieht man, daß er einen etwas zarteren Kopf, längeren Schnabel und etwas weniger Unter-Augen-Strich hat. Sonst ist seine Färbung ganz die fuchsige Mandarinkückenfarbe. Hoffentlich bleibt er am Leben und hoffentlich ist er Einskommanull! Wenn ich nicht gemeint hätte, es wird eh nichts, hätte ich der Mutter die Eier genommen und vielleicht eine 2. Brut erzielt. Das Hindernis der Kreuzung ist sichtlich Embryonensterblichkeit! Erst hatten alle 11 Eier gute Keimscheiben, dann entwickelten sich zunächst noch 5 weiter, von denen noch 4 so allmählich umgefallen sind. Trotz tadellosen Bebrütungsverhältnissen! Aber weiterprobieren muß ich jetzt, vor allem werde ich ein Auge auf das Mischpaar halten, wie ein Argusfasan. Wie wohl das Prachtkleid des männlichen Mischlings ausschaut??

In Eile herzlichst Ihr

K. Lorenz

Altenberg, den 14ten Juli 1939

Liebe Heinrothe!

Erstens habe ich mich noch gar nicht für Empfang und Führung unseres Herrn Stejskal bedankt, was eine Schweinerei von mir ist und was ich hiermit aufrichtigst nachhole.

Zweitens freuen wir uns heftigst, daß Sie nach Rostock kommen. Wir verbinden diese Expedition mit Sommerurlaub. Wir haben für Adria keine Devisen gekriegt und sind jetzt so auf Salzwasser eingestellt, daß wir es auf warmes Wetter hoffend nun »oben« aufsuchen. Wir fahren der Billigkeit halber mit unserem DKW, der schon für *eine* Person weniger kostet, als dritte Klasse Schnellzug und für 4 (Kinder werden mitgenommen!) auch nicht viel mehr Brennstoff frißt. Wir fahren reichlich früh, d. h. am Montag den 24. hier ab, bummeln durch die schönen Gebiete des Böhmerwaldes und Erzgebirges nördlich und laufen Dienstag abends in Berlin ein. Wir wollen Euch nicht Heuschreckenschwarm-ähnlich überfallen, erst nach Abfütterung und Schlafenlegung der pull. rufen wir an und kommen, wenn's paßt (und Ihr uns aufsperrt!?!) auf einen kleineren Suff. Am Mittwoch vormittag will ich dann einiges mit Reichsstelle und Askaniawerken verhandeln und nachmittags weiterbummeln. Auf Urlaub fahren wir grunz-sätzlich nicht mehr als 250 km täglich.

Hier ist massenhaft los, ich bin von den Aufzuchtarbeiten so mit jungen Enten überfüttert, daß mich davor graust! Es gibt über 120 Stück, im Kasten handaufgezogen! Darunter schöne Erfolge. Der MandarinBraut»Mischling« ist leider, wie vorauszusehen, ein Kukucksei einer gewöhnlichen Mandarinente, auch ein zweites Brautentengelege ergab neben 4 Braut- drei Mandarinkücken. Das Erstlingsgefieder (soweit man es schon sieht) des ersten Madarin»mischlings« sieht zwar etwas brautentenhaft braun und dunkel aus, aber ich habe die Hoffnung aufgegeben.

Den G. Reinboth kenne ich schon aus einem früheren Aufsatz der Gef. W. als ausgezeichneten Beobachter, über den Trick, laufende Mehlwurmköpfe als Kleininsekten zu verwenden, habe ich laut gelacht, weil ich das für Goldhähnchen auch schon »erfunden« hatte!

Ich muß noch schrecklich für mein Rostocker Referat vorbereiten, weil es wirklich gut werden »muß«! Daher alles noch zu Berichtende, was eine ganze Menge sachlich Neues ist, mündlich in Berlin, bezw. in Rostock.

Beste Grüße, auch von der Greterl, die zwar nicht da ist, sondern in Wien täglich 11 bis 16 Kinder »gebiert«, sich aber bestimmt genauso aufs Wiedersehen freut! Ihr alter

Konrad Lorenz

Berlin, den 17. 7. 39

Lieber Freund Lorenz!

Ihr Brief vom 14. 7. ist wegen des Sonntags erst heute früh hier eingetroffen, und wir freuen uns, Sie alle hier begrüßen zu können. Wir machen folgenden Vorschlag: Kommt doch alle 4 am Dienstag, den 25. bei Eurer Ankunft in Berlin sofort zu uns; der Zoo ist meist bis nach 23 Uhr offen und an unserm Haus ist an der rechten Türseite eine Nachtklingel (von den 3 Knöpfen der mittlere). Es empfiehlt sich vielleicht, daß die Kinder nach dem Abendessen bei uns zu Bett gebracht und das Elternpaar später in unsrer Nähe nächtigt (da wir nur 2 Betten zur Verfügung haben). Mir wäre es lieb, wenn Sie von der Berliner Stadt-Grenze ab in einer öffentlichen Fernsprechstelle bei uns anriefen, 25 35 61, damit wir ganz ungefähr wissen, wann Ihr bei uns seid.

Wir selbst gedenken am 29. oder 30. nach Rostock zu fahren, alle Tagungen und Veranstaltungen (außer den Damenfahrten) mitzumachen und dann vielleicht einige Tage in dem kleinen Seebad Graal (in der Nähe von Rostock) zu verbringen. Hätten Sie nicht auch Lust dazu; es wäre schön, ein paar Tage gemeinsame Sommerfrische zu machen.

Mit den besten Grüßen von uns beiden an Sie alle, Ihre

Heinroths

Altenberg, den 21. September 1939

Liebe Heinroths!

Vielen Dank zunächst für das nachgeschickte Poll-Päckchen, das ich richtig doch bei Euch liegengelassen hatte! Ferner für die liebe Karte. Wir sind in einer den Umständen angemessen guten, das heißt grundsätzlich hoffnungsvollen und zuversichtlichen Stimmung.

Meine einzige Reaktion auf den Krieg war eine Aufrüstung in medizinischen Kenntnissen. Um dem Angsttraum zu entgehen, plötzlich als Arzt einberufen meiner Aufgabe völlig ahnungslos gegenüberzustehen, hospitiere ich seit Kriegsbeginn im Arbeiter-Unfallkrankenhaus, der ersten Stelle zum Erlernen von Wundversorgung. Nächster Tage übersiedle ich wahrscheinlich in ein Reservelazarett, das von einem alten Bekannten und Mit-Assistenten vom Anatomischen geleitet wird. Nachmittag fahre ich nach Hause und versorge Tiere und meine Dissertanten. Dieses Doppelleben ist etwas anstrengend, ich bin abends immer hundemüde.

Die Poll-Hinterlassenschaft möchte ich brennend gerne sehen, vielleicht komme ich bälder nach Berlin, als man glaubt. (Immer optimistisch!) Meine heurigen Bastarde beginnen eben auszufärben, sehr merkwürdig scheinen die Stock-Meller-Stockrückkreuzungen zu werden, von denen ich zum Glück verhältnismäßig viele Erpel habe. Der eine überlebende Stockspieß-Eff-Zwei-Erpel schlägt sehr stark nach der Spießseite, die Stockmeller-Effzwei spalten so gut wie nicht auf, sehen alle wie das Elternpaar aus. (Allerdings noch nicht ganz fertig.) Eine Überraschung wurden die Brautkastanien, die überraschender Weise im männlichen Geschlecht wunderhübsch wurden. Grüner Kopf, braune Brust, graue Seite, veilchenblaue Spiegel mit weißen Säumen vorn und hint, (der vordere von der Kastanien, der hintere von der Braut) und tief dunkelviolette breite Ellenbogenfedern. Sehr nett! Erstaunlich im Vergleich zum einfarbig dunkelbraunen Stockbraut-Mischling, der doch auch einen grünen Kopf und eine braune Brust haben könnte. Die Gänse haben jetzt die alljährliche Diphtherie hinter sich und sind schön und unglaublich viele. Jetzt muß ich Glasewaldt schreiben, dem ich welche versprochen hatte und dann der verdammten Diphtherie halber nicht schickte! Hoffentlich ist er nicht eingezogen. Ich will die Vögel bis auf weiteres zu erhalten versuchen, bei Einschränkung von Geld und Futtermitteln habe ich mir vorgenommen, nach einem ganz bestimmten »Schlachtplan« zuerst die im Handel *ersetzbaren* Dinge abzuschaffen und die unersetzlichen Bastarde, vor allem aber auch die Gänse (die ja auch sehr anspruchslos sind) auf jeden Fall zu erhalten. Wird schon gehen!

In einer schwachen Stunde habe ich mir aus reiner Liebhaberei ein Schwarzplattl gekauft und habe zufällig einen prächtigen Doppel-

..erschläger erwischt, der jetzt schon ganz laut ist. Er kann was ganz Merkwürdiges, er fängt mit einem crescendo-accellerando tju-tju-tjiu-tjiu an, wie eine Nachtigall. Sehr nett. Als weiteren Zimmervogel halte ich eine unerlaubte Rauchschwalbe, die ich mit gebrochenem Flügel auf der Landstraße bei Tulln aufklaubte und vor allem aus medizinischem Interesse mitnahm! Ich hatte kurz vorher durch ein neues Verbandverfahren eine junge Graugans mit völlig in beiden Knochen zerbrochenem Unterarm bis zur völlig ungestörten Flugfähigkeit geheilt. Nun klebte ich der Schwalbe den Flügel mit Syndetikon in gleicher Weise zusammen und jetzt kann sie tadellos fliegen, löffelt trockene Ameispuppen in Massen aus der Schüssel.

Wie überwintert man diesjährige junge Zauneidechsen? Ich habe von meiner Dissertantin eine Anzahl aus dem Ei isoliert aufziehen lassen, einige zur Fehlprägung in Gesellschaft junger viviparas! Ob die wie Vögel im Artbewußtsein gestört werden???? Sie wachsen bis jetzt herrlich, gefüttert mit jungen Schaben und der beiliegenden Fliege, wohl eine Drosophila (??), die gegenwärtig in Milliarden das Haus überschwemmt. Die beiliegende Prise ist nicht irgendwie gesammelt, sondern mit *einem* Handgriff vom Fenster genommen. Die ganze Zimmerdecke ist buchstäblich bedeckt von ihnen. Ich habe versucht, sie als Weichfutter zu trocknen. Geht ganz gut!

Die Kinder sind gesund und lustig, die Greterl etwas überarbeitet, aber im übrigen gut beisammen. Der Dingo ist ein völlig normaler, nur etwas unfolgsamer Haushund geworden, im wesentlichen der Hund der Agnes, ihr gegenüber tadellos leinenführig und auch schon einigermaßen und unter bestimmten Bedingungen geflügelrein. Er wird es noch ganz werden. Die Agnes liebt ihn heiß. »Unser« Seitz macht weiter in Cichliden, ein anderer Dissertant, der über Nannacara, Apistogramma, Acara curviceps u. a. vergleichend arbeiten sollte, ist leider eingerückt, unsere selten schöne Cichlidensammlung (insbesondere Zwerg-) liegt brach. Ich werde sie z. T. Seitz nach Eisenstadt schicken.

Beste Grüße von meinem Vater, besonders an Heinroth ♀, von Weib, Kind, Hund, Resi, Tante, Gänsen, Eidechsen und Fischen usw.

Herzlichst Ihr

....(?)

P. S. Die Form der Unterschrift erklärt sich aus dem Mangel einer Feder. Müßte durchs dunkle, unverdunkelbare Haus hinuntergehen, zu faul!

Berlin, den 25. 9. 39.
Mein lieber Freund Lorenz!
Heute früh traf Ihr Brief vom 21. 9. hier ein. – Die Fliegen hatten einen netten Fettfleck ergeben, der Beweis, daß sie sehr nahrhaft sind. Ich erinnerte mich dunkel eines Aufsatzes in der »Schädlingskunde« und fragte gleich darauf bei dem besten Kenner dieser Dinge, Prof. Dr. Hase in Dahlem an. Die Fliege heißt Chlopisca und tritt um diese Jahreszeit oft in ungeheuren Schwärmen in Häusern auf. Hase hat mit seinen Assistenten einmal 40 Millionen Stück in einem Raum gezählt. Manchmal kommen sie mehrere Jahre hintereinander, machmal fehlen sie ganz. Über ihre Larven ist so gut wie nichts bekannt, sie sollen entweder in Wiesen oder in Efeu-Bekleidungen leben, Näheres wäre sehr erwünscht. Man weiß auch nicht, was die geflügelten Tiere in den menschlichen Wohnungen treiben. Anscheinend fliegen sie durch Lichtkontrastwirkung angelockt, von außen in dunkelwirkende Fenster.

Den Bericht über ihre Entenmischlinge habe ich mit Gier verschlungen und bin neugierig auf die Fruchtbarkeit dieser Tiere.

Hier geht es so weit gut, natürlich sind verschiedene Angestellte eingezogen (Rehatzek, Müller, Nehls, ein Heizer), und ich persönlich leide auf der Straße bei einbrechender Dunkelheit recht unter der Verdunkelung, da ich ja Linsentrübungen habe und deshalb viel Licht brauche. In der Wohnung ist es mit der Zeit so abgedunkelt, daß wir z. T. die volle Beleuchtung brennen können und nicht behindert sind.

Mit vielen Grüßen an Sie und die Ihrigen alle, Ihre getreuen
Heinroths

Berlin, den 2. 10. 39
Lieber Freund Lorenz!
 Anbei ein an mich gerichteter Brief eines Herrn Kortlandt, mit dem ich schon öfter gebriefwechselt habe. Da ich über das Verhalten von jungen Nachtreihern und Kormoranen nach dem Ausfliegen im Freileben keine Erfahrung habe, so sind Sie wohl der gegebene Mann dafür, die Fragen dieses Herrn zu beantworten.
 Daß sich der junge Kormoran im Alter von etwa 4 Wochen am Vordergesicht befiedern kann, hat wohl seinen Grund darin, daß sein Schnabel dann länger geworden und der Jungvogel selbst auch geschickter geworden ist.
 Wollen Sie den Brief gleich selbst beantworten und mir einen Durchschlag schicken? Ich werde Herrn Kortlandt in diesem Sinne vertrösten. Mit herzlichen Grüßen von Haus zu Haus Ihr
Oskar Heinroth

Altenberg, den 15ten Oktober 1939
Liebe Heinroths!
 Damit Ihr auch was zum gesunden Ärgern habt, sende ich Euch mit gleicher Post als Danaer-Gabe das fragliche Machwerk von *Hecke*. Dabei möchte ich anregen, daß endlich irgend etwas Durchgreifendes dagegen unternommen wird, daß es auf dem Gebiete der Tierpsychologie immer noch allgemein üblich ist, daß jeder Idiot seinen Hirnmist, wie der alte Brehm so schön sagte, öffentlich hinausposaunt. Dabei hat mir der in Frage stehende Autor, der Jurist ist (!), sogar vorher sein Ms. des Buches geschickt, das ich mit freundlicher Kritik zurückschickte. Dadurch gereizt, ist alles Kritisierte im Buche noch ärger geworden, als es im Ms. war! Bitte beachten Sie besonders auch die Schwalbe, die bewußt (!!) eine junge Katze (!!) zur gemeinsamen Einsatzbereitschaft für die Symbiose des Bauernhofes erzieht (S. 163). Auch die vor Kampfesfreude glänzenden Augen der Ameisen sind nicht schlecht. Einigermaßen beschämend, wie Schüz richtig sagt. Da wir beide, sowohl Sie, als ich von dem guten Irren wild angegriffen werden, so wäre es vielleicht besser, wenn ein Unparteiischer dieses Buch bespräche. Ich will Koehler fragen. Sie wissen übrigens doch von dem Buch! Ich habe Sie in Rostock kopfschüttelnd aus dem Erdgeschoß, wo das Zeug

neben anderen Büchern ausgelegt war, heraufkommen sehen und darüber reden hören. Lesen Sie den Dreck und senden Sie ihn dann an Koehler weiter. Dann noch eine Bitte um Rat: Meine Eidechsen-Dissertantin hat jetzt nach Schlafengehen ihrer Versuchstiere begreiflicherweise nichts Rechtes mehr zu tun. Was gibt es für kleinere tropische Reptilien, besonders was für *Anolis-Arten*, die man noch jetzt bekommt und die einigermaßen in Gefangenschaft balzen und kämpfen?? Ich vermute zwar stark, daß jetzt gar nichts Derartiges auf dem Tiermarkt sein wird, wollte aber doch fragen.

Da mein Zwergzichliden-Dissertant eingerückt ist und die angekauften schönen Fische im Institut ungenützt verkommen, habe ich jetzt in meinem Schlafzimmer ein großes Aquarium für sie eingerichtet und sehe eben, während ich jetzt schreibe, ein Paar Nannacara schein-ablaichen. Trotz des unglaublichen Größenunterschiedes und der schönen Farben des Männchens ist bei diesen Fischen die Rangordnung der Geschlechter *verkehrt*. Der Mann balzt ganz schüchtern (und ohne mit anderen Männern ernstlich zu kämpfen!!) im Hintergrunde und wird vom Weib in einer täuschend dem Zickzacktanz des Stichlingsmannes ähnelnden Zeremonie zum Ablaichplatz geführt, nachher sofort wieder fortgejagt. Die Frau verteidigt das Brutgebiet schon Tage vorher und pflegt dann allein Brut, u. z. durch viele Wochen, bis die wenigen Jungen sehr groß sind. Der Pflegetrieb ist sehr stark und nimmt mit den blödesten Ersatzobjekten vorlieb. Mein jetziges Weibchen pflegte mit intensivstem Befächeln einen Tubifexklumpen in einer Ecke und war in diese Abirrung so verrannt, daß sie so lang nicht wieder laichte und den Mann wild prügelte, bis wir ihr das Ersatzobjekt wegnahmen. Setzt man Daphnien in genügender Menge ins Becken, so frißt sie das Weibchen nicht mehr, sondern beginnt zu »glucken«, d. h. die symbolische Kopfwackelbewegung des Junge-Führens zu machen. Man braucht nur durch Lichteinfall die im Becken vorhandenen Daphnien in einer Ecke zu versammeln, so kommt sie hin, stellt sich mitten in den Schwarm und »gluckt«. Dummes Luder!

Denken Sie doch wirklich mal nach, ob nicht die wirklich Tiere Kennenden endlich einmal etwas gegen die tierpsychologische Schundliteratur unternehmen sollten!

Beste Grüße von Haus zu Haus Ihr alter

Konrad Lorenz

Berlin, den 23. 10. 39

Lieber Freund Lorenz!

Besten Dank für Ihren Brief vom 15. und die Zusendung des Hecke-schen Buches. Ich habe es noch nicht ganz durchgelesen und will es dann an Koehler schicken, der heute schon einen Hinweis darauf von mir bekommen hat. In die Gedankengänge des Verf. über Bewußtsein, Wollen u.s.w. kann ich mich schlechterdings nicht hineinfinden; muß denn die Philosophie durchaus in der Tierseelenkunde eine so große Rolle spielen? Hecke erinnert mich in vielen Dingen an Zell, der eigentlich Bauke hieß und auch Jurist war. Er ist glücklicherweise zur rechten Zeit gestorben.

Anolis und ähnliche Echsenarten sind leider nicht zu beschaffen. In den letzten Wochenschriften oder Blättern f. Aqua.-u.-Terr.-Kunde ist ein hübscher Aufsatz über die Brutpflege von Makropoden und Cichliden, wenn man sie in größerer Menge zusammenhält.

Kennen Sie die schöne Arbeit von Frl. Sigrid Knecht aus dem Frisch-schen Institut »Über das Hören und die Musikalität der Vögel«? (Zeitschrift f. Physiologie bei Springer). Danach scheinen die Kanaries ganz dumme Luder (ganz haustierverbummelt) zu sein, sie erlernen nicht einmal die einfachste Futterdressur.

Viele Grüße von Haus zu Haus Ihr

Oskar Heinroth

Berlin, d. 7. 11. 39.

Lieber College Lorenz!

Sie müssen in der Zeitschrift »der Biologe« unbedingt den Haustier-Aufsatz von Nachtsheim lesen, ich tat es soeben.

Wetter: feucht und warm, heute Abend D. O. G.: Meise über »Guano u. Guano-Vögel«.

Die beiden Gepäckstücke sind noch nicht da, wohl weil als Eilgut u. nicht als Expreßgut aufgegeben.

Herzliche Grüße Ihnen u. d. Ihrigen von

I,I Heinroth's.

Altenberg, den 29. 10. 39
Liebe Heinroths!
Besten Dank für die Karte! Das Heckebuch bitte nach Durchlesung und gebührendem Sich-Ärgern *nicht* an Koehler, der es nicht nur hat, sondern auch schon voll heiligen Zornes referiert hat, sondern an mich zurück, da ich es Antonius zu lesen geben muß, ehe Koehlers Referat veröffentlicht wird, dies ist notwendig, da es möglicherweise einen Mords Krach geben kann!

Daß man jetzt keine Anolise kriegt, habe ich mir sowieso gedacht! Allerbesten Dank!

Schönste Grüße von Haus zu Haus! Ihr alter

Konrad Lorenz

Haben Sie schon mal Gänse im Keil *und im Takt der Flügelschläge* fliegen sehen, den das Spitzentier durch rhythmisches Rufen kommandiert? Bei Hecke tun sie das!

Altenberg, den 13ten November 1939
Liebe Heinroths!
Es ist mir immer eine große Freude, wenn unter anderen Postsachen das vertraute Gesicht des Uralkauzes herausblickt! Vielen herzlichen Dank für Ihre lieben Wünsche! Die gute Mutti hat mir zum Geburtstage eine Kine-Exacta von ihrem schwer verdienten Geld gekauft, die mit dem Tele-Objektiv, das mir die Ufa »honorierte«, eine ganz große Sache ist. Eben habe ich den ersten Kleinbildfilm meines Lebens Dosen-entwickelt. Schon bei dieser Einweihung sind brauchbare Bilder dabei, nämlich eine ganze Anzahl vom Gesellschaftsspiel meiner 4 Nettium-flavirostre-Erpel (Vater und 3 Söhne). Bald schicke ich Euch Kopien. Die Futterversorgung ist jetzt schon wieder fast wie normal, was mich auch als Symptom der allgemeinen Lage sehr angenehm berührt. Die Gänse waren während der gerstenlosen Zeit verschwunden, sind jetzt wieder meist da. Davon wird sich auf jeden Fall ein genügender Teil durch die Fährnisse des Krieges bringen lassen! Schlimmer steht es mit den kleineren Enten. Grade die Flavis sind aber nicht umzubringen und hart im Futter wie derbe Stockenten. An Rübenschnitzeln (die aber

nicht das schlechteste Futter sind! Nahrhaft!) fressen sie sich dicke Kröpfe an. Dummerweise sind meine jungen zahmen Schnatterenten 1, 7, verdammt und der eine Erpel ist erst noch verschwunden. Nun besitze ich, der ich nichts als Gesellschaftsspiel von den Biestern will 1,9!! Und der eine, dauernd von x Weibern überlaufene Hengst denkt natürlich nicht dran, allein anständig zu balzen!

Sehr nett wurde »unseres« Seitz's Cichlidenarbeit, sie kommt bald in der Zschr.-Tierps. Kennen Sie die Balz des Charaziniden Stewardia? Eben tun sie neben meinem Schreibtische im Aq.! Auch ein verrückter Auslöser, dieser Kiemendeckelkochlöffel! Die Exacta ist übrigens das ideale Gerät für Aquarienaufnahmen, mit der angeschlossenen Vacublitzvorrichtung kann man auch an lichtscheuen Tieren Balz usw. kriegen. Vor allem denke ich dabei an unsere immer intensiver werdenden Cichlidenstudien. Cichliden, die Anatiden des kleinen Mannes!

Familie ist gesund und munter. Die Forschungsgemeinheit hat mir nach langem Gackern endlich das heurige Geld doch gezahlt (das bis 1. 10. 39 verbrauchte), ebenso geht meine Bezahlung an der Universität gottseidank automatisch weiter, um beides hatte ich schon Sorgen.

Den Dingo muß ich doch wieder fortschaffen. Er ist reizend zahm, anhänglich und freundlich, aber unglaublich roh und unerziehbar. Sein Jagdtrieb ist so übermäßig, sein Appell und sein »schlechtes Gewissen« so gering, daß keine Hoffnung besteht, ihn je geflügelrein zu kriegen, wie ich hoffte. Bei den ebenso wild jagenden und kaum viel stärker domestikationsveränderten (im Verhalten meine ich) Chows geht das so besonders gut.

Mit nochmals bestem Dank und besten Wünschen von Haus zu Haus

K. Lorenz

(Berlin), 13. 11. 39.

Lieber Freund Lorenz!

Ein naturwissenschaftlicher Dozent und Arzt, zur Zeit in einem Lazarett eingezogen (Dr. Glatzel), möchte gern wissen, ob sich Tiere in freier Wildbahn, und unter welchen Umständen auch in

Gefangenschaft, überfressen und ein Gefühl dafür haben, was ihnen zuträglich ist und was nicht. Es scheint wenig Schrifttum darüber zu geben, denn v. Frisch hat den Fragesteller an mich verwiesen, und ich habe ihm an einigen Beispielen auseinandergesetzt, daß man da nicht einfach mit ja oder nein antworten kann. Ich schicke Ihnen anbei einen Durchschlag meines Briefes mit der Bitte um baldige Rückgabe. Ich habe vergessen, daß Damhirsche angeblich am Genuß giftiger Pilze sterben und erinnere mich auch, erlebt zu haben, daß halb verdurstete, von der Bahn kommende Hausenten so lange trinken, bis sie das Wasser wieder ausbrechen.

Nun reizt es mich, irgendwo einen kleinen Aufsatz über derartige Dinge zu schreiben, schon deshalb, weil im moralisierenden Volke die Ansicht besteht, daß nur der Mensch sich überfressen könnte, das Tier aber darin gescheiter sei. Haben Sie oder Antonius oder sonstige gute Wildtierbeobachter Erfahrungen über diese Fragen?, namentlich so weit sie im Gegensatz zu den Ausführungen in meinem Briefe an Dr. Glatzel stehen?

In dem Buch von Hecke ärgern mich namentlich die blöden Schwanbild-Unterschriften. Könnte man das Wort Bewußtsein nicht einfach ausschalten? und für den Menschen ein begriffliches Sich-Bewußtwerden herausschälen, was in den ersten Anfängen, aber ohne daß das Tier sich im philosophischen Sinne selbst über die betreffende Handlung bewußt wird oder Rechenschaft gibt, bei den geistig begabteren Wesen wie z. B. Kolkrabe oder Hund in den Anfängen besteht. Nun, man könnte darüber endlos reden, aber Sie wissen schon, was ich meine. Halten Sie den Wachtelkönig nach Hecke für einen Raubvogel, vor dem alle Kleinvögel einen Schrecken haben wie vor einem Sperber? Wir haben uns noch einige Bemerkungen am Rand erlaubt, leider viel zu wenige.

Anbei ein Bildchen, das 1,1 Heinroth Ende Oktober »nach dem Abendmahle« wiedergibt. Der Ort ist Ihnen bekannt. Meine Frau ist nicht ganz scharf, da wir bei der über 1 Minute langen Belichtung keinen Selbstauslöser hatten und Käthe zum Auslösen und Verschließen des Verschlusses aufstehen und sich dann wieder hinsetzen mußte; man beachte deshalb das Rohrgeflechtmuster der Stuhllehne auf der Vorderansicht des Körpers nicht.

Mit vielen Grüßen von Haus zu Haus Ihr getreuer
Oskar Heinroth

Altenberg, den 18ten XII. 1939
Liebe Heinroths!
Ungern höre ich von dem Sturz über die Stiege! Noch ein Glück, daß nichts Ernstlicheres passiert ist! Mit einer leichten Linsentrübung, die einem noch Licht wegnimmt, muß die Verdunklung wirklich etwas sehr Unangenehmes sein. Auch mein Vater leidet sehr darunter. Er hat übrigens, allerdings am hellen Tage, auch einen kräftigen Stiegensturz getan, es gingen nämlich die Angeln der über 150 kg schweren Eisentüre auf der Terrassenstiege aus der Mauer, als er die Türe *ober* sich zumachte und die ganze Tür fiel auf ihn und mit ihm die restlichen Stufen hinunter. Es ist ihm außer ein paar Kratzern nichts passiert, aber erschrocken sind wir alle!

Dem Herrn Schwidetzky begegne ich vorläufig noch mit Mißtrauen. Auch ich habe noch nie etwas von einer Gesellschaft für Tier- und Ursprachenlehre was gehört. Wer vertritt darin die Tiersprachen? Ich vermute Löser, Hecke und einige Gesinnungsgenossen. Die Grundlage des Artikels, der Versuch, in der Menschensprache nach erblichen und mit denen von Anthropomorphen homologisierbaren Elementen zu fahnden, ist zu begrüßen und beruht auf einem richtigen Gedanken. Falsch ist hingegen (S. 22 oben) die Mitteilungsfunktion an sich, ohne ihr Beabsichtigtsein und Bewußtsein, usw. usw. zu berücksichtigen, als »das Wesen der Sprache« zu bezeichnen. Darin liegt das Wesen der Menschensprache eben gerade *nicht!* Außerdem erregen manche Angaben meinen Unglauben. Vor allem die Behauptung, daß ein Schimpanse überhaupt ein so kompliziertes und artikuliertes Signal wie »ah o ah kuja«, »huil« usw. usw. hat. Daß nun gar auf konstruktivem Wege die »gesicherte Erkenntnis« gewonnen worden sein soll, daß der Neandertaler wie ein Schimpanse, der Ureuropäer wie ein Gibbon, der Malaie geographisch angleichend wie ein Orang reden soll, das ist ganz offensichtlich Schwindel. Immerhin mag dem ganzen Zeug eine gewisse Basis an richtigen Beobachtungen zugrunde liegen, daß etwa ein angeborener Ausdruck des Staunens, den manche Affen haben, tatsächlich in verschiedenen Menschensprachen vorkommt, das könnte ich schon glauben, und es wäre wichtig, so was einmal zu erforschen. Aber das Wesen der Sprache sind diese Dinge sichtlich nicht und ich stimme Ihnen völlig darin bei, daß sich die Wortsprache nicht *aus,* sondern größtenteils *neben* angeborenen Ausdrucksbewegungen und -lauten entwickelt hat. Was natürlich nicht ausschließt, daß einzelne von diesen auch in die eigentliche Wortsprache übergegangen sein mögen.

Gewisse Redewendungen, wie: das althochdeutsche Wort huil für Höhle »läßt ein ähnliches des Neandertales vermuten«, der Ausdruck »gesicherte Erkenntnis« und manches andere, was der Reporter sichtlich dem Autor nachspricht, erregt mein größtes Mißtrauen, so daß ich vorläufig nicht einmal glaube, daß der Schimpanse wirklich »huil«, »ah o ah kuja« und »ngak« mit fest zugeordneten Bedeutungen artikuliert. Das hätte man doch wohl von den hauptberuflichen Affenmenschen, wie Yerkes oder den Münchner Leuten gehört!

Koehler hat auf das Heckebuch mit einer furchtbar scharfen und ausgezeichnet gut argumentierenden Predigt geantwortet, die über den Rahmen eines Referates weit hinausgeht und ganz allgemein die Forderungen formuliert, die man an eine Tierbeobachtung stellen muß, die wissenschaftlich verwertbar sein soll. Erscheint nächstens in der Zschr. Tierps.!

Ich selbst beobachte heftig an den Gattungen Apistogramma und Nannacara und anderen Cichliden. Mit Blitzlicht und Exakta schieße ich wild um mich, um Bilder des Aktionssystems der Biester zu kriegen.

Schönste Grüße von Haus zu Haus und eine recht baldige Besserung! Herzlichst Ihr

Konrad Lorenz

Beiliegend eine mir von Tinbergen geschickte Aufnahme aus Amerika!

Altenberg, den 2. 1. 1940

Liebe Heinroths!

Ungern höre ich von der Gehirnerschütterung! Mutti sagt, es sei ganz typisch für diese, daß man sich im Bett schon ganz wohlfühlt, aber geradezu »Sterbe-Erscheinungen« kriegt (Pulslosigkeit, kalte Extremitäten, spitze Nase usw.) wenn man zu früh aufsteht. *Man solle da geradezu wochenlang im Bett bleiben*, das sei das einzig

Richtige! Wir können unsererseits wieder mit einer gebrochenen Tibia aufwarten, diesmal Thomas beim Schifahren, ich habe ihn eben aus dem Walde nachhause geborgen, er war gegen einen kleinen Baum gefahren und hat sich den Unterschenkel drüber zerknakst. Die Fibula ist ganz, die Dislokation minimal, mein Freund Gotzmann ist schon von Wien unterwegs und wird ihn hier zuhause eingipsen. Ich war über die Nachricht, die Agnes aus dem Walde heimbrachte, zuerst wahnsinnig erschrocken, weil ihr Bericht so klang, als sei er an den Beinen gelähmt. Durch Kontrastwirkung bin ich jetzt ganz freudig über die hine Tibia.

Meine kleinen Enten sterben langsam an der polarischen Kälte, die es jetzt hier hat. Leider kann ich sie immer nur einsperren, wenn sie aus Schwäche zahm werden, dann ist es oft schon zu spät. Die flavirostre sind interessanterweise die kälteunempfindlichsten von allen Enten. Gehn die am Ende sehr weit nach Süden? Bei meinen Cichliden habe ich mit einem prächtigen neuen Nannacarapaar Ichthyophthirius eingeschleppt, die armen Viecher sind jetzt punktiert wie die Milchstraße und sterben nacheinander. Nur die Apistogramme spec. scheinen interessanterweise immun zu sein. Das erlebte ich schon einmal, daß in einem winzigen Becken meines Schülers Steiner Nannacara an Ichth. starben, Apistos aber völlig gesund blieben. Dabei fiel mir auf, daß ich mich an keinen *großen* Fisch mit starker Ichthyophthirius erinnere. Zumindestens große Cichliden scheinen das nicht zu kriegen, oder?

Wie Sie sehen, beginnt das neue Jahr bei uns ausgesprochen »angemacht« (wie Mutti statt des männlicheren Ausdrucks zu sagen pflegt). Trotz allem sind wir durchaus nicht in schlechter Stimmung. Das Jahr 1940 wird ganz sicher zunächst einmal einen Frühling bringen und, wie wir hoffen wollen, auch einen guten Frieden. Ganz schief kann es uns unmöglich gehen, und so sicher es Frühling wird, so sicher geht es mit Deutschland früher oder später ganz gewaltig aufwärts. Mit den besten Wünschen zum neuen Jahre und vor allem für eine baldige Besserung seien Sie beide recht herzlich und viele Male gegrüßt von allen Ihren

Lorenzen

Berlin, den 27. 1. 40.

Lieber Kollege und Freund Lorenz!

Ich möchte Sie nun doch noch einmal mit den unglücklichen Arbeiten des Leipziger Herrn Schwidetzky behelligen und Sie besonders auch auf die gute Besprechung von Heinz Heck aufmerksam machen. Es wäre gut, wenn Sie über die ganze Sache im Bilde wären, da Herr Schwidetzky die Angelegenheit wieder in der Presse ans Tageslicht bringen will. Wie Sie ja wissen, hat Herr Foerster hier für die Berliner Nachtausgabe dieses Thema aufgegriffen, mich gebeten, dazu Stellung zu nehmen und kommt auf Wunsch zu einer Aussprache nächstens zu mir. Ich hätte daher gern bald Ihr Urteil über das Ganze und alles mit Beilagen wieder zurück. Sie brauchen ja die Schwidetzkyschen Arbeiten nicht so gründlich zu lesen, wie es Heinz Heck anscheinend getan hat. In unsern Augen ist Schw. eben ein unbelehrbarer armer Irrer, der von Tieren nichts versteht, und gegen Weinerts gut begründete Lehren eingenommen ist. Ich meine, solche Leute sind gefährlich und man sollte ihre Ansichten gar nicht erst ins Volk bringen.

Anbei Ihre hübschen Spinicauda-Bilder (mit der neuen Kineexacta aufgenommen) mit Dank zurück.

Den Unfall von Thomas bedauern wir von Herzen und wünschen nur, daß die Sache rasch und ohne Folgen heilt.

Von Horst Siewert haben wir die Nachricht, daß er vom 10. 8. ab als Flakartillerist eingezogen ist; seine Anschrift lautet: Gefreiter Siewert, L. 15817, Luftgaupostamt Berlin.

Auch von Kramer, Neapel, bekamen wir einen längeren Brief, aus dem hervorgeht, daß er sich als hoffnungsvoller Vater in spe fühlt. Leider ist er auf seiner Weihnachts-Deutschlandfahrt nicht nach Berlin gekommen.

Ich habe mich von meinem Sturz so weit erholt, daß ich wieder (mit Unterbrechungen, d. Tipperin) im Büro tätig sein und auch an wissenschaftlichen Versammlungen teilnehmen kann. Mein Schultergürtel ist aber noch leicht ermüdbar und auch mein Großhirn gefällt mir noch nicht ganz.

Hier ist jetzt milderer Frost, aber viel Schnee. Hoffentlich bekommen Sie Ihre Haupttenten gut durch.

Mit vielen herzlichen Grüßen von Haus zu Haus Ihr
Oskar Heinroth

P. S. Herr Schwidetzky war einmal vorübergehend Mitglied bei der Deutschen Gesellschaft für Säugetierkunde, trat aber, da seine Arbeit über die Entstehung des Menschen und seiner Sprache nicht zur Veröffentlichung angenommen wurde, wie mir Prof. Pohle mitteilt, wieder aus.

Altenberg, den 29ten Jänner 1940

Liebe Heinrothe!

Zunächst freue ich mich sehr, daß das so wichtige Cerebrumm allmählich zu brummen aufhört und wieder tut! Eine langwierige Geschichte, so eine Commotio! Thomas läuft bereits laut klappernd und unglaublich schnell im Gips umher, er und Agnes danken herzlichst für die schöne Schokolade. Morgen kommt der Verband bis zum Knie weg, 10 Tage später ganz.

Hier sind in der großen Kälte noch viele Enten an einer Durchfallepidemie gestorben, die wichtigsten Hauptenten sind aber noch da. Außer europäischen Kricken ist auch keine Art ausgestorben. Jetzt ist es schon wieder gut. Gänse haben sich nur zwei junge verflogen. Meine Cichlidenarbeiten machen nette Fortschritte. Eben haben wir Junge von Tilapia guynasana, Eier von Apistogramma Reitzigi (ein reizender Fisch!) und Aequidens latifrons. Cichlasoma Meecki wird nächstens brüten. Auch ein prächtiger neuer Fisch. Nur ist er ethologisch und auch überhaupt kein Cichlasoma, sondern was Extra-es, so zwischen Etroplus und Geophagus in der Mitte hinein. Wenn Sie was von seltenen Cichliden hören, vor allem von Tilapien aller Art (Cillii, nilotica, microcephala usw.), die Sie nicht selbst kaufen wollen und die Ihnen offeriert werden, so denken Sie an mich. Wir brauchen die nämlich wie das liebe Brot für eine bestimmte Doktorarbeit und können sie nirgends kriegen!

Wir sind, zumal seit keine Enten mehr sterben, in durchaus guter Stimmung. Futter kriegt man jetzt wieder gut zu kaufen, das Ernährungsamt ist übermenschlich anständig zu mir, eben gerade habe ich 300 kg Mais, 300 Vollkleie und 300 kg volle Zuckerrübenschnitzel (sehr gut für Gänse!!!) zugewiesen bekommen. Fleischfaserfutter kriege ich von meinem alten Lieferanten jetzt wieder in genügender Menge. Daß die Versorgung nach anfänglichen Stockungen sich jetzt wieder mehr und mehr dem Normalen nähert, hat was sehr Beruhigendes an sich!

In meinem Zimmer klingt es wie im Sommer, Schwalbe und Platte singen um die Wette. Die Schwalbe mausert ohne zu singen aufzuhören, ganz langsam, Schwinge um Schwinge, ganz wie ein großer Vogel. Sie frißt bieder einfachstes Weichfutter und bleibt rund und fett dabei. Daß auch wir den Kramer wieder nicht gesehen haben, tat uns sehr leid. Seinen Embryo kennen wir schon länger, er muß ja jetzt schon bald zutage treten! Ein großes Positivum für mich ist Prof. Weber. Ein ganz erstklassiger Mann, völlig nach unserem Sinne. Morgen halte ich im Psychologischen Institut einen Vortrag über Domestikation mit allen Ihnen zu dankenden schönen Dias!

Allerbeste Grüße von allen Ihren

Lorenzen

Berlin, den 29. 3. 40.

Lieber Freund Lorenz!

Wir haben schon lange nichts mehr voneinander gehört, und deshalb drängt es mich, wieder einmal in geistige Fühlung mit Ihnen zu kommen.

Der »Biologe« Januar/Februar 1940 war für mich natürlich ein gefundenes Fressen, da Sie und O. Koehler darin ausführlich zu Worte kamen, und wir müssen uns darüber noch einmal persönlich unterhalten. Gegenwärtig leben wir, d. h. meine Frau und ich, in derartigen Gedanken bei dem eifrigen Durchlesen des Fritsche-Buches »Tierseele und Schöpfungsgeheimnis« (das ich für die Säugetierkunde besprechen soll) und des Buches »Die stammesgeschichtlichen Grundlagen der Abstammungslehre« von Beurlen. Letzteres ist eine harte Nuß, philosophisch-theoretisch und so voller Fremdwörter, daß man selbst mit Hilfe des griechischen Wörterbuchs einzelnes nicht deuten kann. Ich glaube, der Verf. würde viel mehr erreichen, wenn er alles deutsch schriebe und sich nicht immerzu wiederhole. Wenn Sie das Buch noch nicht kennen sollten, müssen Sie unbedingt den wesentlichsten Inhalt einmal kennenlernen. Da Ihnen ja die philosophische Untermauerung der Wissenschaft liegt, werden Sie vielleicht auch noch etwas Freude daran haben.

Haben Sie übrigens bemerkt, daß Fritsche den Magot in Madagaskar statt in Gibraltar vorkommen läßt, und daß er aus meinen Schriften entnommen hat, ein Kuckucksei wiege »30« (!) g. Kennen Sie verschiedene »Arten« von Java-Affen?

Anbei ein Schreiben eines mir unbekannten Herrn Skala und den Durchschlag meiner Antwort an ihn. Vielleicht sind Sie so freundlich, dazu Stellung zu nehmen und mir beides recht bald zurückzuschicken.

Die Schwidetzky-Sache wird auf Veranlassung von Greite verboten werden, der »Verein« wird sich also in Wohlgefallen auflösen.

Aqua und Zoo hatten über Ostern sehr gute Einnahmen, da ja jetzt wenig Reisemöglichkeit besteht. Am 2. Feiertag war verhältnismäßig mildes Wetter, jetzt ist es wieder kalt und hat sogar über Nacht geschneit; die Teiche sind noch zugefroren.

Ich selbst bin von meinem Dezember-Unfall bis auf gelegentliche Schmerzen in der Gegend des rechten Schulterblatts wieder genesen, und es geht uns auch sonst gut.

Wie steht es bei Ihnen? Sind Mensch und Tier gut durch den Winter gekommen?

Mit herzlichen Grüßen von Haus zu Haus Ihre

Heinroths

Erinnerungen und Ausblicke

Katharina Heinroth

Als die Ethologie begann

Dieses Buch, das der Verhaltensforscher Otto Koenig seinem Lehrer und Freund Konrad Lorenz zum 85. Geburtstag widmet, soll ein Schlaglicht darauf werfen, wie in der ersten Hälfte unseres Jahrhunderts ein neuer Zweig der Biologie, die Vergleichende Verhaltensforschung oder Ethologie, gegründet wurde. Sie geht auf die Forschungen der beiden Wissenschaftler Oskar Heinroth und Konrad Lorenz zurück. Es war ein langer Weg, eine weite Zeitspanne, denn sie gehörten zwei aufeinander folgenden Generationen an, und nur eine kleine Strecke überschnitten sich ihre Lebenswege. Aber gerade in diesem Zeitraum wurden Schwerpunkte für die Entstehung der Ethologie gesetzt, und aus dieser Zeit ist uns ein etwa zehn Jahre andauernder Briefwechsel zwischen den beiden erhalten geblieben. Er gibt dem Leser einen guten Einblick in die richtunggebende Beeinflussung von Lorenz durch Heinroth, der selbst seine Forschungsrichtung »Ethologie« benannte.

Die Forschungen Heinroths begannen bereits im vorigen Jahrhundert. Schon als Kleinkind machte er Beobachtungen an fliegenden Gänsen, die ihm sein Vater als »läppisch« verwies. Doch er konnte es nicht lassen, als Schüler war er weiterhin ein beharrlicher Beobachter der Enten-, Gänse- und Schwangruppen (der Anatiden). Auch jetzt noch galt eine solche Tierbetrachtungsart als »abwegig«, er bekam den Spott seiner Mitschüler oft zu spüren. Zufällig fand ich aus dieser Zeit einen Zettel – er ist 101 Jahre alt – auf dem der sechzehnjährige »Osce« Heinroth seinem Freund Scherpe, genannt »Caesar«, ein Gedicht zum 16. Geburtstag widmet. Mag das Versmaß auch nicht ganz einwandfrei sein – die damalige Situation führt uns das kleine Werk doch recht gut vor Augen, und deshalb sei es hier dem Leser vorgestellt:

Unserm lieben »Caesar« gewidmet von »Osce«
»Wo mag der Osce wohl sein?«
»Er ist gewiß bei den Enten!«
*Also antwortet der fragenden Mutter des quakenden Osce
schnell der liebliche Caesar, bereit ist er immer zu dienen.*

*Du allein, Caesar, hast die Geduld, zu gehen mit mir zu den Enten,
die als »ledern« beschrieben bei Thun, bei Meinhold und Schelcher,
und ich merk' es gar oft, wie schwer Dir's wird dort zu stehen.
Doch Du vertreibst die Zeit Dir, suchend die Früchte der Eiche.
Stundenlang stehst Du mit dort, aushöhlend die braune Kastanie,
bis dann kommet der Thun, begleitet von Meinhold und Schelcher,
mich verspottend alsbald, Dich nehmend mit zu Frau Backhof.
Was Ihr da treibt, das wissen die Götter, und wissen möchte ich's auch.
Tritt die Zeit darauf ein, in welcher wir gehen nach Hause,
dann zu mir kommt herauf Ihr, zu sehen, ob ich wohl noch Mensch sei.
Spottend darauf spricht Stulte zu mir: »Komm Osce und laß jetzt,
wirst genug schon haben gesehn die Gänse und Enten.«
»Also«, spricht nun der Thun. Der Osce geht mit nun und denkt sich
das Beste dabei. Nur Caesar sagt höchstens:
»Osce veni abeamus nunc cum Caesare et Stulte!«*

*Für die Geduld, bewähret an mir, sag ich Dank Dir, Freund Caesar,
wünschend Glück Dir für heut und das ganze kommende Jahr auch,
so Du durchlebest den 16. Herbst, nach dem Rate der Götter!*

Wie einsam er ist! Keiner hat auch nur das mindeste Interesse an seinen Entdeckungen. Er bleibt unverstanden, ein völlig Abwegiger. So geht es ihm auch während seines Studiums, das er nach dem Wunsch des Vaters zuerst der Medizin widmet, denn Biologie wurde damals nicht für einen Lebensberuf gehalten. Dasselbe erlebte Lorenz dreißig Jahre später, es hatte sich nichts in der Einschätzung der Biologie geändert. Auch Adolf Lorenz bestand auf einem Medizinstudium seines Sohnes. Beide Söhne aber hatten das Glück, vermögende Väter zu besitzen, die ihnen noch ein zweites Studium der Biologie ermöglichen konnten, wenn auch unter dem Gesichtspunkt: Laß dem Kind vorläufig sein Hobby, den ärztlichen Beruf hat es ja als Rückendeckung.

Für seine letzten medizinischen Semester wählt Heinroth Kiel. Er fährt schon zwei Wochen vor Semesterbeginn dorthin und schreibt den Eltern ganz offen, warum: »Ich war letzthin über Laboe auf einigen Teichen, Watten, Sümpfen, einem für mich höchst ergiebigen Terrain, das so interessant war, daß ich von früh bis abends um zehn das Essen und Trinken vollständig vergaß.« Er bringt einen eben geschlüpften Kiebitz heim, den er an Elternstelle in seiner Studentenbude mit der Hand aufzieht. Noch wichtiger für die Entwicklung der Ethologie ist jedoch sein großes Interesse an den durch Haeckels Veröffentlichungen ausgelösten Kämpfen um die Darwinsche Abstammungslehre, die gerade an der Kieler Universität heftig entflammt sind. Für Heinroth bedeutet dies die Einführung stammesgeschichtlicher Gesichtspunkte in seine Studien über das Anatidenverhalten, die bis dahin nur auf anatomische Merkmale in der Tiersystematik bezogen waren. Er entdeckt die homologen Verhaltensweisen, die es ermöglichen, durch vergleichende Rückschlüsse von menschlichem auf tierliches Erleben das Seelen- und Gefühlsleben der Tiere zu durchleuchten, und umgekehrt auch dazu geeignet sind, manches aus unserem eigenen Verhalen verständlicher zu machen.

Für sein anschließendes Biologiestudium ging Heinroth nach Berlin, wo ihn vor allem der reichhaltige Zoologische Garten anzog. Dort konnte er seine Studien auf viele Enten-, Gänse- und Schwanarten ausdehnen. Ein zweiter Berliner Anziehungspunkt war das umfangreiche und berühmte Zoologische Museum, wo er seine systematischen Kenntnisse des Tierreiches vervollkommnete. 1904 wurde er Assistent am Berliner Zoologischen Garten. Mit Absicht verzichtete er auf die ihm inzwischen angebotene akademische Laufbahn, was ihm sein Vater nie ganz verziehen hat, und was für die Weitergabe seiner ethologischen Gedanken ein gutes Bollwerk gewesen wäre, denn im Zoo gab es keine Schüler, die seine Ethologie weiterentwickeln konnten.

Erst nach weiteren intensiven Anatidenstudien schrieb er 1910 seine wichtigste Arbeit »Beiträge zur Biologie, namentlich Ethologie und Psychologie der Anatiden« nieder, nachdem er auf dem Internationalen Ornithologenkongreß in Berlin darüber einen Vortrag gehalten hatte. Sie erschien gedruckt im »Bericht über den V. Ornithologenkongreß in Berlin 1910« in London, dort leider für Allgemein-Biologen sehr versteckt. Heinroth erhielt dafür »La médaille de premier classe« der »Société National d'Acclimatation de France«, aber weder Zoologen noch Psychologen nahmen seine Anregungen zu neuen Methoden und Forschungen auf. Die damalige Zeit war für eine Zusammenschau der Verhaltensweisen von Mensch und Tier noch nicht reif.

Lorenz, damals erst im siebenten Lebensjahr, war ein Tierbegeisterter, der vor allem in den Donau-Auen und im nahen Wienerwald Vögel und anderes Getier beobachtete. Besonders glücklich war er, als er einmal die sporadisch und kurzfristig nach Regengüssen plötzlich auftretenden Rückenschalenkrebse fand. Bölsche beschrieb sie damals als »vom Himmel gefallene Apus-Krebse«, die übrigens für mich selbst ein unerfüllter Traum meiner Kindheit blieben. Der junge Konrad Lorenz war in der glücklichen Lage, in einem Haus mit parkähnlichem Garten aufzuwachsen, wo er Vögel aufzog und auf sich prägte, so daß er sie dann freifliegend halten konnte. Einen Gelbhaubenkakadu und freifliegende Kolkraben konnte er aus der Luft zu sich herunterrufen. Noch hatte er keine Ahnung, daß Heinroth im Berliner Zoo Ähnliches tat, indem er mit seiner Frau Magdalena 1904 begonnen hatte, alle mitteleuropäischen Vögel vom Ei an aufzuziehen. Sie wollten erforschen, was Vögel an angeborenen Fähigkeiten und Instinkten mit auf die Welt bringen und was sie dazulernen müssen. Erst 1923, als die ersten Lieferungen für das vierbändige Werk der Heinroths »Die Vögel Mitteleuropas« erschienen, wurde Lorenz darauf aufmerksam. Damals hatte er bereits sein Medizinstudium hinter sich gebracht, davon zwei Semester in den Vereinigten Staaten Nordamerikas, wohin sein Vater ihn zur Erweiterung des Gesichtswinkels schickte. Dort an der Atlantikküste machte er beim Tauchen die Bekanntschaft mit den bunten Korallenfischen, die ihm ebenfalls zu Forschungsobjekten wurden, als er später sein Biologiestudium am Wiener Zoologischen Institut aufnahm. Stejskal, ein begeisterter Aquarianer, hatte hier umfangreiche Becken eingerichtet, an denen Lorenz seine Fischstudien weitertrieb.

Die Berichte in den Lieferungen zu »Die Vögel Mitteleuropas« nahm Lorenz gierig auf. Später sagte er einmal: »Ich las sie mit solcher Begeisterung, daß ich heute nicht mehr weiß, ob ich es war oder die Heinroths, die diese Vögel aufzogen.« Um diese Zeit in den zwanziger Jahren richtete er sich eine freifliegende Dohlenkolonie am und im Dachgeschoß der Villa Lorenz ein. Seine Beobachtungen schrieb er ganz im Sinne Heinroths nieder.

Und nun geschah das Wichtigste, das Bedeutendste für die aufkeimende Ethologie: Lorenz hatte den Mut, sich an den so sehr verehrten Mann aus Berlin mit der gleichen wissenschaftlichen Blickrichtung in der Tierbetrachtung zu wenden und ihn zu bitten, seine Abhandlung »Beobachtungen an Dohlen« vor der Veröffentlichung zu begutachten. Heinroth war entzückt, daß es nun doch einen jungen Wissenschaftler gab, der seine Ideen aufnahm. Er sah seine Saat aufgehen. Es entspann sich eine tiefe Freundschaft zwischen beiden, und es wurden für Konrad Lorenz die wichtigsten Jahre seiner Entwicklung. Aus dem vorliegenden regen Briefwechsel geht hervor, wie Lorenz jetzt systematisch Verwandtschaftsgruppen verschiedener Vogelarten aufzieht und seine Erfahrungen mit Heinroth austauscht, wie er schließlich an den Anatiden hängenbleibt, an den Gänsen, von denen Oskar Heinroth 1910 schrieb:

»Ich habe in dieser Abhandlung besonders auf die Verkehrsformen aufmerksam gemacht, und da zeigt sich, daß diese, sowie es sich um gesellige Vögel handelt, geradezu verblüffend menschlich sind, namentlich dann, wenn die Familie, also Vater, Mutter und Kinder, einen so lang dauernden Verband bildet wie bei den Gänsen. Die Sauropsidenreihe hat hier ganz ähnliche Affekte, Gebräuche und Motive entwickelt, wie wir sie bei uns Menschen gewöhnlich für verdienstvoll, moralisch und dem Verstande entsprungen halten. Das Studium der höheren Tiere – leider noch ein sehr unbeackertes Feld – wird uns immer mehr zu der Erkenntnis bringen, daß es sich bei unserem Benehmen gegen Familie und Freunde, beim Liebeswerben und Ähnlichem um rein angeborene und primitivere Vorgänge handelt, als wir gemeinhin glauben.«

Lorenz beobachtete mit seinen Mitarbeitern durch mehrere Jahrzehnte seine Gänseschar. Die Ergebnisse hat er gerade jetzt für die Veröffentlichung niedergeschrieben.

Damals benutzte Lorenz jede Gelegenheit, um zu Heinroth nach Berlin zu kommen. Ihre Gespräche gingen tagelang um Beobachtungen bei den Aufzuchten und um ethologische Probleme, die Lorenz in Angriff nehmen wollte. Ab 1933, nach meiner Heirat mit dem verwitweten Heinroth, war auch ich dabei. Ich tippte noch die letzten Texte nach Heinroths Diktat für den 4. Band von »Die Vögel Mitteleuropas«. Lorenz plante, die ethologischen Forschungen auf das ganze Tierreich auszudehnen, und beide Männer hofften, mit Hilfe der Kaiser-Wilhelm-Gesellschaft in Altenberg ein Lorenz-Institut für Ethologieforschung entstehen zu sehen. Der Ausbruch des Zweiten Weltkrieges machte 1939 diese Pläne zunichte. Lorenz folgte einem Ruf der Universität Königsberg und wurde dort Professor und Leiter des Instituts für Vergleichende Psychologie. 1940 übersiedelte er mit seiner Familie nach Königsberg. Auf der Hinreise machte er mit seiner Frau und der kleinen Tochter Dagmar einen Tag Zwischenaufenthalt bei uns in Berlin. Dabei sagte er, daß er in Königsberg keine Gelegenheit hätte, freifliegende Vögel zu halten, dafür nähme er die Fische – »die Anatiden des kleinen Mannes« – als Forschungsobjekt-Ersatz mit. Nur zwei Jahre waren ihm dort beschieden, für ihn jedoch eine Zeit von größter Wichtigkeit. Denn dort begann die Freundschaft mit Otto Koehler, dem äußerst kritischen, philosophisch gebildeten Gelehrten, dessen analysierende und definierende Arbeit an der sich entwickelnden Ethologie für Lorenz von großer Bedeutung war.

Zuweilen wurden gegen Lorenz Vorwürfe erhoben, daß er diesen Psychologie-Lehrstuhl angenommen und sich damit von der Ethologie entfernt habe. Sogar noch 1986 las man es in »Die Begründung der zoologischen Verhaltensforschung als ›Ethologie‹« von Schurig und van Mourik (Naturwissenschaftliche Rundschau 24). Doch Mensch und Tier sind für den Ethologen auch auf der Ebene der Gefühle, also »psychologisch« vergleichbar, und man gewinnt dabei Einblicke und Verständnis für das Verhalten beider. Allein das damals von Lorenz entdeckte »Kindchenschema« des Menschen rechtfertigt den psychologischen Aspekt in der Ethologie und beweist die Unhaltbarkeit der Vorwürfe.

Lorenz wurde als Arzt zum Kriegsdienst eingezogen und 1944 als vermißt gemeldet. Die Nachricht erschütterte Heinroth tief, er sagte: »Nun ist alles aus!« In dem Gedanken, daß er vergebens gelebt und geforscht habe, wurde er 1945 vom Tod dahingerafft. Tragischerweise erreichte ihn die Nachricht, daß der Freund am Leben geblieben und in Gefangenschaft geraten war, nicht mehr. Lorenz kehrte erst 1948 aus der Gefangenschaft nach Altenberg zurück. Vergebens versuchte er, dort ein Forschungsinstitut einzurichten. Keine Behörde oder Gesellschaft konnte sich damals Neugründungen leisten. Erst nach zwei Jahren gab es Aussichten und Anfänge, ein Forschungsinstitut für Ethologie der Max-Planck-Gesellschaft (früher Kaiser-Wilhelm-Gesellschaft) in den Nebenräumen eines Schlosses in Buldern zu etablieren. Trotz der noch primitiven Umstände fand der erste Ethologenkongreß 1952 in Buldern statt, auf dem sich bereits ein Kreis von Schülern und Assistenten präsentierte. Die Ethologie kam in Schwung! Ich durfte dort über meine Erfahrungen bei den Handaufzuchten einiger Paviankinder sprechen, und die ersten ethologischen Studien von Eibl-Eibesfeldt waren bereits auf Dachse, Mäuse und Eichhörnchen ausgedehnt. Auch Prechtl und Schleidt waren damals schon tätig.

Eine ungeahnte Ausweitung der Ethologie erfolgte dann ab 1955, als für Lorenz das Max-Planck-Institut für Verhaltensphysiologie in Seewiesen mit umfangreichem Gelände für Tierhaltung entstand und viele Mitarbeiter wie etwa Nicolai, Leyhausen und Schutz hinzukamen. Vorrangig wurde die Analyse der Instinktbewegungen und das Problem der Prägung (schon von Heinroth als Lernvorgang entdeckt und von Lorenz benannt) sowie das Zusammenleben von Tieren, also ihre Soziologie, bearbeitet. So wurde auf dem Unterbau Heinroths das Wissenschaftsgebäude der Ethologie Steinchen für Steinchen von Lorenz und seinen Schülern errichtet. Unsere Ethologie hat weltweit Eingang gefunden, in Holland (Baerends und Tinbergen), in England (Tinbergen, Thorpe und Hinde), in der Schweiz (Hediger, Meyer-Holzapfel und später Tschanz), in Dänemark und Skandinavien (Poulsen und Fabrizius), in den USA und in Japan. Wer hätte das 1910 auch nur ahnen können!

Am Schluß möchte ich noch ein kleines Beispiel dafür bringen, wie aus der Beobachtung von Tieren Verständnis für rätselhaftes menschliches Verhalten entspringen kann. Mir war das Benehmen von Menschen völlig unbegreiflich, die, in Wut geraten, Teller zerschmettern, ganze Kücheneinrichtungen zertrümmern und Anwesende zuweilen verletzen oder gar töten. In Gerichtsverhandlungen schützen sie sich vor härteren Strafen mit der Angabe, nichts von ihrer Tat zu wissen. Ich hielt diese Behauptung für Schwindelei, bis ich durch Schimpansen, unseren tierlichen nächsten Verwandten, eines anderen belehrt wurde. Ich wußte zwar aus den Beobachtungen Jane Goodalls, daß freilebende Schimpansenmänner bei ihren Rangkämpfen wild umhertanzen, Äste abbrechen, damit schlagen und sie wegschleudern. Tiefe Einblicke in dieses Imponiergehaben bekam ich jedoch erst durch unseren Schimpansen Jonny im Berliner Zoologischen Garten. Er hielt sich für den Obersten im Affenhaus, und Krach machen durfte nur er. Wenn Schulklassen lärmend durch das Haus gingen, verfiel er in wütendes Imponieren. Mit krachendem Getöse und wildem Geschrei sprang er gegen Tisch und Käfigwände (was Horst Stern fälschlicherweise für neurotisches Verhalten infolge der Gefangenschaftshaltung ansah.) Sein Weibchen Suse kannte sein Toben und brachte sich unter einer schrägen Leiter in Sicherheit. Jane Goodall beschrieb auch, daß die Schimpansenmänner ihrer Beobachtungshorde bei heftigen Gewittergüssen ins Imponieren verfielen. Sie hielt dies für einen »Regentanz«, mit Sicherheit aber war es Protest gegen das Donnerkrachen. Dazu paßte genau, daß einmal ein untergeordnetes Männchen dieser Gruppe einen leeren Blechkanister fand, damit großen Krach schlug und dadurch zum Hordenboß aufsteigen konnte.

Wie lange solch eine schimpansische Imponier-Trance anhalten kann und wie tief sie offenbar ist, erlebte ich eines Tages bei Jonny. Ich war mit ihm eng befreundet. Nicht über den Magen ging seine Liebe, ich gab ihm nie den kleinsten Leckerbissen. Aber zufällig entdeckte ich auf seinem Kopf einen kleinen Knubbel und kontrollierte ihn täglich nach seiner Größe. Das nahm Jonny als »grooming«, als Liebesbezeigung. So saß er bei meinem Eintritt ins Haus schon am Gitter bereit, um den hingehaltenen Kopf »gestreichelt« zu erhalten, auch seine Hände reichte er mir zu diesem Zweck heraus. Eines Tages, als ich meine rechte Hand durch die Gitterstäbe streckte, biß er plötzlich zu. Ich war so sehr erschrocken, daß ich heftig zurückzuckte und mir dabei die Kuppe des rechten Ringfingers abriß, die Jonny mit den Zähnen festhielt. Er hatte, wie der Arzt im Krankenhaus hinterher feststellte, nicht bis auf den Fingerknochen durchgebissen, dieser ragte unverletzt aus der Wunde und mußte gekürzt werden. Erst später fiel mir ein, daß bei meinem Eintritt ins Affenhaus soeben eine Schulklasse durch die andere Tür hinausgegangen war. Jonny hatte also gerade sein Wut-Imponieren absolviert und war noch nicht »bei sich«, als ich zu ihm trat. Er wußte nicht, was er tat, er war noch wie in Trance.

Ich habe Jonny dann Jahrzehnte lang nicht mehr »gegroomt«, aber er liebt mich noch heute in seinem 47. Lebensjahr. Zwar ist im neuen Affenhaus, das mein Nachfolger im Zoo erbaute, eine Glasscheibe zwischen uns, aber wenn ich davortrete, kommt Jonny sogleich von seinem Hochsitz herunter, imponiert erst ein bißchen und setzt sich dann zu mir, nickt oft mit dem Kopf, legt seine Hände an die Scheibe und auch seine Schnute, und ich klopfe mit den Händen leise an das Glas. Kürzlich bat ich den Oberwärter, mir den Wärtergang aufzuschließen und mich an die Rückseite des Käfigs heranzulassen, deren Gitterstäbe es mir ermöglichen, auf »Tuchfühlung« mit Jonny zu gehen. Er freute sich unbändig, hielt mir sogleich Hände und Kopf entgegen und ich »groomte« ihn. Seitdem schaut er, wenn ich vor die Glasscheibe trete, oft zur Hinterwand, läuft wohl auch ein paar Schritte in diese Richtung, kehrt aber gleich wieder zu mir zurück. Offenbar will er mir damit andeuten: Komm doch wieder nach hinten an die Gitterstäbe. Ich werde es nun auch ab und zu tun. Nie hätte ich geglaubt, daß ein Schimpanse über Jahrzehnte seiner Freundschaft die Treue hält.

Noch eines ist mir durch das Imponiergehaben »in Trance« klargeworden: In der Literatur wird berichtet, daß bei Affenhorden wie den Hulmans, manchmal auch bei Löwenrudeln, nach Kämpfen um die Oberherrschaft das siegende Männchen gruppenfremde Kinder tötet. Dawkins hat daraus geschlossen, daß der Sieger seine Gene durchsetzen will und deshalb Kinder mit fremder Erbmasse ausmerzt. Es ist unwahrscheinlich, daß der Siegende etwas von Genen auch nur ahnt. Sicher ist es die noch andauernde Kampfwut, die ihn dazu treibt, noch weiter zu töten. In einem Falle sollen mehrere junge Männchen den Sieger sogar am Umbringen der Jungen gehindert haben, wodurch er wieder zu sich kam und plötzlich friedlich wurde.

Es ist Verdienst der Ethologie, daß wir Einblicke in die Tierseele tun können und wir auch Erklärungen für manches menschliche Verhalten gewinnen. Lorenz und seinen Mitarbeitern sei gedankt, daß die Verhaltensforschung so weit entwickelt wurde, daß man solche Vergleiche heute ziehen darf. Auf die demnächst erscheinende Gänse-Ethologie von Lorenz freue ich mich und wünsche ihm noch schöne Jahre erfolgreichen Forschens.

Berlin, den 23. März 1988

Katharina Heinroth.

Niko Tinbergen

Aus der Kinderstube der Ethologie

*»Ich weiß nicht, was soll es bedeuten,
daß ich so cheerful bin.
Ein Märchen aus uralten Zeiten
das will mir nicht aus dem Sinn!«*

Konrad 85 Jahre! Natürlich gehen meine Gedanken zurück zu den dreißiger Jahren, als er und ich zum ersten Mal zusammentrafen. Wenige Jahre nachdem ich meine ersten Arbeiten veröffentlicht hatte (über Stichlinge, über die zwei arktischen Vogelarten Schneeammer und Wassertreter und über die Grabwespe *Philanthus triangulum* – den »Bienenwolf«) und nachdem ich Konrads berühmte Dohlenarbeiten und den »Kumpan« gelesen hatte, lud mein Lehrer an der Universität von Leiden, Professor C. J. van der Klaamo, Konrad ein, in Leiden an einem Symposium über »Instinkt« teilzunehmen. Obwohl wir uns schon vorher (sehr höflich und formell) geschrieben hatten, war dies unsere erste persönliche Begegnung. Ich hatte damals die Absicht, mal in Amerika die Behaviouristen zu besuchen und verstehen zu lernen und hatte Herrn van der Klaamo meine Pläne vorgelegt. Er sagte aber: »Weshalb fährst du nicht zu Lorenz? Der ist doch für einen Zoologen wichtiger?« Und zur allgemeinen Freude luden Konrad und Gretl während des Leidener Symposiums uns (meine Frau und mich und unser ältestes Kind Jaapie) nach Altenberg ein.

Die gut drei Monate, die wir als Gäste im gastfreundlichen Haus von Konrads Eltern, Herrn und Frau Professor Hofrat Adolf Lorenz wohnen durften, waren eine höchst erfreuliche, erheiternde und für meine wissenschaftliche Entwicklung entscheidende Zeit (das »Märchen«), denn Konrad und ich paßten so gut zusammen, daß wir schon bald enge Freundschaft schlossen, die nie zerbrechen sollte. Im folgenden werde ich zu beschreiben versuchen, wie unsere Zusammenarbeit sich entwickelte und wie wir einerseits eine fundamentale Einstellung teilten, andererseits einander ergänzten.

Das »Passen« betraf sowohl unsere wissenschaftlichen Neigungen wie unsere Persönlichkeiten. Wissenschaftlich lernte ich von Konrad vor allem, geduldig und genau zu beobachten und sowohl Verursachung wie auch Funktion zu deuten. Meinerseits trug ich meine Neigung bei, zu experimentieren, was zu einer langen Arbeitsteilung führte. Wir waren beide ökologisch eingestellt und beobachteten Tiere gern in ihrer eigenen, natürlichen Umwelt, was uns zwangsläufig zu »intuitiven Darwinisten« machte, das heißt zu Biologen, die von der Wichtigkeit der natürlichen Auslese überzeugt waren und auch im Verhalten auf Schritt und Tritt die Korrelation – zwischen dem, was die Umwelt erfordert und dem, was Tiere tatsächlich taten – als »Angepaßtsein« verstanden. Dabei war Konrad immer der Führer, der Mann mit den Hypothesen, und ich mehr der Nachprüfer, obwohl ich doch auch, besonders später, eine anfangs noch primitive Art von »Öko-Ethologie« betrieb. Konrad war nicht nur der Mann mit den Ideen, sondern auch immer der mehr philosophisch veranlagte und begabte Partner. Ich werde diese Behauptung im Folgenden noch weiter zu belegen versuchen.

Unsere Persönlichkeiten »klappten« in dem Sinne, daß wir beide, wie Konrad es ausdrückte, oft »lausbubten«, das heißt, wir waren beide in ausgesprochen kindlicher Weise spielerisch und geneigt, primitive (und nicht immer »feine«, salonfähige) Witze zu machen – es wurde in Altenberg immer viel gelacht. Und wie wir ja alle wissen, schmiedet nichts zwei Menschen enger zusammen als gemeinsam zu lachen. Dabei trug Gretl immer in ihrer Weise das ihrige bei. Als Konrad einmal in seiner etwas schwerfälligen Weise zitierte: »In jedem Mann ist ein Kind versteckt«, sagte sie sofort: »Wieso *versteckt?*« Was sich liebt, das neckt sich, und es war also kein Wunder, daß die Stimmung in unserer kleinen Gemeinschaft warm und munter war. Die Altenberger Monate waren also für uns eine wunderschöne Zeit, und wir denken noch immer mit Freude und Dankbarkeit an sie zurück.

Unser gemeinsames Interesse am »Angepaßtsein des Verhaltens« und Konrads Gedanken darüber haben meine Neigung zum Experimentieren später zu experimentellen Prüfungen in einigen konkreten Spezialfällen geleitet. Zwei Beispiele hiervon seien hier kurz besprochen.

Schon im Jahre 1932 hatte ich in meiner Doktorarbeit über das Heimfinden des Bienenwolfes versucht, die sogenannten »Orientierungsflüge« der Grabwespen zu beschreiben, die jedes Tier beim Verlassen seiner Nisthöhle ausführt. Sowohl der Name »Orientierungsflug« wie der vom Amerikaner Philip Rau benutzte Terminus »locality study« enthalten eine Bedeutung ihrer Funktion, nämlich daß diese Flüge dazu dienen, der Wespe zu ermöglichen, sich die Lage des Höhleneingangs ins Gedächtnis einzuprägen. Ich hatte schon gezeigt, daß das Heimfinden mit Hilfe von visuell wahrgenommenen Wegmarken erfolgt, deren Verschiebung eine heimkehrende Wespe irreführte. Zusammen mit meinem Schüler W. Kruyt prüfte ich diese Deutung in folgendem Versuch:

Während einer kühlen, regnerischen Periode, die oft tagelang andauerte, flogen die Wespen nicht aus, sondern blieben in ihren Höhlen. Wenn sie dann am ersten sonnigen Tag wieder zur Bienenjagd ausflogen, machten sie stets längere als normale Orientierungsflüge. Weil wir immer das Wetter genau studierten, konnten wir an solchen ersten »Jagdtagen« rechtzeitig zur Stelle sein und den ersten Ausflug abwarten. Sobald eine Wespe anfing, sich aus der Nisthöhle herauszugraben, scheuchten wir sie vorsichtig zurück, legten im Kreis rings um den Eingang eine Anzahl von Kiefernzapfen aus und warteten, bis die Wespe ausflog. Sobald sie das machte, maßen wir die Zeitdauer des Orientierungsfluges und nahmen dann, wenn die Wespe endgültig davonflog, die Zapfen weg (so daß die Wespe nicht unbemerkt zurückkommen und sich die Lage der Zapfen noch einmal ansehen konnte). Erst wenn sie sich wieder mit einer Beute niederzulassen versuchte, legten wir den Zapfenring neuerlich aus, und zwar nicht um den wirklichen Einflug, sondern um ein »Scheinnest« herum, so daß die Wespe, falls sie sich der Wegmarken erinnern würde, an der falschen Stelle landen mußte. Wir machten den Versuch mit einer beträchtlichen Anzahl von Tieren und fanden, daß sie sich alle – bis auf eine – irreführen ließen. In einem solchen Versuch zeigte Wespe Nr. 179 die Spitzenleistung. Nach einem Orientierungsflug von nur sechs Sekunden wählte sie in 13 Fällen zwölfmal das Scheinnest! Diese sechs Sekunden hatten also dazu genügt, das Tier so gut auf den Zapfenring zu dressieren, daß es sich dessen Lage um den Nesteingang während der Jagd und bis zur Heimkehr merkte. Damit war die Richtigkeit der Deutung beziehungsweise Namensgebung im Versuch bewiesen. Ich habe das immer als eindrucksvolles Beispiel von Erkundungsverhalten (explorator behaviour) betrachtet, das heißt eines Verhaltens, dessen einzige Funktion es ist, Gelegenheit zum Erlernen einer »topografischen Karte« zu schaffen – womit also der Orientierungsflug einen Extremfall des Explorierens darstellt. Der Versuch konnte dies aufzeigen, weil die Wespe offenbar während des kühlen Wetters die Lage der gewohnten Wegmarken vergessen hatte.

Mein zweites Beispiel betrifft das Davontragen der leeren Eischale durch die Lachmöwe nach dem Schlüpfen eines Kükens. Solange eine Lachmöwe Eier bebrütet, rollt sie, wie so viele bodenbrütende Vogelarten, ein aus dem Nest geratenes Ei mit dem Schnabel in die Nestmulde zurück. Kurz nachdem ein Küken geschlüpft ist, nimmt die Möwe die Eischale in den Schnabel, beknabbert sie kurz, trägt sie, meistens fliegend, über eine beträchtliche Distanz weg und läßt sie schließlich fallen. Zusammen mit fünf Mitarbeitern habe ich versucht, die Funktion dieses scheinbar so unbedeutenden Verhaltens zu finden. Daß es eine lebenswichtige Funktion haben mußte, schien uns dadurch klar, daß das Verlassen des Nestes eine ausgesprochene Gefahr für die Brut bedeutet, so daß natürliche Auslese die Reaktion hätte unterdrücken müssen. Andere Möwen und auch Rabenkrähen sind nämlich immer auf der Suche nach alleingelassenen Eiern oder Küken, die ja leicht zu erbeuten sind. Der Vergleich verschiedener Möwenarten zeigte, daß nur die kleinen und daher gefährdeten Arten die Eischale regelmäßig wegtragen, daß aber gewisse kleine Arten wie die Dreizehenmöwe, deren Brut durch Nistplatzwahl weitgehend gegen Raubfeinde geschützt ist, die Eischale längere Zeit im Nest liegen lassen. Das wies auf eine Anti-Predator-Funktion des Davontragens hin, was uns auch deshalb plausibel schien, weil die Eischale durch ihre weiße Innenseite visuell viel auffälliger ist, als das farblich gut getarnte unversehrte Ei.

Um diese Funktion experimentell zu prüfen, legten wir außerhalb der besetzten Reviere in der Brutkolonie eine große Anzahl Eier aus, von denen wir die Hälfte durch Danebenlegen leerer Eischalen auszeichneten, alle übrigen jedoch isoliert darboten. Nach einer gewissen Zeit kontrollierten wir, wie viele der Eier von Raubfeinden gefressen worden waren. Es stellte sich heraus, daß Eier mit »Begleit-Eischale« weit öfter erbeutet wurden als die allein liegenden (von denen die Möwe »sie also entfernt hatte«). Dieses Ergebnis zeigte klar die Anti-Predator-Funktion des Schalenwegtragens. Die Tatsache, daß die Möwen auch halbe Ping-Pong-Bälle davontrugen, zeigte, vielleicht zum Überfluß, daß die Reaktion visuell auslösbar ist.

Im nächsten Freßfeind-Versuch boten wir Eischalen in verschiedenen Entfernungen zu den Eiern an. Das war insofern naheliegend, als die Möweneltern die Schalen immer über eine größere Entfernung wegtrugen. Wir fanden, daß die Verluste mit zunehmender Ei-zu-Schale-Distanz deutlich abnahmen. Diese Befunde werden besonders eindrucksvoll, wenn man bedenkt, daß die Schalenbeseitigung pro Ei durchschnittlich nicht mehr als etwa zehn Sekunden in Anspruch nimmt, pro Gelege (und Jahr) also eine Ausgabe (»cost«) von etwa 30 Sekunden ausmacht. Man wäre also entschuldigt, würde man dieses Verhalten als eine unbedeutende, sogar triviale Verhaltenskomponente betrachten. Die Versuche zeigten jedoch, daß diese Wegtragereaktion unter einem schweren Selektionsdruck steht und ihr Ausfall empfindliche Schäden zur Folge hätte.

Durch Versuche dieser Art konnten wir auch feststellen, daß die Farbe der Eischale für die Möwen wie für die Raubfeinde wichtig ist, ja daß die brütende Möwe sich auf die Individualfarbe ihrer eigenen Eier »dressiert« und Eischalen dieser Farbe bevorzugt wegträgt. Die Reaktion des Davontragens wird also von während der Inkubation gemachten Erfahrungen mitgesteuert – ein interessanter Fall von Übertragung einer Handlung auf die andere.

Auch in anderer Weise sind meine Forschungen weitgehend von Konrad Lorenz beeinflußt worden. Er hat mir immer wieder gesagt, daß die Ethologie und ihre Methoden uns sicherlich dahin führen würden, auch das Verhalten des Menschen besser zu verstehen. Als meine Frau und ich in den Jahren 1932 bis 1933 zwei Sommer und einen Winter unter den Eskimos von Ost-Grönland gelebt hatten, war es uns noch nicht klar gewesen, wie wichtig ethologische Erfahrungen gerade für diese Aufgabe waren. Ich bin zwar nicht, wie mein Freund Irenäus (Renki) Eibl-Eibesfeldt, ein berufsmäßiger Humanethologe geworden, habe aber doch in zwei Weisen Konrads Vorbild beherzigt:

Erstens hat mich schon längere Zeit »das menschliche Prädikament« interessiert, das heißt, der beunruhigende Verlust des Angepaßtseins der zivilisierten Menschheit. Obwohl, wie Konrad weiß, ich ihm nicht folgen kann, wenn er von den »Todsünden« der zivilisierten Menschheit schreibt, betrachte ich die fortschreitende Disadaption der Gesellschaft als eine Krankheit, die erst zur Sünde wird, wenn man klar sieht, in welcher Weise wir es verabsäumt haben, unsere neue Umgebung (die wir selbst so weitgehend verändert haben) wieder korrigierend an unsere natürlichen angeborenen Bedürfnisse anzupassen. Und dies kann nur durch eine verantwortungsbewußte Änderung unseres Verhaltens und unseres Lebensstiles erfolgen. Zweitens haben meine Frau und ich zusammen einen Spezialfall einer Zivilisationskrankheit, nämlich den frühkindlichen Autismus untersucht, der einer ethologischen Analyse zugänglich ist und sich dann als Folge einer emotionellen Schädigung erweist. Hiermit ist auch die Möglichkeit einer Heilbehandlung gegeben, die zwar in der Psychiatrie weitgehend noch nicht angewandt wird, aber schon ihren Wert demonstrieren konnte.

So hat unser Aufenthalt in Altenberg im Jahre 1937 für meine Forschungen eine entscheidende Bedeutung gehabt. Daher das Wort »cheerful« am Anfang dieses Beitrages!

Oxford, Frühling 1988

Amélie Koehler

Ornithologen und Verhaltensforscher

»Was mit dem lieblichen Geschöpff denen Vögeln... man sich vor Lust und Zeit-Vertreib machen könne« hat Freiherr von Pernau anno 1702 in seinem »Unterricht« abgehandelt als das Thema, »worzu mich meine *inclination* am meisten treibet, wie es gleichwol auch etwas solches ist, worinnen man eine von Gott zugelassene Ergötzlichkeit finden und Gottes Allmacht zu bewundern und zu preisen Gelegenheit bekommen kann.« Er bemüht sich, die ihm bekannten Vögel nach ihren Eigenschaften zu ordnen, macht Versuche zur Entwicklung des Vogelgesangs, und er beschreibt, wie man Vögel zähmen kann, um sie in natürlicher Umgebung freifliegend zu halten und zu beobachten.

Dieselbe *inclination* verband drei Forscher, die mehr als 200 Jahre nach von Pernau die angedeuteten Fragen zu ihren besonderen Anliegen machten: Erwin Stresemann, Otto Koehler und Konrad Lorenz.

Die Bekanntschaft Stresemann – Koehler reicht weit zurück. »Vor fast 40 Jahren diskutierten zwei Münchener Studenten, die die Woche über dies- und jenseits der vielberufenen Eisentür zwischen der Zoologischen Sammlung und dem Zoologischen Institut Richard Hertwigs in der Alten Akademie arbeiteten, am Sonntagmittag eifrig miteinander, indem jeder das Seine pries: hie Freiland-, dort Laboratoriumszoologie; hie Anatomie, dort Physiologie; hie Verhalten, da Chromosome; hie Systematik und weit ausgreifender Vergleich, da Tiefbohrung an einem Spezialproblem, womöglich ein Leben lang an einer und derselben Spezies. So angeregt sie waren, geeinigt haben sie sich damals nicht, auf die Länge gesehen aber vielleicht doch: denn beide haben inzwischen sehr wohl bemerkt, daß Eisentüren sich weit öffnen lassen, und beide haben es getan. Mein damaliger Gesprächspartner hat inzwischen seine geliebte Ornithologie zu ungeahnter Vielseitigkeit entwickeln helfen, zum reinen dies academicus, da alle Disziplinen einander begegnen.«

Mit diesem Rückblick beginnt Koehler 1949 seinen Beitrag »Vorsprachliches Denken und ›Zählen‹ der Vögel« zur Stresemann-Festschrift, die den Titel trägt »Ornithologie als biologische Wissenschaft«. Lorenz schrieb dafür einen Aufsatz über »Die Beziehungen zwischen Kopfform und Zirkelbewegung bei Sturniden und Ikteriden«. An der Feier zum 60. Geburtstag nahmen beide nicht teil. Berlin war in dieser Zeit schwer erreichbar, und die Stresemannsche Notwohnung bot nur wenigen Gästen aus dem nahen Umkreis Raum.

Lorenz hatte sein Erstlingswerk, die Geschichte der zahmen Dohle Tschok, auf Oskar Heinroths Rat an Stresemann als Herausgeber des Journals für Ornithologie geschickt mit dem Ergebnis, daß dort 1927 seine »Beobachtungen an Dohlen« und 1931 die »Beiträge zur Ethologie sozialer Corviden« erschienen. Fast alle seine Arbeiten der folgenden Jahre enthält ebenfalls das Journal, in Stichworten: die arteigenen Triebhandlungen (1932), das Fliegen (1933), den Kumpan (1935), und sicher war jede dieser Veröffentlichungen mit ausführlicher Korrespondenz verbunden.

Am 10. Januar 1936 wurde in Berlin die »Deutsche Gesellschaft für Tierpsychologie« gegründet und zugleich die Herausgabe der »Zeitschrift für Tierpsychologie« angekündigt, deren erster Band 1937 erschien. Dies führte zur engeren Zusammenarbeit der Beteiligten Koehler und Lorenz. Die Arbeit über die Eirollbewegung der Graugans (1938), die Lorenz gemeinsam mit Niko Tinbergen im väterlichen Familiensitz Altenberg durchgeführt hatte, und eine Abhandlung über »Die Paarbildung beim Kolkraben« (1940) wurden in der ZfT publiziert. Die »Vergleichenden Bewegungsstudien an Anatiden« (1941) erschienen jedoch wiederum im Journal, und zwar in der Festschrift für Oskar Heinroth anläßlich seines 70. Geburtstages.

Unter den Gästen, die zu Heinroths Ehren in Berlin zusammenkamen, war auch Lorenz, neuerdings Ordinarius für Humanpsychologie in Königsberg. Die Berufung auf diesen Lehrstuhl hatte Eduard Baumgarten durchgesetzt, mit freudiger Unterstützung von Koehler. Er leitete seit 1925 das Königsberger Zoologische Institut, hatte in der Zwischenzeit Altenberg kennengelernt, und die Möglichkeit, in ständigem Austausch am gleichen Ort die Verhaltensforschung zu fördern, schien verheißungsvoll. Koehlers Abhandlung über das Ganzheitsproblem in der Biologie hatte Lorenz aus schweren Konflikten erlöst, indem sie ihm klarmachte, daß »das, was wir den ganzen Tag trieben, nämlich gesunde Tiere in möglichst natürlichem Lebensraum beobachten, wissenschaftlich genauso legitim war wie jedes exakte Experiment« (ZfT 35, 470). Lorenz' Schrift über »Die angeborenen Formen möglicher Erfahrung« (1943) entstand in gemeinsamer Diskussion. Freilandbeobachtung und experimentelle Verhaltensphysiologie fanden schon in Königsberg ihre erste gemeinsame Stätte.

Doch nach knapp einem Jahr wurde Lorenz zum Kriegsdienst einberufen. Das Zoologische Institut war abgebrannt, seine Frau Annemarie war gestorben, als es Koehler 1945 eben noch rechtzeitig gelang, das zerstörte Königsberg zu verlassen. Stresemann war zum Volkssturm einberufen und erwartete in Berlin den Einmarsch der Russen.

Alle drei überlebten. Stresemann wanderte, quer durch die Trümmer von Berlin, zu Fuß ins Museum für Naturkunde. Dessen Hauptbibliothek, die wegen der Luftangriffe ausgelagert worden war, hatte er unter abenteuerlichen Umständen aus dem schon umkämpften Oder-Gebiet zurückholen können. Die Sammlungen im Museum waren größtenteils erhalten geblieben. Während Koehler 1946 in Freiburg die Zoologie wieder aufzubauen begann, befand sich Lorenz noch in russischer Kriegsgefangenschaft. Doch mit Gretl Lorenz in Altenberg wurden, sobald es möglich war, Briefe gewechselt. Nach vielen Monaten bangen Wartens heißt es am Montag, dem 23. Februar 1948: »Samstag abends ist Konrad gekommen, gesund an Leib und Kopf, lustig und geräuschvoll...«, und am 3. März schreibt der Heimkehrer selber: »Lieber Freund Koehler! Ich begrüße Sie! Da bin ich wieder! Ein bisserl grau, aber sonst durchaus unbeschädigt, ja vielleicht sogar ein klein wenig gewachsen. Das Manuskript habe ich richtig mitgebracht. Es hat ein paar Monate gekostet, was aber für eine Sache lohnt, an der man fast 4 Jahre gearbeitet hat, wenn auch nicht ununterbrochen. Ich bin sehr neugierig, was Sie dazu sagen werden, es ist an sich nichts Neues, sondern nur der Versuch, alles das, was die vergleichende Verhaltensforschung seit Whitman und Heinroth herausgebracht hat, zusammenhängend und in Buchform darzustellen...« Das Buch »Vergleichende Verhaltensforschung. Grundlagen der Ethologie« ist 1978 erschienen. Stresemann und Koehler haben diese Veröffentlichung nicht mehr miterlebt.

Meine Mutter – seit 1941 in zweiter Ehe Frau Stresemann – und ich erlebten das Kriegsende in Niedersachsen. Zu Anfang des Jahres 1947 kehrten wir schwarz über die Grenze mit viel Hin und Her bei eisiger Kälte nach Berlin zurück. Unser Haus war erhalten geblieben, aber von Amerikanern besetzt. In der so hoch gepriesenen Wohnung, die wir am frühen Morgen betraten, roch es merkwürdig, die Wände des größeren Zimmers waren kohlschwarz. Der »pontifex maximus« der Ornithologie hatte beim Ofenheizen glühende Asche in einen Pappeimer entleert. Glücklicherweise waren die Wände gerissen, so daß der Rauch hindurchzog und ihn zum Löschen weckte. Irgend jemand wußte, daß man Ruß mit Brotrinde abreiben könne. Wir opferten ein paar Stückchen, gaben aber die Reinigungsversuche bald auf und begnügten uns damit, nach Kinderart die Wände zu bemalen. Die Aufschrift »Amélie ist doof« war – mangels entbehrlicher Brotrinde – lange nicht zu tilgen. Es kam der Blockadewinter mit harten Einschränkungen und dem Dröhnen der »Rosinenbomber«. Nun war nur noch das kleinere der beiden Zimmer bewohnbar. Auf der »Kochhexe« als einziger Wärmequelle dampften Trockenmöhren, Trockenkohl, Trockenkartoffeln; abends wurde der Docht im Deckel eines Ölfläschchens entzündet, dessen Flamme die Mitte des Tisches notdürftig erhellte. Mein Abitur stand nahe bevor, Stresemann schrieb sein Buch »Die Entwicklung der Ornithologie«. Es endet mit der Verhaltensforschung, mit Lorenz und Koehler.

Allmählich wurden die in- und ausländischen Grenzen wieder passierbar, die Zeitschriften lebten wieder auf, Vortragsreisen und Kongreßbesuche gaben Anlaß zur Begegnung. Nur einige sollen hervorgehoben sein.

»Hurrah, Sie kommen! So do I!« schreibt Lorenz hoffnungsvoll an Koehler, nämlich zu dem allerersten kleinen internationalen Treffen der Verhaltensforscher auf Einladung von Thorpe 1949 in Cambridge. Tatsächlich wurde beiden die Ausreise gestattet. Im Oktober 1950 fand in Wiesbaden die erste Tagung der zuvor in Freiburg wiedererstandenen Deutschen Ornithologen-Gesellschaft statt. Lorenz war zugegen, Stresemann kam aus Berlin, ich aus Würzburg. Wir hörten gebannt Koehlers Vortrag »Der Vogelgesang als Vorstufe von Musik und Sprache«. Im folgenden Jahr bei der Zoologen-Tagung in Wilhelmshaven zeigte Gustav Kramer uns seinen Versuchsraum für die Dressur von Staren unter der künstlichen Sonne, und Erich von Holst führte eines seiner Flugmodelle vor. Es stieg, schwenkte ein, glitt in elegantem Bogen unter einer Teppichklopfstange hindurch und ging mit mattem Flügelschlag zu Boden – so lebensnah, daß Alfred Kühn bedauernd sagte: »Das arme Tier!« Lorenz war diesmal nicht zugegen, denn es hatte sich Wichtiges ereignet, was er Koehler mit berechtigtem Jubel kundtut:

Schloß Buldern über Dülmen in Westfalen,
den 4. Jänner 1951.

Lieber Otto!
Also, mir hams geschafft, mit Pauken und Kanonen... Immerhin war der Kommissionsbeschluß in sich widerspruchsvoll. Dennoch hat der Senat einstimmig die Außenstation Buldern als selbständige Abteilung des Kaiser-Max-Institutes für Wilhelmsbiologie in Meereshaven beschlossen. Ich wurde sogar zum Mitglied der Kaiser-Max-Gesellschaft erwählt, wenn auch nicht zum wissenschaftlichen. Holst hat uns zu Weihnachten seinen DKW geschenkt, ein unentbehrlicher Bestandteil des werdenden Stitutes. Das Wägelchen heißt Panninchen, weil so groß wie ein Kaninchen und bei jeder Fahrt mindestens eine Panne. Ich sitze mit Schleidt bereits für dauernd hier, baue Aquarien, vermesse mit dem Baron das riesige Gänseterritorium, um zu planen, wo die *Inseln* hinkommen sollen. Es sind große Carex-durchsetzte Sauerwiesen, in denen einige tiefere Schilfteiche liegen. Das Ganze wird durch Hebung des Wasserspiegels überschwemmt, so daß ein ganz flaches (20 cm) Wasser von riesigen Ausmaßen entsteht, in dem einige größere Inseln erst zu fabrizieren sind; sonst wären nur die Dämme um die Teiche herum, die durch deren Ausheben entstanden sind, über der Wasserfläche. Wir wollen eben diese Dämme durch Aushebung weiterer Teiche zu einer Insel vergrößern, auf die eine kleine Bude für Junggänse, Brutapparate, brütende Puten etc. gebaut wird. Kannst Du Dir vorstellen, was für ein prima Gänsebiotop das wird? Die schon vorhandenen Schloßteiche werden für die Enten reserviert. Die Gänsemassen

würden auf den schönen Rasenflächen zu viel Schaden und Dreck machen. Unser Aquarien-Glashaus wird ein Kabinetts-Stückerl. 36 große m-lange Gestellbecken, ein 1½ mal 5 m großes Betonbecken werden heuer schon fertig, ein Riesen-Gestellaquarium ist geplant. Ich werde meine Entenarbeit so fortsetzen, daß ich alles *intensive* Studium von Einzelarten und kleineren Gruppen *hier* mache, extensiv vergleichende Arbeiten aber, wie geplant, in Slimbridge machen werde, wo ich alljährlich ein oder zwei Monate zu verbringen gedenke. Von dem Geld, das für mich schon losgeeist wurde, will Scott einen Assistenten, den Niko aussuchte, in Sl. anstellen »to provide some continuity to your duck-studies«. Prima, was? Ich fahre heuer wahrscheinlich etwas später hin als ursprünglich geplant, weil ich noch zuerst die Beschaffung und Bebrütung von Grauganseiern überwachen will, die ich aus Schleswig bekomme. Die Verbindungen hierzu sind schon vorhanden. Morgen fahre ich nach Düsseldorf, meinen Paß in Ordnung bringen, weil ich vom 24ten Jänner bis 6ten Februar auf eine sehr geldverdienstliche Vortragsreise in die Schweiz fahre. Nach Dd. fahre ich morgen nicht im Panninchen, sondern mit dem barönlichen Opel, welcher schneller fährt und innen geheizt ist. Geht's mir nicht gut?... Die Greterl hat nach Erhalt des Siegestelegrammes Erichs einen begeisterten Brief geschrieben, in dem folgender herrliche Aphorismus steht: »So gratuliere ich Dir also ergebenst und mir auch und gebe kühnsten Hoffnungen Raum. Wer weiß, vielleicht wirst Du noch einmal so berühmt, wie Du schon bist.« Ich treffe mich mit ihr in Bern und freue mich rasend darauf. Sie betreibt bereits unsere Übersiedlung, und ich hoffe, daß vor unserer Englandreise alles geordnet ist. Da ich mir als Planckianer von den Engländern ja nichts zahlen lassen kann, habe ich mir als Bezahlung meines Institutes für meine Abwesenheit einen entsprechenden Betrag an guten Jungvögeln ausbedungen. Anatiden sind hier ja kaum zu kriegen, und auf diese Weise kriege ich auf einen Schlag einen beachtlichen Grundstock für meinen hiesigen Anatidenbestand. – Mir kommt das Ganze noch wie ein Traum vor. Wenn ich mit meinem eigenen Auto herumfahre, bestellend und gleich bar bezahlend, so glaube ich immer, ich werde gleich aufwachen und das alles wird nicht wahr sein. Ich fürchte wie Polykrates eine Rache des Schicksals und fahre ganz vorsichtig, daß ich mich ja nicht derstöße. Vor dem 19ten Dez. bin ich viel forscher gefahren. Wenn nur kein Krieg kommt – wird schon nicht!... Mit dem Ausdruck allerbester Laune Dein sehr ergebener

Konrad

Nun war es gelungen, was in Altenberg der Krieg verhindert hatte: Lorenz bekam ein eigenes Institut für Verhaltensforschung. Um dieses Wunder zu bestaunen, fuhren wir – Koehler, Stresemann und ich – von Wilhelmshaven gleich weiter zu einem kurzen Besuch in Buldern.

Wiederum 1 Jahr später, bald nach der Einweihung des auf den alten Weismannschen Fundamenten neu errichteten Zoologischen Instituts, hatte Koehler Zoologen und Ornithologen zu ihren Jahrestagungen nach Freiburg eingeladen und das Programm so eingerichtet, »daß viele Vortragsthemen gemeinsam verhandelt wurden. Dies gab den Ornithologen einerseits Gelegenheit, ihr eigenes Arbeitsgebiet mit dem größeren der Zoologie verflochten zu sehen, zeigte ihnen andererseits aber auch, daß die Ornithologie durchaus in der Lage ist, viel zur allgemeinen biologischen Erkenntnis beizutragen. Kein Wunder also, daß diese Veranstaltung alles herbeigelockt hatte, was irgend abkommen konnte, und daß gerade sie zu einem überaus fruchtbaren Meinungsaustausch weit über den Rahmen des offiziellen Programms hinaus führte...« (J. Orn. 94, 361). Als ein seltener Gast war auch Otto Koenig aus Wien gekommen. Er hielt »ein sowohl seiner urwüchsigen Dynamik wie seiner scharfsinnigen Beobachtungs- und Deutungsweise wegen außerordentlich eindrucksvolles Referat über ›die Kindes- und Jugendpsychologie der europäischen Reiher‹« (ebda. 363). Lorenz schilderte die Entwicklung der vergleichenden Verhaltensforschung in den letzten 12 Jahren, Karl von Frisch und Gustav Kramer trugen ihre Ergebnisse über die Sonnenorientierung der Bienen und der Stare vor. Bernhard Rensch sprach über transspezifische Evolution – um nur einige Beiträge zu erwähnen. Erfüllt von den Eindrücken dieser Tagung, meldete ich mich für das Zoologische Großpraktikum in Freiburg an.

Die Praktikantin wurde Mitarbeiterin, 1955 heirateten Otto Koehler und ich in Berlin. Unsere Trauzeugen waren Konrad Lorenz und Helmut Wagner – letzterer als eine Gestalt meiner Kinderzeit im Kölner Zoo, den H. O. Wagner mit Tieren, hauptsächlich mit Vögeln zu beliefern pflegte; seine Verhaltensbeobachtungen an Kolibris u. a. sind in der ZfT erschienen. Mein Vater Friedrich Hauchecorne teilte mit Lorenz die Gabe, Tiere zu zeichnen, besonders ihre Haltungen und Bewegungen zu skizzieren. Er gehörte seit ihrer Gründung zum Beirat der Gesellschaft für Tierpsychologie; weitere Mitwirkung wurde durch seinen frühen Tod vereitelt.

Nachfolgerin der Gesellschaft für Tierpsychologie, die den Krieg nicht überstanden hatte, wurde 1978 die Ethologische Gesellschaft. Ihr Wahrzeichen ist die Ei-einrollende Graugans.

Zum 5. Internationalen Ethologenkongreß im September 1957 trafen sich in Freiburg 110 Teilnehmer aus 12 Ländern. Die physiologische Verhaltensanalyse nahm so breiten Raum ein, daß Niko Tinbergen im Schlußwort seine Zufriedenheit darüber äußerte, aber zugleich mahnte, die Freilandforschung dürfe nicht vergessen werden. »In biological sciences, the intensity of contact with the natural objects will often fluctuate in times to come, but a balanced growth can only be ensured by being careful not to lose touch altogether« (ZfT *14*, 380). Seither sind gut 30 Jahre vergangen. Wie die Neuroethologie mit ständig verfeinerten Methoden im Labor, so haben auch öko-ethologische und soziologische Studien in natürlicher Umwelt gleichermaßen unser Wissen bereichert.

Die Gänse aus Buldern und ihre Nachkommen schwammen mittlerweile auf dem Ess-See bei Starnberg. Am 16. September 1958 wurde das Max-Planck-Institut für Verhaltensphysiologie in Seewiesen offiziell eingeweiht, als gemeinsames Institut von Konrad Lorenz und Erich von Holst, wunderschön gelegen, mit idealen Arbeitsmöglichkeiten. Wie bei den 70. Geburtstagen von Stresemann und Koehler, die während der DOG-Tagung 1959 in Stuttgart und dann zur rechten Zeit in Berlin und in Freiburg gefeiert worden waren, so trafen wir auch 1963 in Seewiesen wieder alle zusammen, um Konrads 60. Geburtstag festlich zu begehen – mit wissenschaftlicher Würdigung, Chorgesang und Versen. Es kamen Gäste von nah und fern, doch zwei Freunde fehlten: Gustav Kramer († 1959) und Erich von Holst († 1962).

In einem Brief von Lorenz an Koehler vom 13. 11. 1972 heißt es: »Ich schreibe fleißig an meinem Buch, gehe täglich vor Sonnenaufgang und vor Sonnenuntergang auf gut 1½ Stunden mit den Gänsen ins Moor, was heute früh bei strömendem Regen und Sturm kein

Vergnügen war. Aber die Viecher sind so maßlos interessant...«
Dieses Buch, dem »Das sogenannte Böse« (1963) vorausging, war
»Die Rückseite des Spiegels« (1973); es ist »der Erinnerung an Königsberg gewidmet sowie meinen Königsberger Freunden, vor allem Otto Koehler und Eduard Baumgarten.«

Nun ist das lang geplante Gänse-Buch tatsächlich im Druck und ein weiteres über Fische vorgesehen. Die Gänse in Grünau, die Fische in Altenberg sind erreichbar, wenn auch »das Hatschen« schwerfällt. Daß schon 5 Jahre vergangen sind, seit ich Konrad und Gretl in Wien beim Festakt zu seinem 80. Geburtstag sah, ist kaum denkbar.

Den Tiergeschichten »Er redete mit dem Vieh, den Vögeln und den Fischen« (1949) hat Lorenz die Verse von Peter Rosegger vorangestellt: »Was ich im Zorn vollbracht / wuchs voll Pracht / über Nacht – und ward verregnet. Was ich aus Lieb' gesät / keimte stet / reifte spät – und ist gesegnet.« Lorenz, Koehler und Stresemann haben, jeder auf seine Weise – denn gerade ihre Verschiedenheit bei gleichem geistigen Anspruch führte sie zusammen – mit großer Hingabe sich bemüht, der Verhaltensforschung einen guten Boden zu bereiten, und die Saat ist aufgegangen.
Hier wird die Ernte eingebracht...*

Freiburg, im Frühjahr 1988

Amélie Koehler

---

* Gästebucheintragung von Konrad Lorenz (22. 1. 1956). Erwin Stresemann war in Moskau; Vesta Stresemann, Konrad und Gretl Lorenz trafen sich bei Koehlers in Freiburg. Da kam die Nachricht vom Einbruch in Stresemanns Wohnung in Berlin in der Wandalenallee 38.

Wolfgang Wickler

Die Entwicklung der Ethologie in Seewiesen nach Konrad Lorenz

Vor 35 Jahren, im Wintersemester 1953/54, habe ich in Münster die erste Vorlesung, »Einführung in die vergleichende Verhaltenslehre«, von Konrad Lorenz gehört. Es war mein 6. Studiensemester; ich hatte gerade mit Prof. S. Strugger, dem Botaniker, eine Dissertation über Proplastiden verabredet. Lorenz las – nein, er berichtete in oft unkonventioneller Art begeistert vom alltäglichen Verhalten der Tiere, querbeet von Protozoen bis zu Wirbeltieren. Außerdem verschlang ich von ihm »Die angeborenen Formen möglicher Erfahrung« wie einen Krimi, und zwar neben einer vergleichsweisen braven Vorlesung von B. Rensch: »Bewußtseinserscheinungen, Nervensystem und Sinnesorgane. Biologische und Naturphilosophische Analyse«.

Da war es passiert. Ich ließ die Proplastiden in Ruhe. Man konnte ja wesentliche Zoologie und Philosophie draußen bei den Tieren betreiben, ohne sie aufzuschneiden oder in vertrackte Experimente zu zwingen. 1954 war ich Doktorand bei Lorenz in Buldern. Mein Promotionstier war ein ungewöhnlicher Fisch aus dem Gardasee, *Blennius fluviatilis*, mitgebracht in leeren Chiantiflaschen von einem Urlaub in Sirmione. Ich bin dann bei Lorenz gefangen gehaltenen Tieren gegenüber allerdings immer etwas reserviert geblieben und habe schließlich die Flaschen samt Chianti lieber dorthin mitgenommen, wo die Evolution dem Verhalten der Tiere direkt mitspielt, nämlich in die freie Wildbahn.

Vor 15 Jahren ging Konrad Lorenz aus dem von ihm mitgegründeten Ethologie-Institut in Seewiesen in den sogenannten Ruhestand. Was ist seither aus seiner Hinterlassenschaft geworden?

Historischer und sachlicher Ausgangspunkt der Ethologie ist die von Konrad Lorenz begründete »Vergleichende Verhaltensforschung«; diesen Titel gab er 1939 einer ersten zusammenfassenden Darstellung und, vier Jahrzehnte später, seinem Übersichtsbuch aus dem Jahre 1978. Dazwischen liegt die Zeitspanne von 20 Jahren, in denen er (vom 1. 4. 1954 bis zum 1. 12. 1973) als Direktor das Max-Planck-Institut in Buldern und dann Seewiesen leitete. Das Institut hieß von Anfang an »Max-Planck-Institut für Verhaltensphysiologie« und heißt bis heute so. Dieser Name zeigt an, welchen Schwerpunkt die Forscher für die weitere Analyse des Verhaltens zunächst setzten.

Konrad Lorenz begann mit vergleichenden Studien verschiedener Tierarten und verschiedener Altersstufen innerhalb der Arten. So beobachtete er die Ontogenese vieler Verhaltensweisen und erschloß ihre Phylogenese. Die Kernfrage, um die es ihm und seinen Mitarbeitern vorrangig ging, war, wie es dazu kommt, daß das Verhalten schlußendlich adaptiv, d. h. biologisch sinnvoll ist. Die besondere Betonung der Physiologie des Verhaltens lenkt zwar den Blick vom sichtbaren Verhalten auf die ihm zugrunde liegende »Verhaltensmaschinerie«, bezieht aber auch die Frage nach der Herkunft der Angepaßtheit mit ein in diesen Bereich der Verhaltensbausteine – doch bleibt sie hier dann in der Regel hinter der sogenannten unmittelbaren Kausalforschung zurück.

Es ist allemal ein kompliziertes Unterfangen, die Bauteile und Schaltpläne einer Maschine zu ergründen. Entsprechend wuchs die Physiologie in Seewiesen aus der Gründerabteilung E. v. Holsts (bis 1962) um die Abteilungen von J. Aschoff (1958–81, Biorhythmen), H. Mittelstaedt (1960, Biokybernetik), D. Schneider (1964–85, Riechphysiologie der Insekten) und F. Huber (1973, Neuroethologie an Insekten).

Basis des physiologischen Arbeitens ist selbstverständlich auch das Vergleichen, nämlich verschieden behandelter Tiere oder der (mindestens gedachten) Kontroll-Individuen mit den experimentell manipulierten Individuen; dennoch meint das Wort »vergleichend« in Bezeichnungen wie »vergleichende Anatomie«, »vergleichende Sprachwissenschaft«, »vergleichende Verhaltensforschung« ein Vergleichen solcher Einheiten, die vom Untersucher weitgehend unbeeinflußt blieben. Freilich werden auch hier Einflüsse untersucht, aber eben nicht vom Forscher experimentell gesetzte, sondern von »der Natur« ausgeübte. Der Unterschied zwischen »experimentell« und »vergleichend« arbeitenden Wissenschaftlern liegt also vor allem darin, ob der Untersucher selbst den in Frage stehenden Einfluß ausübt oder nicht. Die vergleichende Verhaltensforschung fragt dementsprechend nach den natürlichen Einflüssen, die das Verhalten modifizieren oder im Laufe der Stammesgeschichte modifiziert haben.

In dieser Richtung arbeitend übernahmen mehrere Schüler und enge Mitarbeiter von K. Lorenz am Seewiesener Institut eigene Bereiche: so P. Leyhausen von 1962–81 eine Arbeitsgruppe in Wuppertal zur Untersuchung des Verhaltens der katzenartigen Raubtiere, I. Eibl-Eibesfeldt seit 1975 eine Forschungsstelle für die von ihm begründete Human-Ethologie; E. Gwinner leitet verantwortlich seit 1979 die dem Institut angeschlossene Vogelwarte Radolfzell, in der vor allem der Vogelzug und seine Jahresrhythmik erforscht werden. Angeschlossen wurde die Vogelwarte, jeweils für rund 10 Jahre, zunächst der Abteilung Lorenz und dann der Abteilung Aschoff, derzeit der Abteilung Wickler. An diesen Zuordnungen zeigt sich, wo die festesten Kooperationsbrücken bestanden und bestehen.

Ich übernahm in Seewiesen in der Nachfolge von Lorenz und in Fortsetzung der vergleichend ethologischen Arbeitsrichtung eine »Abteilung für Öko-Soziologie«, deren Schwerpunkt auf dem Sozialverhalten der Tiere in seiner Abhängigkeit von (und Angepaßtheit an) Faktoren der unbelebten und belebten Umwelt liegt. Diese Themenstellung wurde dadurch besonders akut, daß das Sozialverhalten vieler Tiere sich als plastischer erwies, als man ursprünglich vermutet hatte, und sich bei ein und derselben Art je nach ökologischen Bedingungen ganz verschiedene Familienformen und Sozialstrukturen einstellten. Daraus ergab sich für die Forschung eine weitgehende Verlagerung ins Freiland. Denn die von K. Lorenz immer wieder in den Interessenvordergrund gestellte Frage nach dem Anpassungswert der Verhaltensweisen läßt sich ja nur in der Umgebung untersuchen, an die die jeweilige Verhaltensweise angepaßt erscheint. Und das ist (wenn wir von Haustieren einmal absehen) der natürliche Lebensraum der betreffenden Art, und zwar möglichst der vom Menschen unbeeinflußte Lebensraum, in dem sich mutmaßlich die Evolution des in Frage stehenden Verhaltens abgespielt hat.

Den Anpassungswert untersuchen heißt weiterhin, ihn nicht nur in Form plausibler Annahmen zu erschließen (das wäre das Stadium der Arbeitshypothese), sondern ihn messend nachzuweisen. Voraussetzung dafür ist eine klare Vorstellung, worin genau der Anpassungswert liegt. Zeigen muß er sich als Selektionsvorteil, d. h. als Vorteil gegenüber einer zum Vergleich heranzuziehenden Alternative. Diese richtig auszuwählen (und überhaupt erst einmal zu finden), ist der oft mühsame Prozeß der präzisen Fragestellung, d. h. der Entwicklung einer vernünftigen Vorstellung darüber, welches Schicksal der erfolgreicheren und welches der weniger erfolgreichen Variante beschieden ist. Das geht nicht ohne hinreichende biologische und ethologische Grundkenntnis der zu untersuchenden Tiere, aber auch nicht ohne gründliche theoretische Vorüberlegungen.

Den Selektionsvorteil zu messen heißt, die Vermehrungsraten zu messen, also den direkten und indirekten Lebens-Fortpflanzungserfolg der zu vergleichenden Individuen. Kein Wunder also, daß man dann möglichst kurzlebige Tiere untersucht; nur haben oft gerade die langlebigen Arten das für uns interessantere Sozialverhalten. Wie die Erfahrung zeigt, sind kontinuierliche Freilandarbeiten von 10–12 Jahren und mehr erforderlich, um zu verläßlichen Ergebnissen zu kommen. Deshalb haben wir in der Zeit nach Lorenz trotz aller Ungeduld gerade ein öko-ethologisches Großprojekt pro Wissenschaftler durchführen können.

Die Anpassungsfrage stellt sich natürlich genau ebenso für alles Verhalten, das sich nicht auf Artgenossen richtet, sondern dem Fortbestehen des Individuums selbst dient; Beispiele sind Nahrungsaufnahme oder Feindvermeidung. Auch hier spielen Umweltfaktoren eine maßgebliche Rolle und können dem Individuum ganz verschiedene Strategien abverlangen. Zu den Führenden in diesem Bereich der ebenfalls freilandbezogenen, theoriegeleiteten und durch Experimente gestützten Verhaltensforschung gehört J. Krebs (Oxford), seit 1985 auswärtiges wissenschaftliches Mitglied des Max-Planck-Institutes in Seewiesen.

Diese ganze Forschungsrichtung heißt heute »Verhaltensökologie« (behavioural ecology im Englischen) und erwuchs anfänglich aus den Arbeiten von N. Tinbergen (Oxford), der vor 50 Jahren mit Lorenz zusammenzuarbeiten begann und schon seit 1960 auswärtiges wissenschaftliches Mitglied des Seewiesener Instituts ist. So hat sich die ursprünglich rein persönlich-freundschaftliche Achse Seewiesen–Oxford institutionell verfestigt.

Einige ehemalige Schüler von Konrad Lorenz, die mit ihm in Seewiesen gearbeitet haben, lehren heute Ethologie an deutschen Universitäten; führend unter ihnen E. Curio (Bochum). Andere gingen ins Ausland und auf andere Kontinente, so z. B. W. Heiligenberg nach San Diego (USA), A. Rasa nach Pretoria (Südafrika); W. Schleidt war lange Jahre in Maryland (USA) und kam kürzlich zurück an das Institut für vergleichende Verhaltensforschung der österreichischen Akademie der Wissenschaften, in dem er und Konrad Lorenz schon gearbeitet haben, ehe sie zur Max-Planck-Gesellschaft überwechselten. Gerade eben wurde J. Dittami auf einen Lehrstuhl der Universität Wien berufen, also ebenfalls in die unmittelbare Nähe von K. Lorenz, der emeritiert bei Wien wohnt. So entstanden neue Verbindungen von Seewiesen zurück zum Ursprungsland der modernen Verhaltensforschung.

In dieser modernen Verhaltensforschung zeichnet sich ein deutlicher Entwicklungstrend ab zu einer Evolutions- oder Populationsökologie, erwachsen aus der Frage nach den Bedingungen, unter denen die natürliche Selektion zum heute vorhandenen Verhalten der Lebewesen, speziell zu ihrem Sozialverhalten und zu ihren Sozialstrukturen führen konnte. Nach wie vor ist daneben in Seewiesen die alte Frage akut, ob die einzelnen Verhaltensweisen Anpassungsformen sind und wie diese Anpassungen und die Verhaltensformen selbst zustande kommen. Um Antworten auf diese Frage zu finden, sind neue Forschungsschwerpunkte gesetzt und dementsprechend neue Wege beschritten worden. Ein internationales Experten-Gremium kam soeben zu dem Urteil, Seewiesen gehöre mit seinen modernen Forschungskonzepten, zu denen im ethologischen Bereich auch das Einbeziehen der Populationsgenetik und Spieltheorie zählen, nach wie vor zur Weltspitze der Verhaltensforschung, an die Konrad Lorenz es gesetzt hatte.

Wesentlich dafür sind besondere technische Voraussetzungen, die an diesem Institut in besonderer Weise gegeben sind. Vor allem die erwähnte langwierige Freilandarbeit erfordert, beträchtliche (Sach- und Personal-)Mittel im voraus bereitzustellen, was in der reinen Wissenschaft heute ungemein schwer, im Rahmen der Max-Planck-Gesellschaft aber glücklicherweise möglich geblieben ist.

Die Seewiesener Ethologen sehen ihre Tradition und ihre speziellen Chancen als Aufgabe; sie wissen, daß Adel verpflichtet.

Seewiesen, im März 1988

Personenregister

(Die Namen Oskar Heinroth und Konrad Lorenz wurden der Häufigkeit wegen nicht ins Personenregister aufgenommen.)

A
Allesch, G. J. v. 225
Alverdes, F. 75, 130, 133, 180
Antonius, O. 89, 107, 131, 147, 157, 161, 164f., 175, 181, 183, 229, 236, 255, 265f., 287, 289
Aschoff, J. 325f.

B
Backhof 300
Baerends, G. P. 305
Barclay-Smith 234
Baumgarten, E. 316, 323
Bayr-Klimpfinger, S. 22
Berg, B. 36f., 56
Beurlen, K. 296
Bierens de Haan, J. A. 171, 173, 223
Blaauw 83
Boase 202
Bölsche, W. 302
Boetticher, H. v. 270
Bosch 247, 257
Bradley, H. T. 188f.
Brehm, A. 42
Brehm, B. 274
Brückner, G. H. 169ff., 203
Bühler, K. 180
Busch, W. 226

C
Caesar 299f.
Colloredo, Graf 52f.
Correns 211
Craig, W. 222
Curio, E. 328

D
Darwin, Ch. 301, 310
Dähne 114f.
Dawkins, R. 307
Delacour, M. 234f., 236, 240, 253, 256, 271
Demoll, R. 133
Desselberger 144
Dittami, J. 328

E
Effertz, J. 222, 225f.
Ehrenberg 251
Eibl-Eibesfeldt, I. 22, 305, 313, 326
Eipper, P. 73
Erhardt 171

F
Fabrizius, J. 305
Finkh 135
Foerster 293
Frisch, K. v. 8, 272, 286, 289, 321
Fritsche 295f.
Frommhold 93, 147, 188

G
Glasewaldt, K. 271f.
Glatzel 289
Glum 228f., 231
Goodall, J. 306
Gottschlag 115
Gotzmann 292
Goya 260
Greite 296
Grey, Lord 277

Groebbels, F. 273
Gwinner, E. 326

H
Haeckel, E. 301
Hämmerling 250
Hartert, E. 161
Hartmann 204f., 221, 247
Hase 283
Hauchecorne, F. 241, 322
Hauchecorne, Frau 272
Heck, H. 293
Heck, L. 58, 89, 91, 114, 121, 175f., 212, 228, 230, 258
Hecke 284, 286f., 289f., 291
Hediger, H. 217, 305
Heiligenberg, B. W. 328
Heinroth, K. 2, 7, 14, 168, 229, 271, 289, 299ff.
Heinroth, M. 2, 29, 32, 39, 54f., 69, 73, 79, 81, 92, 97, 103, 302
Heinze (»Lex Heinze«) 243
Hellmann 90, 182
Hempelmann, F. 171, 173
Henke, K. 261, 265
Hermes 255, 260, 265
Herter, K. 233
Hertwig, R. 315
Hertz 31
Hinde, R. A. 305
Holst, E. v. 11, 18f., 245, 319f., 322, 325
Huber, F. 325
Huxley, J. S. 188, 199

J
Jaensch, F. 225, 244
Jonny 306f.

K
Katz, D. 203
Kethe 258
Kiderle, R. 181
Király, J. 268, 270
Klaamo, van der 309
Klaudat 250
Klemm 254
Knecht, S. 286
Knoll, F. 267
Koehler, A. 2, 7, 315ff., 321
Koehler, A. 317
Koehler, O. 11, 13f., 19, 222, 228, 238, 247, 257, 266f., 273, 286f., 291, 295, 304, 315ff., 321ff.
Köhler, W. 199
Koenig, L. 11, 14, 21
Koenig, O. 2, 7ff., 321
Koenig, O. sen. 13
Kortlandt, A. 284
Kracht, W. 147
Kramer, G. 11, 16, 19, 108, 131, 195, 221, 238f., 243, 293, 319, 321f.
Krätzig, H. 248
Krebs, J. 327
Kronacher 220
Krueger 232
Krüger 183
Kruyt, W. 311
Küchler, W. 80
Kühn, A. 319
Kühnelt, W. 23

L
Lederer, G. 159
Leibniz, G. W. v. 150
Lersch 250f.
Leyhausen, P. 305, 326
Lorenz, A. 268, 282, 301f., 309
Lorenz, A. 129, 160, 163, 169, 231, 282, 292, 294
Lorenz, D. 304
Lorenz, G. 116, 119, 129, 162, 213, 237, 242, 257, 263f., 270, 278, 282, 292, 304, 309f., 317, 320
Lorenz, Th. 210, 213, 237, 239, 292f., 294
Löser 290

M
Marinelli, W. 41
McDougall, W. 206

Meinhold 300
Meise, W. 147, 286
Meyer-Holzapfel, M. 305
Mittelstaedt, H. 325
Mohr 156f.
Molitor 250
Morgan, C. L. 150, 206
Morgenstern, Ch. 157
Mourik, van 304
Müller 283

N
Nachtsheim, H. 286
Nehls 283
Nice, M. M. 162, 246
Nicolai, J. 305
Niethammer, G. 273

O
Oberbichler, A. 18
Osce 299f.

P
Pawlow, I. P. 9
Pernau, v. 315
Poetschke 235
Pohle 294
Poll, H. 280f.
Polykrates 320
Portielje, J. A. 156f., 185, 223
Poulsen, H. 305
Prechtl, H. 305

R
Raab 201
Rau, Ph. 311
Rehatzek 283
Rensch, B. 321, 324
Resi 172, 234, 273
Rosegger, P. 323
Rothe 216
Roy, v. 176
Rüppell, W. 229f., 247f.

S
Sassi, M. 50, 56, 79, 92, 141, 160

Scott, P. 320
Seitz, A. 11, 16f., 202, 216, 229, 236, 247, 251, 257, 264, 272, 275, 282, 288
Seitz (Zoo Berlin) 271, 275f.
Seth-Smith 234
Siewert, H. 210, 212, 214, 247f., 271, 274, 293
Silen 255, 260, 265
Skala 296
Small, W. S. 9
Spencer, H. 206
Spieß, Frh.v. 146, 149
Sprenger 258
Springer 15
Süffert 218f., 233f.
Suse 306

Sch
Schelcher 300
Scherpe 299
Schjelderup-Ebbe, Th. 203
Schleidt, W. 21, 305, 319, 328
Schmid, B. 149, 161
Schmidt-Schaumburg, H. 253, 255, 257ff., 261, 264
Schmidt-Schlettow 245
Schneider, D. 325
Scholze & Poetschke 235
Schurig 304
Schutz, F. 305
Schuyl 183f., 218, 231
Schüz, E. 165, 172, 174, 185f.
Schwarz (Fasanwärter) 163
Schwarz (Reichsstelle Film) 229
Schwidetzky, G. 290, 293f., 296

St
Stegmann, B. 185
Steinbacher, G. 220f., 241, 266
Steinbacher, J. 258
Steiner 275f., 292
Steinfatt, O. 160
Steinmetz, H. 43, 176
Stejskal, A. 275, 279, 303
Stern, H. 306

Steuer 232
Stresemann, E. 11, 15, 24, 28, 32f., 38, 48, 51, 62, 64f., 69, 74, 83, 102, 116f., 119, 136, 141, 144f., 164f., 183, 194f., 221f., 247, 250, 315ff., 321, 323
Stresemann, V. 15, 69, 318
Strugger, S. 324
Stulte 300

T
Telschow 239, 245, 247, 251
Thorpe, W. H. 305, 318
Thun 300
Tinbergen, E. A. 17, 309, 314
Tinbergen, J. 309
Tinbergen, N. 2, 7, 11, 16f., 19, 223, 231, 291, 305, 309ff., 316, 320, 322, 327
Tirala, L. 211
Townsend 191
Trumler, E. 23
Tschanz, B. 305

U
Uexküll, J. v. 140, 143, 206

V
Van der Hoeven 223
Velasquez 260
Versluys, J. 48, 133, 251, 268
Verwey, J. 40, 42f., 137, 149, 222
Voss 212

W
Wacker 245
Wagner, H. O. 321
Watson, J. B. 9, 206
Weber, E. H. 295
Weinert, H. 293
Wettstein, R. 211, 245, 247
Whitman, C. O. 221, 224, 317
Wickler, W. 2, 7, 324ff., 326
Winkler, H. 21

Y
Yerkes, R. M. 291

Z
Zedtwitz, Graf 43, 258f., 263
Zell 286
Ziegler, H. 206
Zipper 18

Konrad Lorenz

Der Abbau des Menschlichen
294 Seiten. Serie Piper 498

Die acht Todsünden der zivilisierten Menschheit
112 Seiten. Serie Piper 50

Er redete mit dem Vieh, den Vögeln und den Fischen
Tiergeschichten. 215 Seiten mit 104 Zeichnungen von Konrad Lorenz
und Annie Eisenmenger. Geb.

Hier bin ich – wo bist du?
Ethnologie der Graugans. 320 Seiten mit 140 teils farbigen Abb. Leinen

Das Jahr der Graugans
200 Seiten mit 147 Farbfotos von Sybille und Klaus Kalas. Geb.

Die Rückseite des Spiegels
Versuch einer Naturgeschichte menschlichen Erkennens
Der Abbau des Menschlichen
Zusammen 537 Seiten. Geb.

So kam der Mensch auf den Hund
187 Seiten mit 110 Zeichnungen des Verfassers. Geb.

Das sogenannte Böse
Zur Naturgeschichte der Aggression. 317 Seiten. Geb.

Über tierisches und menschliches Verhalten
Aus dem Werdegang der Verhaltenslehre. Gesammelte Abhandlungen
Bd. I: 412 Seiten mit 5 Abb. Serie Piper 360
Bd. II: 398 Seiten mit 63 Abb. Serie Piper 361

PIPER

Konrad Lorenz

Das Wirkungsgefüge der Natur und das Schicksal des Menschen
Gesammelte Arbeiten
Herausgegeben und eingeleitet von Irenäus-Eibl-Eibesfeldt.
368 Seiten mit 23 Abb. Serie Piper 309

Die Evolution des Denkens
Herausgegeben von Konrad Lorenz und Franz M. Wuketits.
393 Seiten. Kt.

Oskar Heinroth / Konrad Lorenz
Wozu aber hat das Vieh diesen Schnabel?
Briefe aus der frühen Verhaltensforschung 1930–1940
Herausgegeben von Otto Koenig.
334 Seiten. Serie Piper 975

Konrad Lorenz / Franz Kreuzer
Leben ist Lernen
Von Immanuel Kant zu Konrad Lorenz
Ein Gespräch über das Lebenswerk des Nobelpreisträgers.
103 Seiten mit 1 Abb. Serie Piper 223

Karl R. Popper / Konrad Lorenz
Die Zukunft ist offen
Das Altenberger Gespräch
Mit den Texten des Wiener Popper-Symposiums. Hrsg. von Franz Kreuzer
143 Seiten. Serie Piper 340

Nichts ist schon dagewesen
Konrad Lorenz, seine Lehre und ihre Folgen
Die Texte des Wiener Symposiums, herausgegeben von Franz Kreuzer.
Mit Beiträgen von I. Eibl-Eibesfeldt, A. Festetics, B. Hassenstein, B. Lötsch, K. Lorenz, E. Oeser, R. Riedl, W. Schleidt, S. Sjölander, W. Wickler, F. Wuketits. 251 Seiten. Kt.

PIPER